OTTO VON GUERICKE UNIVERSITÄT MAGDEBURG
MED MEDIZINISCHE FAKULTÄT

Skript zur Vorlesung

Physik für Mediziner

Achte, überarbeitete Auflage 2021

Martin Böckmann-Barthel

Jesko L. Verhey

Impressum

Physik für Mediziner
Script zur Vorlesung

Autoren:
Martin Böckmann-Barthel
Jesko L. Verhey

Otto-von-Guericke-Universität Magdeburg
Medizinische Fakultät

Kontakt:
Dr. rer. nat. Martin Böckmann-Barthel
Medizinische Fakultät, Abt. für Experimentelle Audiologie
Otto-von-Guericke-Universität Magdeburg
Leipziger Straße 44
39120 Magdeburg

E-Mail:
martin.boeckmann@med.ovgu.de

8., überarbeitete Ausgabe 2021

Kaiserstraße 32, 08209 Auerbach/V.
Tel.: 03 744/22 41 97
Fax: 03 744/22 41 98
www.verlag-wiss-scripten.de

ISBN: 978-3-95735-140-1

Vorwort zur ersten Auflage

Das vorliegende Skript ist in den vergangenen 14 Jahren als Begleitmaterial zur Vorlesung „Physik für Mediziner“ entstanden. Die nunmehr vorliegende Druckfassung des Skripts soll auch weiterhin in erster Linie das Verständnis der Vorlesung erleichtern und kann keinesfalls ein Lehrbuch ersetzen. Wir haben uns bemüht, die grundlegenden physikalischen Begriffe und Zusammenhänge zu vermitteln, die für das Medizinstudium und die spätere ärztliche Tätigkeit von Bedeutung sind.

In allen Kapiteln wurde der *Gegenstandskatalog für die Ärztliche Vorprüfung* (4. Auflage, 2001) ausreichend berücksichtigt. In einige Kapitel, wie zum Beispiel bei der Behandlung *Bildgebender Verfahren*, haben wir zusätzlich Gegenstände aufgenommen, die wir sowohl für die kommenden klinischen Studienabschnitte als auch die zukünftige berufliche Tätigkeit für notwendig halten.

Wir sind Herrn Torsten Rahne für die Hilfe bei der Erstellung der Vorlage mit LaTeX sowie dem Verlag Wissenschaftliche Scripten für die kurzfristige Anfertigung der Druckfassung zu großem Dank verpflichtet.

Magdeburg, im September 2004 Hellmut von Specht

Vorwort zur dritten Auflage

Das vorliegende Skript hat sich in der Lehre der Physik im vorklinischen Abschnitt sehr gut bewährt. Nach drei weiteren Jahren und einem personellen Wechsel der Vorlesung war es jedoch an der Zeit, Anpassungen vorzunehmen. Wir haben das zum Anlass genommen, die Reihenfolge an manchen Stellen umzuordnen und den Text gründlich zu überarbeiten, um ihn lesbarer zu gestalten. Zudem ist die Kennzeichnung nun konsistent: Fettdruck kennzeichnet **Definitionen** und neu eingeführte Bezeichnungen, Nummerierungen wichtige und häufig gebrauchte Gleichungen. Schließlich wurden viele Querverweise eingefügt, mit denen die Verbindung zu an anderer Stelle behandelten Sachverhalten erleichtert wird. Ansonsten hat entsprechend der Gewichtung in Seminar und Vorlesung die Mechanik deformierbarer Medien und Strömungslehre ein eigenes Kapitel erhalten, und Radiologie und Bildgebung wurden zusammengefasst und aktualisiert.

Nach wie vor gilt jedoch: Dieses Skript ist *kein Lehrbuch* und kann keines ersetzen. Was wichtig ist und was weniger, wird nur in der Vorlesung vermittelt, ebenso wie die jeweilige Anbindung des Stoffes an die Bedeutung in der Medizin. Ebenso unersetzlich wie die Vorlesung ist das Hinzuziehen der empfohlenen Fachbücher.

Noch einmal danken wir Herrn Dr. Torsten Rahne für viele Anregungen, unseren aufmerksamen Studierenden für manche Hinweise auf Fehler und missverständliche Formulierungen, Herrn Heberlein vom Verlag Wissenschaftliche Scripten für die hervorragende Zusammenarbeit, und dem Erfinder der gelben Klebchen.

Magdeburg, im Juli 2008 Martin Böckmann-Barthel

Vorwort zur achten Auflage

Für diese erneuerte Auflage wurde neben der Korrektur von Fehlern der Text dem aktuellen Stand der Normen und Rechtsverordnungen (Internationales Maßsystem SI, GUM und Strahlenschutzverordnung) angepasst. Wir haben das erneut zum Anlass genommen, die Kapitel zu bildgebender Diagnostik einschließlich Ultraschall sowie Strahlentherapie zu aktualisieren. Die aufmerksamen Leserinnen und Leser ermutigen wir weiter, uns auf Fehler, Miss- oder Unverständliches hinzuweisen.

Wir danken Herrn Prof. Hellmut von Specht, der dieses Skript ins Leben gerufen hat. Weiterhin gilt unser Dank Herrn Heberlein und seinem Team für die lange und zuverlässige Zusammenarbeit.

Magdeburg, im August 2021 Martin Böckmann-Barthel

Inhaltsverzeichnis

1. Mathematische Grundlagen

Die Physik beschreibt Naturvorgänge in Form von Gesetzmäßigkeiten. Sie will experimentelle Befunde möglichst exakt erklären und die Ergebnisse noch nicht durchgeführter Experimente ebenso exakt vorhersagen. Dazu bedient sie sich der Sprache der Mathematik. Ohne diese ist keine wirkliche Physik möglich.

Bereits für das grundlegende Verständnis, das Medizinstudenten erwerben sollen, sind Begriffe wie Funktion, Ableitung, Integral, Vektor und Fehlergröße wesentlich. Im Folgenden sollen die mathematischen Schulkenntnisse in dieser Hinsicht aufgefrischt werden. Für das Verständnis der Vorlesung und die Durchführung des Praktikums *Physik für Mediziner* sind diese Begriffe unabdingbar.

1.1. Funktionen

1.1.1. Begriff der Funktion

Eine Funktion ordnet Elementen einer Menge bestimmte Elemente einer anderen Menge zu. y heißt eine Funktion von x, wenn jedem Wert einer **unabhängigen** Variable x (Argument) genau ein **abhängiger** Wert y zugeordnet wird.

$$\text{Allgemeine Schreibweise: } y = y(x) \tag{1.1}$$

Beispiele aus der Physik: elektrische Spannung als Funktion der Zeit: $U = U(t)$
Dampfdruck als Funktion der Temperatur: $p = p(T)$

Der **Definitionsbereich** einer Funktion $y = y(x)$ umfasst die Menge X aller Elemente x, denen ein Element y aus der Menge Y, dem **Wertebereich** der Funktion, zugeordnet wird.

Physikalische Gesetze werden im Allgemeinen für eine Größe als Funktionen eines, oft auch mehrerer Argumente formuliert:

- Gesetz des freien Falls: $h(t) = \frac{1}{2}g \cdot t^2$
- Harmonische Schwingung: $x(t) = A_o \sin(\omega \cdot t)$
- Zustandsgleichung idealer Gase: $p(V, n, T) = n \cdot R \cdot T \cdot \frac{1}{V}$

Darstellung: Gesetze werden durch Messen überprüft, indem eine unabhängige **Kontrollgröße** (x) verändert und der Wert der abhängigen **Messgröße** (y) festgestellt und in einer **Wertetabelle** notiert wird. Zur grafischen Darstellung einer Funktion in einem Diagramm werden die Funktionswerte y vertikal auf der **Ordinate** über den Werten der Variablen x auf der horizontalen **Abszisse** in einem rechtwinkligen Koordinatensystem aufgetragen. Jeder Punkt ist durch seine Koordinaten (x, y) gekennzeichnet.

Umkehrung einer Funktion: Existiert auch zu jedem Element des Wertebereichs genau ein Element des Definitionsbereichs, so lässt sich die Funktionsgleichung $y = y(x)$ nach x umstellen und in die Umkehrfunktion $x = x(y)$ überführen. Beispiele sind:

$$\text{Ausgangsfunktion } y = \frac{1}{2}x^2 (x \geq 0) \Rightarrow \text{Umkehrfunktion } x = \sqrt{2y}$$
$$\text{Ausgangsfunktion } y = 10^x \Rightarrow \text{Umkehrfunktion } x = \log_{10} y$$

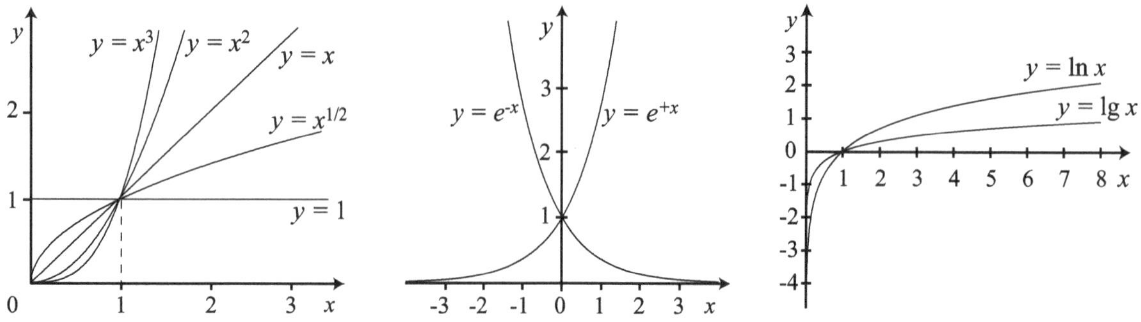

Abb. 1.1.: Potenzfunktionen $y = x^n$ (links), Exponential- (Mitte) und Logarithmus-Funktionen (rechts)

1.1.2. Potenz-, Exponential- und Logarithmusfunktionen

Potenzfunktionen (Abb. 1.1a) sind Summen oder Differenzen der Basis x in Potenzen x^n:

$$y = a + bx \; (= a \cdot x^\circ + b \cdot x^1) \qquad y = a + bx + cx^2 \qquad y = x^n$$

Potenzfunktionen sind auch:

$$y = x^{\frac{1}{2}} = \sqrt{x} \text{ (Wurzelfunktion) und } y = x^{-1} = \frac{1}{x} \text{ (Hyperbelfunktion)}$$

$$\text{Es gilt die wichtige Beziehung: } x^a \cdot x^b = x^{(a+b)} \tag{1.2}$$

Im Gegensatz dazu enthalten **Exponentialfunktionen** (Abb. 1.1b) das Argument x im Exponenten zu einer Basis a. Die Umkehrfunktion ist der **Logarithmus** (Abb. 1.1c) zur selben Basis:

$y(x) = a^x$	z.B.: $y = 10^x$	$y = Ae^x = A\exp(x)$
Umkehrfunktion:	dekadischer Logarithmus:	natürlicher Logarithmus:
$x = \log_a y$	$x = \log_{10} y = \lg y$	$x = \log_e \frac{y}{A} = \ln \frac{y}{A}$

Wichtige Rechenregeln für Logarithmen, die sich aus Potenzen herleiten lassen:

$$\log_a 1 = 0; \qquad \log_a a = 1 \tag{1.3}$$

$$\text{Produkt: } \log_a (x \cdot y) = \log_a x + \log_a y \qquad \log_a \left(\frac{x}{y}\right) = \log_a x - \log_a y \tag{1.4}$$

$$\text{Basiswechsel: } \log_a x = \log_b x \cdot \log_a b \quad \text{wichtig: } \ln x = \log_e x = \lg x \cdot \log_e 10 \tag{1.5}$$

1.1.3. Trigonometrie und Winkelfunktionen

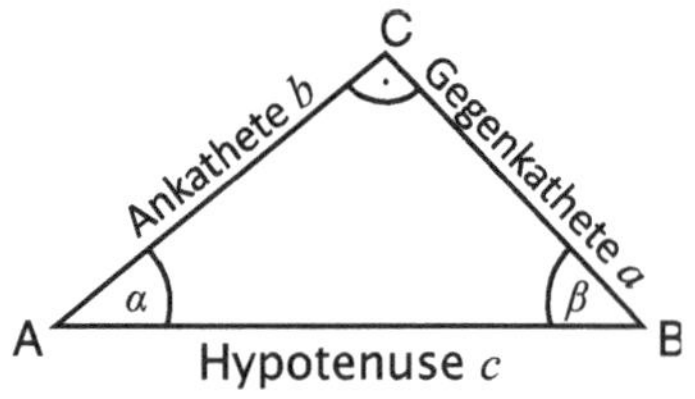

Abb. 1.2.: Rechtwinkliges Dreieck

In einem rechtwinkligen Dreieck (Abb. 1.2) sind die Winkelfunktionen für den Winkel α definiert über die Verhältnisse der Längen seiner Gegenkathete a, Ankathete b und Hypotenuse c:

$$\sin\alpha = \frac{a}{c} \qquad \cos\alpha = \frac{b}{c} \qquad \tan\alpha = \frac{a}{b} \qquad \cot\alpha = \frac{b}{a} \tag{1.6}$$

Es gilt der Satz des Pythagoras:

$$a^2 + b^2 = c^2 \quad \text{oder} \quad \sin^2\alpha + \cos^2\alpha = 1 \tag{1.7}$$

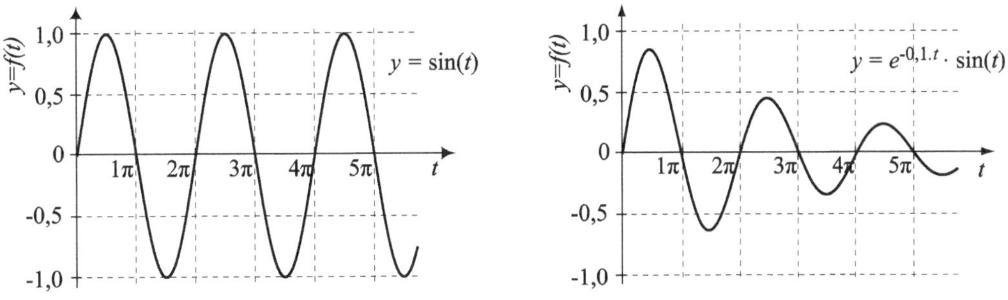

Abb. 1.3.: Beispiele für harmonische (links) und gedämpfte Schwingungen (rechts)

Winkel werden gemessen in Grad (wobei ein voller Umlauf um einen Kreis 360° entspricht) oder in Bogenmaß (ohne Einheit!). Bei Letzterem beträgt ein voller Umlauf 2π.

Die **Sinus-** und die **Cosinusfunktion** ($y = \sin x$ und $y = \cos x$) sind periodisch: ihr Ablauf wiederholt sich exakt, wenn ihr Argument (der Winkel) um 2π (entsprechend 360°) zugenommen hat (Abb. 1.3). Mit dem Argument der Zeit t, multipliziert mit der Kreisfrequenz ω, beschreiben sie in der Physik harmonische Schwingungen:

$$y(t) = a \cdot \sin(\omega \cdot t)$$

oder, multipliziert mit einer Exponentialfunktion, gedämpfte Schwingungen:

$$y(t) = y_o \cdot e^{-\delta t} \cdot \sin(\omega \cdot t)$$

1.2. Differentiation und Integration

1.2.1. Differentiation

Häufig interessiert in der Physik die Änderung einer Größe y in Abhängigkeit von einer anderen Größe x (am häufigsten der Zeit t). Diese lässt sich bestimmen durch die Differentiation der Funktion $y(x)$ nach x. Dazu bildet man den Grenzwert der Steigung einer Geraden durch einen Punkt auf der Kurve bei x_1 und einen weiteren, eng benachbarten bei $x_1 + \Delta x$ für $\Delta x \to 0$:

$$\frac{dy}{dx} = \lim_{\Delta x \to 0} \frac{\Delta y}{\Delta x} = \lim_{\Delta x \to 0} \frac{y(x_1 + \Delta x) - y(x_1)}{\Delta x} \tag{1.8}$$

Die **Ableitung** an der Stelle x bedeutet die Steigung einer Tangente an die Kurve im Punkt x, also die lokale Steigung der Funktion im Punkt x. (Abb.1.4a). $\frac{dy}{dx}$ ist dann die Funktion, die die Steigung von y in jedem Punkt x beschreibt. In der Physik hat sich diese Schreibweise für die Ableitung bewährt, weil man dann bei mehreren Argumenten weiß, nach welchem abgeleitet wird.

Man bestimmt die Steigung einer *Geraden* (auch im Praktikum) durch den Quotienten der Höhe Δy und Grundseite Δx eines Anstiegsdreiecks.

Potenzfunktionen lassen sich einfach ableiten:

$$y = c \cdot x^n \quad \Rightarrow \quad \frac{dy}{dx} = n \cdot c \cdot x^{n-1} \tag{1.9}$$

Die Ableitungen anderer wichtiger Funktionen sind:

$$y = c \cdot e^{\pm g \cdot x} \qquad \frac{dy}{dx} = \pm g \cdot c \cdot e^{\pm g \cdot x} \tag{1.10}$$

$$y = c \cdot \ln x \qquad \frac{dy}{dx} = \frac{c}{x} \tag{1.11}$$

$$y = c \cdot \sin(\omega \cdot x) \qquad \frac{dy}{dx} = c \cdot \omega \cdot \cos(\omega \cdot x) \tag{1.12}$$

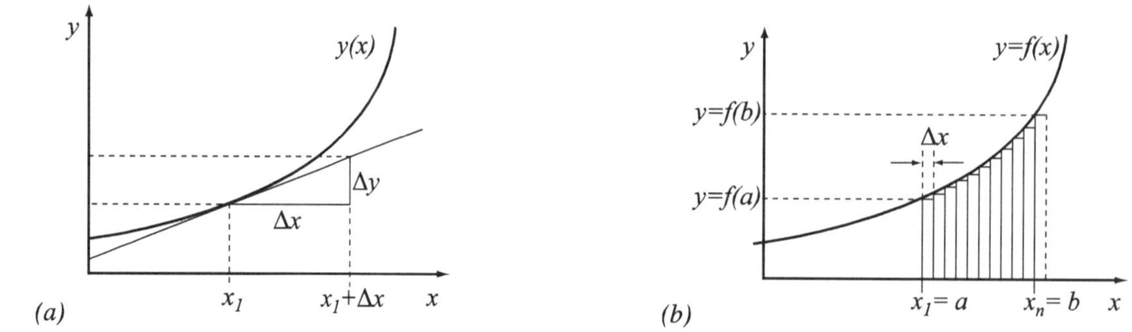

Abb. 1.4.: (a) Definition der Ableitung als Steigung einer Kurve in einem Punkt (mit Anstiegsdreieck).
(b) Definition des Integrals als Fläche unter einer Kurve

$$y = c \cdot \cos(\omega \cdot x) \quad \tfrac{dy}{dx} = -c \cdot \omega \cdot \sin(\omega \cdot x) \tag{1.13}$$

$$\text{Zweite Ableitung des Cosinus:} \quad \tfrac{d^2y}{dx^2} = -c\,\omega^2 \cos(\omega \cdot x) \tag{1.14}$$

Beispiel aus der Physik: Geschwindigkeit v als Ableitung des zurückgelegten Wegs s nach der Zeit t. Die Beschleunigung a ist wiederum die Ableitung der Geschwindigkeit $v(t)$ nach der Zeit:

$$v = \frac{ds}{dt} \qquad a = \frac{dv}{dt} = \frac{d^2s}{dt^2}$$

1.2.2. Integration

Das **Integral** einer Funktion $y(x)$ beschreibt die Fläche unter der Kurve. Zur Bestimmung denkt man sich die Fläche in schmale Streifen (Rechtecke) der Breite Δx unterteilt (Abb.1.4b). Die Fläche eines Streifens ist $y(x_i) \cdot \Delta x$. Das Integral von $x = a$ bis $x = b$ ist der Grenzwert der gesamten Fläche aller Streifen für die Streifenbreite $\Delta x \to 0$:

$$\int_a^b y(x)\,dx = \lim_{\Delta x \to 0} \sum_{i=1}^{n} y(x_i) \cdot \Delta x \tag{1.15}$$

Die Funktion $Y(x) = \int y(x)$ heißt **Stammfunktion** oder unbestimmtes Integral; sie ist prinzipiell nur bis auf eine additive Konstante C bestimmt. Mathematisch ist die Integration das Gegenteil der Ableitung: Für eine bekannte Funktion $y(x)$ ergibt die Ableitung von $Y(x) = \int y(x)$ nach x wieder $y(x)$.

Für die Potenzfunktion $y = x^n$ kann man durch Ableiten zeigen, dass das unbestimmte Integral diese Form hat:

$$\int x^n, dx = \frac{1}{n+1} \cdot x^{n+1} + C; \qquad z.B.: \quad \int x\,dx = \frac{1}{2}x^2 + C$$

Integrale anderer wichtiger Funktionen (Beweis durch Ableitung der Integralfunktion):

$$\int \sin x\,dx = -\cos x + C \qquad \int \cos x\,dx = \sin x + C$$
$$\int e^x\,dx = e^x + C \qquad \int \tfrac{1}{x}\,dx = \ln x + C$$

Beispiel aus der Physik: Arbeit ist das Integral der ausgeübten Kraft, um eine Masse zu bewegen, über den zurückgelegten Weg s. (Nur wenn die benötigte Kraft auf dem Weg überall gleich ist, wird daraus das bekannte einfache Gesetz $W = F \cdot s$.)

$$W = \int F(s)\,ds \tag{1.16}$$

2. Grundlagen des Messens und Modellbildung in der Physik

2.1. Physikalische Beschreibung der Natur

2.1.1. Axiomatik der Physik

Die Physik ist eine Erfahrungswissenschaft. Sie will die Natur durch möglichst wenige, einheitliche Prinzipien beschreiben. Daher stellt sie mathematische Zusammenhänge auf in Form von Gleichungen, die die Beziehungen zwischen verschiedenen physikalischen Größen untersuchbar machen.

Definitionsgleichungen legen verbindlich fest, was die definierte Größe beschreibt. Jede benutzte Größe muss auf solche Weise definiert sein. So ist Geschwindigkeit definiert als Ableitung des Weges nach der Zeit:

$$v = \frac{ds}{dt}$$

Axiome beschreiben einfache, reproduzierbare physikalische Erfahrungen mathematisch. Sie sind nicht beweisbar, sondern die Grundlage anderer Beziehungen. Ein Beispiel ist NEWTONs Aktionsprinzip: Die Beschleunigung eines Körpers mit einer Masse erfordert eine Kraft

$$F = m \cdot a$$

Die meisten physikalischen **Gesetze** und Beziehungen sind aus wenigen Axiomen und Definitionen hergeleitet. Häufig können einfache Gesetze nur für idealisierte Fälle angegeben werden. Für jedes Gesetz ist es elementar, die Bedingungen seiner Gültigkeit zu kennen. So gilt die allgemeine Gasgleichung nur für wenige „ideale" Gase exakt, in einem großen Bereich aber näherungsweise:

$$p \cdot V = n \cdot R \cdot T$$

Manche statistisch abgeleitete Gesetze wie das radioaktive Zerfallsgesetz gelten nur an einer hinreichend großen Menge von Objekten:

$$N(t) = N_o \, e^{-\lambda \cdot t}$$

Besonders in der Strömungphysik sind „dimensionslose"Kennzahlen ohne Einheit gebräuchlich:

$$\text{REYNOLDS-Zahl } Re = \frac{\varrho \, v \, l}{\eta}$$

2.1.2. Physikalische Methoden in den Lebenswissenschaften

In Biologie, Medizin und Psychologie lässt sich aufgrund der großen Komplexität und Variabilität die konsequente „Axiomatik" der Physik zunehmend schlechter durchhalten. Dennoch hat es sich auch hier als praktisch erwiesen, Gesetze mathematisch zu formulieren. Gerade in der Physiologie lassen sich viele Vorgänge durch elementare physikalische und chemische Vorgänge beschreiben (Strömung des Blutes, Membranpotentiale, neuronaler Signaltransport). In der Psychologie lässt sich die Empfindungsstärke E eines Reizes in Beziehung setzen zu seiner physikalischen Instensität I nach dem Weber-Fechner-Gesetz:

$$E = k \cdot \lg \left(\frac{I}{I_o} \right)$$

Basisgröße	*Symbol*	*Einheit*	*Abkürzung*	Naturkonstante	Symbol
Zeit	t	Sekunde	s	Hyperfeinstrukturfrequenz von Cs	$\Delta\nu_{\mathrm{Cs}}$
Länge	l	Meter	m	Lichtgeschwindigkeit im Vakuum	c_o
Masse	m	Kilogramm	kg	PLANCKsches Wirkungsquantum	h
el. Stromstärke	I	Ampere	A	Elementarladung	e_o
Temperatur	T	Kelvin	K	BOLTZMANN-Konstante	k
Stoffmenge	n	Mol	mol	AVOGADRO-Konstante	N_A
Lichtstärke	I_V	Candela	cd	photometr. Strahlungsäquivalent	K

Tab. 2.1.: Basisgrößen und -einheiten mit Naturkonstanten im SI-System (Neuformulierung 2019)

Gerade in der Medizin werden neben auf dem Augenschein oder dem Verhalten des Patienten basierenden Untersuchungen (subjektiven Methoden) auf klaren physikalischen Messungen basierende objektive Messmethoden angewendet. Die bei einer Hörprüfung subjektiv gemessene Hörschwelle eines Patienten beispielsweise lässt sich mit speziellen EEG-Messungen (evozierten Potentialen) objektiv sichern.

2.2. Physikalische Größen und Einheiten

Eine Größe zu **messen** bedeutet physikalisch, sie mit einer bekannten, reproduzierbaren Größe zu vergleichen. Eine physikalische Größe ist daher immer (bis auf wenige einheitenfreie Größen) das Produkt aus Zahlenwert und einer festgelegten Maßeinheit. Die Maßzahl gibt an, wie oft die Einheit in der Größe enthalten ist.

$$\begin{aligned} \text{Physikalische Größe} &= \text{Maßzahl} \cdot \text{Maßeinheit} \\ \text{z.B.: Länge } l &= 5{,}86 \cdot \text{Meter} \quad = 5{,}86\ \mathrm{m} \end{aligned} \tag{2.1}$$

Das Internationale Einheitensystem SI basierte seit 1954 auf sieben festgelegten physikalischen **Basisgrößen** mit ihren **Basiseinheiten** (Tab. 2.1). Auf diese Basisgrößen wurden alle anderen Größen zurückgeführt. 2019 wurde diese Definition grundlegend verändert. Seitdem sind sieben Naturkonstanten mit Wert und Einheit festgelegt. Aus diesen werden zunächst die sieben Basisgrößen abgeleitet, z.B.:

- **Zeit**: 1 Sekunde ist die Dauer von 9 192 631 770 Schwingungen der Strahlung des ^{133}Cs-Nuklids beim Übergang zwischen zwei Hyperfeinstrukturniveaus. (Atomuhr: Messgenauigkeit 10^{-13}!)
- **Länge**: 1 Meter ist der 299 792 458-te Teil der Strecke, die Licht im Vakuum in 1 s zurücklegt.

Daraus werden andere Größen durch Kombination aus Produkten, Quotienten und Potenzen der Basisgrößen **abgeleitet**. Das SI-System legt auch dafür Einheiten fest wie das Newton für die Kraft oder das Volt für die Spannung. Eine Übersicht zeigt Tab. 2.2. *SI-fremd* sind Einheiten, die zusätzlich einen Vorfaktor oder einen anderen Nullpunkt enthalten. So ist $1\ \mathrm{m/s}$ die SI-Einheit der Geschwindigkeit, $1\ \mathrm{km/h} = \frac{1000\ \mathrm{m}}{3600\ \mathrm{s}}$ jedoch nicht. Als Ausnahme ist Grad Celsius trotzdem als SI-Einheit im SI-System definiert. Einige Einheiten wie Tonne oder Liter sind explizit akzeptiert. Andere, nicht akzeptierte sind aus traditionellen Gründen in der Medizin nach wie in Gebrauch (Tab. 2.2, unten).

In der Physik benötigt man häufig sehr große oder sehr kleine Zahlen, die mit Potenzen von 10 geschrieben werden. (z.B. $10^3 = 1000$, $10^{-4} = 0{,}0001$) formuliert. Diese Schreibweise erleichtert das Rechnen erheblich:

$$12000000 = 1{,}2 \cdot 10^7 \qquad 0{,}00003547 = 3{,}547 \cdot 10^{-5} \qquad 2 \cdot 10^7 \cdot 3 \cdot 10^{-3} = 6 \cdot 10^4$$

Aus diesem Grund definiert das SI **Präfixe** der Einheit (Tab. 2.3) für bestimmte Potenzen von 10. So sind $1\ \mathrm{nV} = 1 \cdot 10^{-9}\ \mathrm{V}$, $3\ \mathrm{kPa} = 3 \cdot 10^3\ \mathrm{Pa}$. Die Präfixe zwischen 10^{-12} und 10^{12} in werden im Folgenden als bekannt vorausgesetzt.

Wichtige abgeleitete SI-Größen und Einheiten			
Größe	*Symbol*	*Einheit*	*Symbol, in SI-Basiseinheiten*
Ebener Winkel	φ	Radiant	$1\,\mathrm{rad} = 1\,\mathrm{m} \cdot \mathrm{m}^{-1}$
Raumwinkel	Ω	Steradiant	$1\,\mathrm{sr} = 1\,\mathrm{m}^2 \cdot \mathrm{m}^{-2}$
Frequenz	f	Hertz	$1\,\mathrm{Hz} = 1\,\mathrm{s}^{-1}$
Kraft	F	Newton	$1\,\mathrm{N} = 1\,\mathrm{kg} \cdot \mathrm{m} \cdot \mathrm{s}^{-2}$
Druck	p	Pascal	$1\,\mathrm{Pa} = 1\,\mathrm{kg} \cdot \mathrm{m}^{-1} \cdot \mathrm{s}^{-2}$
Energie, Arbeit, Wärme	W, Q	Joule	$1\,\mathrm{J} = 1\,\mathrm{N} \cdot \mathrm{m} = \mathrm{kg} \cdot \mathrm{m}^2 \cdot \mathrm{s}^{-2}$
Leistung	P	Watt	$1\,\mathrm{W} = 1\,\mathrm{J} \cdot \mathrm{s}^{-1} = \mathrm{kg} \cdot \mathrm{m}^2 \cdot \mathrm{s}^{-3}$
El. Ladung	Q	Coulomb	$1\,\mathrm{C} = 1\,\mathrm{A} \cdot \mathrm{s}$
El. Spannung	U	Volt	$1\,\mathrm{V} = 1\,\mathrm{m}^2 \cdot \mathrm{kg} \cdot \mathrm{s}^{-3} \cdot \mathrm{A}^{-1}$
Kapazität	C	Farad	$1\,\mathrm{F} = 1\,\mathrm{A}^2 \cdot \mathrm{s}^4 \cdot \mathrm{kg}^{-1} \cdot \mathrm{m}^{-2}$
Widerstand	R	Ohm	$1\,\Omega = 1\,\mathrm{m}^2 \cdot \mathrm{kg} \cdot \mathrm{s}^{-3} \cdot \mathrm{A}^{-2}$
Leitwert	G	Siemens	$1\,\mathrm{S} = 1\,\mathrm{m}^{-2} \cdot \mathrm{kg}^{-1} \cdot \mathrm{s}^3 \cdot \mathrm{A}^2$
Magn. Flussdichte	B	Tesla	$1\,\mathrm{T} = 1\,\mathrm{kg} \cdot \mathrm{s}^{-2} \cdot \mathrm{A}^{-1}$
Lichtstrom	Φ	Lumen	$1\,\mathrm{lm} = 1\,\mathrm{cd} \cdot \mathrm{sr}$
Beleuchtungsstärke	E	Lux	$1\,\mathrm{lx} = 1\,\mathrm{cd} \cdot \mathrm{sr} \cdot \mathrm{m}^{-2}$
Aktivität	A	Becquerel	$1\,\mathrm{Bq} = 1\,\mathrm{s}^{-1}$
Energiedosis	D_E	Gray	$1\,\mathrm{Gy} = 1\,\mathrm{J} \cdot \mathrm{kg}^{-1}$
Äquivalentdosis	H	Sievert	$1\,\mathrm{Gy} = 1\,\mathrm{J} \cdot \mathrm{kg}^{-1}$
SI-fremde, aber SI-akzeptierte Einheiten (Auswahl)			
Volumen	V	Liter	$1\,\mathrm{L} = 10^{-3}\,\mathrm{m}^3$
Winkel	φ	Grad	$1° = \pi/180\,\mathrm{rad}$
Zeit	t	Minute, Stunde, Tag, Jahr	z.B. $1\,\mathrm{h} = 3600\,\mathrm{s}$
Quantenenergie	W_q	Elektronenvolt	$1\,\mathrm{eV} = 1{,}602 \cdot 10^{-19}\,\mathrm{J}$
logarithm. Verhältnisgröße: Leistungspegel	L	Dezibel	$1\,\mathrm{dB} = \frac{1{,}26\,P_o}{P_o}$
Schalldruckpegel	L	Dezibel	$1\,\mathrm{dB} = \frac{1{,}12\,p_o}{p_o}$
SI-fremde, nicht SI-akzeptierte Einheiten (Auswahl)			
Temperatur	T_F	Grad Fahrenheit	$1\,°\mathrm{F} = \frac{9}{5}T - 459{,}67\,\mathrm{K}$
Wärmemenge	Q	Kalorie	$1\,\mathrm{cal} = 4{,}1868\,\mathrm{J}$
Blutdruck	p	mm Wassersäule	$1\,\mathrm{mmWS} = 9{,}807\,\mathrm{Pa}$
		mm Quecksilbersäule	$1\,\mathrm{mmHg} = 133{,}32\,\mathrm{Pa}$

Tab. 2.2.: Abgeleitete SI-Einheiten und gebräuchliche SI-fremde Einheiten.

Teile			*Vielfache*		
Zehnerpotenz	*Vorsilbe*	*Präfix*	*Zehnerpotenz*	*Vorsilbe*	*Präfix*
$10^{-1} = 0{,}1$	Dezi	d	$10^1 = 10$	Deka	da
$10^{-2} = 0{,}01$	Zenti	c	$10^2 = 100$	Hekto	h
$10^{-3} = 0{,}001$	Milli	m	$10^3 = 1000$	Kilo	k
10^{-6}	Mikro	μ	10^6	Mega	M
10^{-9}	Nano	n	10^9	Giga	G
10^{-12}	Pico	p	10^{12}	Tera	T
10^{-15}	Femto	f	10^{15}	Peta	P

Tab. 2.3.: Dezimalpräfixe (Potenzen von Zehn) im SI-System

2.3. Messstatistik und Fehlerrechnung

Einige Sachverhalte in der Physik wie die molekulare Erklärung von Wärme und die Quantentheorie sind prinzipiell statistischer Natur. Doch auch andere Messprozesse sind unweigerlich Schwankungen unterworfen. Um den Zufall auszuschließen, erfolgt die Bestätigung einer wissenschaftlichen Hypothese durch wiederholte Messungen, die mit statistischen Methoden analysiert werden.

2.3.1. Arten von Messabweichungen

Eine Messung soll möglichst den **wahren Wert** der untersuchten Größe ermitteln. Die Abweichung der Messung von diesem Wert bezeichnet man als **Messunsicherheit**, im Laborumgang auch oft als „Messfehler“. Die Abweichungen lassen sich in zwei Gruppen einteilen: Schwankungen durch zufällige, nicht reproduzierbare Einflüsse treten bei Wiederholung der Messung unter gleichen äußeren Bedingungen zutage. Sie werden als **zufällige Abweichungen** (Typ A nach GUM[1]) bezeichnet und im folgenden Kapitel behandelt. **Systematische Abweichungen** (Typ B) dagegen äußern sich durch eine reproduzierbare Abweichung vom tatsächlichen Wert. Sie zeigen sich oft in einer tendenziellen Über- oder Unterschätzung (Bias) und können durch falsch kalibrierte Messinstrumente entstehen, deuten jedoch häufig auf nicht berücksichtigte Effekte hin, beispielsweise Luftreibung oder Wärmeverluste. Sie lassen sich *prinzipiell nicht* durch Wiederholung der Messung verringern, sondern nur durch eine Verfeinerung des Experiments. Mindestens jedoch bedürfen sie der Erklärung durch den Experimentator.

Die Unsicherheit eines Messergebnisses δ_x gibt man quantitativ an als **Vertrauensbereich** an. Liegt der Wert der gemessenen Größe mit einer gewissen (zu definierenden) Wahrscheinlichkeit im Intervall zwischen $x - \delta_x$ und $x + \delta_x$, wird das Ergebnis angegeben als

$$x \pm \delta_x \qquad \text{z.B. gemessene Masse } m \;=\; 128{,}0\,\text{g} \pm 1{,}6\,\text{g} \tag{2.2}$$

2.3.2. Statistische Messunsicherheiten

Statistische Unsicherheiten äußern sich in einem leicht anderen Ergebnis bei Wiederholung der Messung einer Größe. Um sie einschätzen zu können, untersucht man die Häufigkeit der einzelnen Messergebnisse. Zur Bestimmung der **Häufigkeitsverteilung** teilt man die Ergebnisskala in Intervalle und zählt, wie häufig ein Ergebnis in ein Intervall fällt. Bei einer guten Messung treten Ergebnisse nahe dem *wahren Wert* der Größe am häufigsten auf; zu große und zu kleine Ergebnisse kommen mit ähnlicher Häufigkeit vor. Im Grenzfall unendlich kleiner

[1]Guide to the Expression of Uncertainty in Measurement, Internationale Norm, ISO/IEC Guide 98-3:2008

Intervalle wird diese Situation beschrieben durch die **Normalverteilung** nach GAUSS der Wahrscheinlichkeitsdichte $p(x)$:

$$p(x) = \frac{1}{\sqrt{2\pi} \cdot s} \cdot e^{-\frac{(x-\bar{x})^2}{2s^2}} \tag{2.3}$$

Die Normalverteilung hat die Form einer Glockenkurve (Abb. 2.1). Ihre Wendepunkte liegen bei $\bar{x} \pm s$; innerhalb dieses Bereichs liegen 68 % der Messergebnisse. Biologische oder medizinische Stichproben sind jedoch häufig nicht normalverteilt; häufig ist die Kurve nicht einmal symmetrisch.

Wenn die Messwerte einer Normalverteilung unterliegen, ist die beste Abschätzung des wahren Wertes der arithmetische Mittelwert. Aus n einzelnen Messungen $x_1, \ldots, x_n$ berechnet man ihn wie folgt:

$$\bar{x} = \frac{1}{n}\sum_{i=1}^{n} x_i = \frac{1}{n} \cdot (x_1 + \ldots + x_n) \tag{2.4}$$

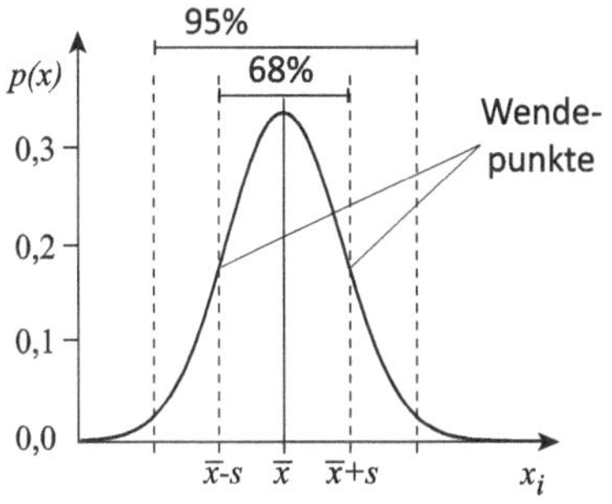

Abb. 2.1.: Normalverteilung der Wahrscheinlichkeitsdichte mit Standardabweichung

Aus der Abweichung der Einzelwerte vom Mittelwert lässt sich die **Varianz** berechnen. Die Quadratwurzel daraus ist die **Standardabweichung** s_x der Einzelmessung. Als Messunsicherheit sagt sie voraus, dass der nächste aufgenommene Messwert mit einer Wahrscheinlichkeit von 68% im Intervall $\bar{x} - s_x, \ldots, \bar{x} + s_x$ liegen wird. Dieses Intervall entspricht dem Bereich zwischen den Wendepunkten in Abb. 2.1. s_x ist die Quadratwurzel aus der Varianz:

$$\text{Varianz: } {s_x}^2 = \frac{1}{n-1}\sum_{i=1}^{n}(x_i - \bar{x})^2 \qquad \text{Standardabweichung: } s_x = \sqrt{\frac{1}{n-1}\sum_{i=1}^{n}(x_i - \bar{x})^2} \tag{2.5}$$

Davon zu unterscheiden ist der **Standardfehler** $s_{\bar{x}}$. Der *wahre Wert* der Messgröße liegt mit der Wahrscheinlichkeit von 68% im Intervall $\bar{x} - s_{\bar{x}}, \ldots, \bar{x} + s_{\bar{x}}$ um den festgestellten Mittelwert. Der Standardfehler gibt somit die Genauigkeit der Schätzung des wahren Werts an. Man berechnet ihn, indem man die Standardabweichung noch einmal durch die Wurzel aus der Anzahl der einzelnen Messungen dividiert:

$$s_{\bar{x}} = \frac{s_x}{\sqrt{n}} = \sqrt{\frac{1}{n\,(n-1)}\sum_{i=1}^{n}(x_i - \bar{x})^2} \tag{2.6}$$

Der Standardfehler wird mit zunehmender Anzahl von Messungen geringer, die Standardabweichung bleibt hingegen in etwa gleich. Beide sind nach diesen Definitionen absolute Größen (mit der selben Einheit wie der Mittelwert). Um die Größe der Unsicherheit im Verhältnis zur Messgröße deutlich zu machen, kann man beide als **relative Fehler** in Prozent angegeben:

$$\text{rel. Standardabweichung: } s_{x,rel} = 100\% \cdot \frac{s_x}{\bar{x}} \qquad \text{rel. Standardfehler: } s_{\bar{x},rel} = 100\% \cdot \frac{s_{\bar{x}}}{\bar{x}} \tag{2.7}$$

Nichtparametrische Maße: Ist eine Normalverteilung der Messwerte nicht gegeben, zum Beispiel bei einer asymmetrischen Häufigkeitsverteilung, ist der **Median** (Zentralwert) geeigneter. Ihn erhält man, indem man die Messwerte der Größe nach ordnet, als den in der Mitte liegenden Wert (bei gerader Anzahl von Messwerten die Mitte der beiden mittleren Werte). Auch die Varianz ist in diesem Fall nicht mehr geeignet; Alternativen bieten (in der Biomathematik) Quartile oder andere Perzentile. Als (primitives) Streuungsmaß für den Median kann die **Variationsbreite** R (engl.: *range*) angegeben werden:

$$R = x_{max} - x_{min} \tag{2.8}$$

2.3.3. Fehlerfortpflanzung

Wenn aus einer Größe x mit Messunsicherheit in einer Formel eine weitere Größe y berechnet wird, so hat auch diese Größe eine Unsicherheit. Diese „fortgepflanzte“Unsicherheit wird mit dem Fehlerfortpflanzungsgesetz von GAUSS berechnet:

$$y = f(x) \quad \Rightarrow \quad s_y = s_x \cdot \left| \frac{df}{dx} \right| \tag{2.9}$$

Einfache Beispiele: Schwerkraft $F = m \cdot g \quad \Rightarrow \quad s_F = s_m \cdot g$

Frequenz $f = \frac{1}{T} \quad \Rightarrow \quad s_f = s_T \cdot \left| \frac{-1}{T^2} \right| \quad \Rightarrow \quad \frac{s_f}{f} = \frac{s_T}{T}$

Hängt die abgeleitete Größe y von mehreren unsicheren Messgrößen $x_1, x_2, \ldots$ ab, muss das Fehlerfortpflanzungsgesetz verallgemeinert werden (vgl. Haas, Physik für Mediziner und Pharmazeuten, Stuttgart 2002, §48). Für zwei wichtige Spezialfälle lässt sich aber eine einfache Abschätzung „auf Sicherheit“machen und der Größtfehler abschätzen:

1. **Summen und Differenzregel**: Für eine Funktion aus Summen oder Differenzen verschiedener Messgrößen schätzt man die absolute Gesamtunsicherheit aus der Summe der einzelnen absoluten Unsicherheiten.

   Beispiel: $z = a \cdot x - b \cdot y \quad \Rightarrow \quad s_z \leq a \cdot s_x + b \cdot s_y; \quad a,\ b$ sind Konstanten

   Beachte: Auch bei der Subtraktion *addieren* sich die Unsicherheiten. Da die Größe z selbst (die Differenz) eventuell sehr klein ist, kann die *relative* Unsicherheit $s_{z,rel} = s_z/\bar{z}$ ausgesprochen groß sein! Daher ist Messung durch Differenzbildung oft ungünstig.

2. **Produkt- und Quotientenregel**: Für eine Funktion aus Produkten und Quotienten von mehreren Messgrößen (z.B. x und y) berechnet sich die *relative Gesamtunsicherheit* $s_{z,rel} = s_z/\bar{z}$ aus der Summe der einzelnen relativen Unsicherheiten. Bei einer Messgröße mit einem Exponenten $\neq 1$ (z.B. 0,5 oder 2) ist die relative Unsicherheit mit dem Betrag dieses Exponenten zu multiplizieren. Beispiele sind:

   Druck: $p = \frac{F}{A} \quad \Rightarrow \quad \frac{s_p}{\bar{p}} \leq \frac{s_F}{\bar{F}} + \frac{s_A}{\bar{A}}$

   Volumen eines Würfels: $V = x^3 = x \cdot x \cdot x \quad \Rightarrow \quad \frac{s_V}{\bar{V}} \leq \frac{s_x}{\bar{x}} + \frac{s_x}{\bar{x}} + \frac{s_x}{\bar{x}} = 3\,\frac{s_x}{\bar{x}}$

   Am letzten Beispiel von (2.9) sieht man, dass der relative Fehler von f gleich dem von T ist. Das folgt auch mit der Quotientenregel. Summen-/Differenzregel sowie Produkt-/Quotientenregel gelten sowohl für die Standardabweichung s_x als auch für den Standardfehler $s_{\bar{x}}$.

2.3.4. Korrelation, statistische Tests

Für verlässliche Aussagen müssen in der Medizin häufig wesentlich aufwendigere statistische Mittel bemüht werden als in der Physik. Sie sind Gegenstand eines eigenen Gebiets in der Medizin, der Biometrie. Wenn beispielsweise die Messergebnisse zweier Stichproben verglichen werden soll, untersucht ein so genannter **t-Test**, ob sich die Vertrauensbereiche (Mittelwert und Standardfehler) der beiden Ergebnisse statistisch signifikant unterscheiden, wie z.B. der Blutdruck einer Stichprobe von Patienten unter einem blutdrucksenkenden Medikaments im Vergleich mit einer Stichprobe von Personen ohne Medikation.

Vergleiche von mehr Stichproben (z.B. verschiedene Dosierungen des Medikaments) oder Untersuchung des Einflusses mehrerer Faktoren (zusätzlicher Einfluss von Alkoholkonsum) erfordern **Varianzanalysen** (ANOVA). Den Zusammenhang einer Größe mit einer kontinuierlichen anderen (z.B. Körpergröße und Körpergewicht) untersucht man durch Berechnung des Korrelationskoeffizienten. Ein häufiger Irrtum ist übrigens, dass eine Korrelation auch einen *kausalen* Zusammenhang nachwiese: Obwohl beides nichts miteinander zu tun hat, ist die Lufttemperatur während des Sommersemesters meist mit der Anzahl der absolvierten Anatomietestate korreliert.

2.3.5. Grafische Darstellung abhängiger Größen

Häufig möchte man wissen, wie sich die Änderung einer physikalischen Größe auf eine andere auswirkt. Dazu misst man die Werte dieser **Messgröße** (zum Beispiel das Gasvolumen V), während man die **Kontrollgröße** (wie die Temperatur T) kontrolliert verändert. Der Zusammenhang wird oft ausreichend gut durch ein einfaches Gesetz beschrieben, so wie die Allgemeine Gasgleichung (s. S. 5). Um den Zusammenhang zu experimentell zu untersuchen, wird in einem Diagramm die Messgröße vertikal gegen die Kontrollgröße (horizontal) aufgetragen (Abb. 2.2).

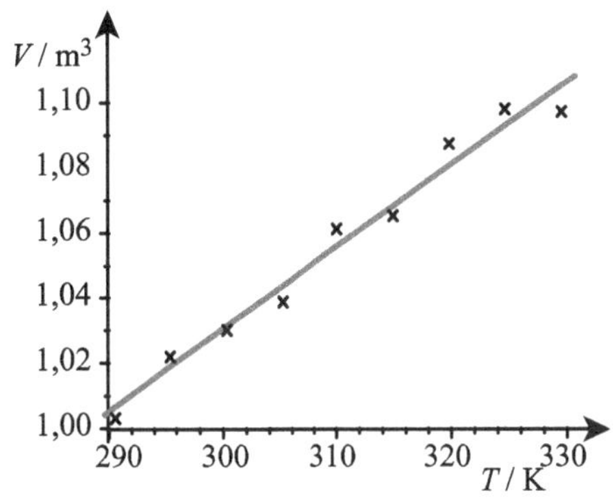

Abb. 2.2.: Auftragung von abhängigen Messwerten (hier Volumen von der Temperatur) und passende Ausgleichsgerade

Im einfachsten Fall ist der Zusammenhang eine Proportionalität. Da Messwerte im Allgemeinen jedoch fehlerbehaftet sind, liegen die Punkte nicht exakt auf einer Geraden. Daher wird eine Ausgleichsgerade eingetragen, die allen Messwerten gleichermaßen nahe kommt. Ihre Steigung und ihr Achsenabschnitt werden dann grafisch bestimmt. Deren Werte (und die zugehörigen Messunsicherheiten) lassen sich auch rechnerisch erhalten mit Hilfe einer linearen Regression. Wenn der Zusammenhang der Größen komplizierter ist und beispielsweise einer Wurzel- oder Exponentialfunktion folgt, lassen sich entsprechend nichtlineare Regressionen anwenden.

Notizen:

3. Mechanik starrer Körper

Grundlage der Mechanik sind Bewegungen und Formänderungen von Körpern auf „makroskopischen" Größenskalen oberhalb der molekularen Skala. In der Kinematik (Bewegungslehre) werden verschiedene Typen von Bewegungen behandelt, während die Dynamik starrer Körper diese als Wirkung von Kräften beschreibt. In der Dynamik deformierbarer Körper kommen Formänderungen der Körper hinzu. Alle Größen der Mechanik lassen sich aus den drei Basisgrößen Länge, Masse und Zeit zusammensetzen; alle Einheiten sind abgeleitet aus den SI-Einheiten Meter, Kilogramm und Sekunde.

3.1. Kinematik – Bewegungslehre

Zur Beschreibung der Bewegung von Festkörpern werden in der Mechanik reale ausgedehnte Objekte durch **starre Körper** approximiert. Ein starrer Körper ist homogen und nicht deformierbar. Er kann daher außer Deformationen alle Bewegungen ausführen. Solange er keine Rotation um eine eigene Achse ausführt, kann er weiter vereinfacht werden zu einem **Massenpunkt**. Dieser beschreibt die Bewegung des Schwerpunkts des Körpers. Alle Bewegungen lassen sich zusammensetzen aus folgenden Bewegungsarten:

- **Translation**: geradlinige Bewegung ohne Richtungsänderung
- **kreisförmige Bewegung** um ein festes Zentrum
- **Rotation**: Drehbewegung eines ausgedehnten Körpers um eine eigene Achse

Exkurs: Skalare und Vektoren

Immer, wenn in der Physik die Richtung im Raum eine Rolle spielt, muss zwischen skalaren und vektoriellen Größen unterschieden werden. **Skalare** sind nur die physikalischen Größen, die durch Zahlenwert und Einheit eindeutig festgelegt sind und keine Richtung im Raum besitzen (Beispiele: Masse, Temperatur, Arbeit). Als **Vektoren** bezeichnet man *gerichtete* physikalische Größen, die zusätzlich der Angabe einer Raumrichtung bedürfen (Beispiele: Geschwindigkeit, Kraft, elektrische Feldstärke). Grafisch wird ein Vektor durch einen Pfeil dargestellt. Seine Länge gibt den Betrag des Vektors an; die Pfeilspitze weist in Richtung des Vektors. Vektoren sind räumlich frei verschiebbar, solange Länge und Richtung beibehalten werden. Vektoren lassen sich im zwei- oder dreidimensionalen Raum in zwei bzw. drei aufeinander senkrecht stehende Basisrichtungen (Komponenten) zerlegen (Abb. 3.1a):

$$\text{Bsp: Geschwindigkeit} \quad \vec{v} = \vec{v}_x + \vec{v}_y \qquad \tan\alpha = \frac{v_y}{v_x} \tag{3.1}$$

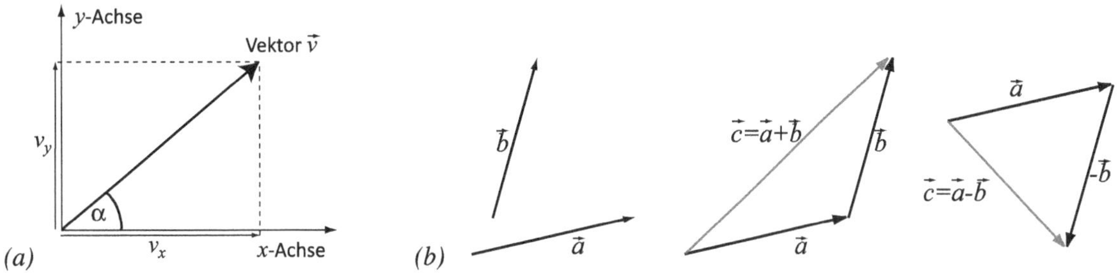

Abb. 3.1.: (a) Zerlegung eines zweidimensionalen Vektors in seine Komponenten. (b) Addition (Mitte) und Subtraktion (rechts) von zwei Vektoren $\vec{a}$ und $\vec{b}$

α ist der Winkel des Vektors $\vec{v}$ gegen die x-Achse. Seine Größe (Zahlenwert · Einheit) ohne Richtungsinformation gibt der **Betrag** $|\vec{v}|$ (oder einfach v) an. Aus den Richtungskomponenten v_x und v_y erhält man den Betrag als:

$$v = |\vec{v}| = \sqrt{v_x^2 + v_y^2}; \qquad \text{in drei Dimensionen: } v = |\vec{v}| = \sqrt{v_x^2 + v_y^2 + v_z^2} \tag{3.2}$$

Für die grafische Addition zweier Vektoren $\vec{a}$, $\vec{b}$ wird an das Ende des einen Vektors der Anfang des anderen Vektors verschoben (Abb. 3.1b). Die Verbindung des Anfangspunktes des ersten mit dem Endpunkt des zweiten Vektors ergibt den Summenvektor $\vec{a} + \vec{b}$. Für die Subtraktion bildet man $\vec{a} - \vec{b} = \vec{a} + (-\vec{b})$, kehrt also die Richtung von $\vec{b}$ um. (Eins und eins ist bei Vektoren nur dann zwei, wenn die Vektoren parallel sind – sonst ist die Summe kleiner!) Die **Multiplikation** eines Vektors mit einem Skalar ($a \cdot \vec{v}$) ergibt eine *Streckung* des Vektors um diesen Faktor (oder, falls $a < 1$, Stauchung). Bei *negativem* a kehrt sich die Richtung des Vektors um.

Für die Multiplikation zweier Vektoren $\vec{a}$ und $\vec{b}$ miteinander existieren zwei Möglichkeiten mit physikalisch unterschiedlichen Bedeutungen. Sie werden durch unterschiedliche Symbole gekennzeichnet („·“und „×“). $\angle(\vec{a}, \vec{b})$ ist der Winkel zwischen den beiden Vektoren $\vec{a}$ und $\vec{b}$.

Das Skalarprodukt („inneres Produkt“) $c = \vec{a} \cdot \vec{b}$ ist ein Skalar, d.h. eine reelle Zahl ohne Raumrichtung:

$$c = \vec{a} \cdot \vec{b} = |\vec{a}| \cdot |\vec{b}| \cdot \cos(\vec{a}, \vec{b}) \tag{3.3}$$

Es entspricht dem Produkt des Betrages von $\vec{a}$ mit der Länge des auf die Richtung von $\vec{a}$ projizierten Vektors $\vec{b}$ (Abb 3.2a). Besonders einfach sind die Fälle, in denen $\vec{a}$ und $\vec{b}$ senkrecht oder parallel zu einander stehen:

$$\vec{a} \perp \vec{b} \quad \Rightarrow \quad \vec{a} \cdot \vec{b} = |\vec{a}| \cdot |\vec{b}| \cdot \cos(90°) = 0 \tag{3.4}$$

$$\vec{a} \parallel \vec{b} \quad \Rightarrow \quad \vec{a} \cdot \vec{b} = |\vec{a}| \cdot |\vec{b}| \cdot \cos(0°) = a \cdot b \tag{3.5}$$

Das Vektorprodukt („äußeres Produkt“, „Kreuzprodukt“) $\vec{c} = \vec{a} \times \vec{b}$ liefert als Ergebnis einen Vektor, der senkrecht auf der von $\vec{a}$ und $\vec{b}$ aufgespannten Ebene steht (Orientierung: Rechte-Hand-Regel, Abb 3.2b). Der Betrag von $\vec{c}$ ist proportional zum Sinus des Winkels zwischen $\vec{a}$ und $\vec{b}$:

$$\text{Betrag: } |\vec{c}| = |\vec{a} \times \vec{b}| = |\vec{a}| \cdot |\vec{b}| \cdot \sin(\vec{a}, \vec{b}) \qquad \text{Richtung: } \vec{c} \perp \vec{a} \text{ und } \vec{c} \perp \vec{b} \tag{3.6}$$

$$\text{Falls } \vec{a} \parallel \vec{b} \quad \Rightarrow \quad \vec{a} \times \vec{b} = 0 \tag{3.7}$$

Kennzeichnung von Vektoren in diesem Skript: Prinzipiell müssten vektorielle Größen stets mit einem Pfeil gekennzeichnet werden. In dieser Vorlesung beeinträchtigt das jedoch die Übersichtlichkeit, besonders da die Differentiation und Integration vektorieller Größen den hier vermittelten Stoff übersteigt. Daher werden Größen im Folgenden – im Wissen um die Inkonsequenz – nur dort als Vektoren gekennzeichnet, wo ihre vektorielle Natur zum Verständnis unabdingbar ist. Wo nur die Beträge von Interesse sind, werden hingegen die Pfeile weggelassen.

Abb. 3.2.: (a) Skalarprodukt und (b) Vektorprodukt der Vektoren $\vec{a}$ und $\vec{b}$.

3.1.1. Translation

Translation bedeutet Bewegung in einer festen Richtung. Die **Geschwindigkeit** beschreibt die Änderung des Ortes mit der Zeit. Die Momentangeschwindigkeit ist ein Vektor, definiert als Ableitung des Weges nach der Zeit, mathematisch geschrieben als:

$$\vec{v} = \frac{d}{dt}\,\vec{s} \qquad \text{Einheit: } [\vec{v}] = 1\,\frac{\text{m}}{\text{s}} = m \cdot s^{-1} \tag{3.8}$$

Wird in einem Zeitintervall Δt eine Strecke $\Delta\vec{s}$ zurückgelegt, so beträgt die *mittlere* Geschwindigkeit $\vec{v} = \frac{\Delta\vec{s}}{\Delta t}$.

Beschleunigung $\vec{a}$ ist die zeitliche Änderung der Geschwindigkeit, also die Ableitung der Geschwindigkeit nach der Zeit und die zweite Ableitung des Weges:

$$\vec{a} = \frac{d}{dt}\,\vec{v} = \frac{d^2}{dt^2}\,\vec{s} \qquad \text{Einheit: } [\vec{a}] = 1\,\text{m} \cdot \text{s}^{-2} \tag{3.9}$$

Zur Veranschaulichung von Bewegungen lassen sich Weg, Geschwindigkeit und Beschleunigung als Diagramme über der Zeit auftragen (Abb. 3.3). Eine Bewegung mit unveränderter Geschwindigkeit ($\vec{v} = const$) bezeichnet man als **gleichförmig**. In diesem Fall sind sowohl Betrag als auch Richtung zeitlich konstant; mathematisch folgt, dass $\vec{a} = 0$. Aus der Beschleunigung lässt sich die Geschwindigkeit, aus der Geschwindigkeit der Weg berechnen durch Integration über der Zeit. Für eine gleichförmige Bewegung mit Geschwindigkeit v_o ab dem Zeitpunkt t_1 ist das sehr einfach:

$$s(t_2 - t_1) = \int_{t_1}^{t_2} v(t)\,dt = \int_{t_1}^{t_2} v_o\,dt = v_o\,(t_2 - t_1) \tag{3.10}$$

Eine nach Betrag und Richtung konstante Beschleunigung $\vec{a}$ heißt **gleichmäßig beschleunigt**. Wenn die Beschleunigung zum Zeitpunkt $t = 0$ beginnt, folgt für die Geschwindigkeit bei Anfangsgeshwindigkeit v_o:

$$a(t) = a_o \quad \Rightarrow \quad v(t) = \int_{t=0}^{t} a(t)\,dt = a_o \cdot t + v_o \tag{3.11}$$

$$\Rightarrow \quad s(t) = \int_{t=0}^{t} v(t)\,dt = \frac{1}{2}\,a_o \cdot t^2 + v_o \cdot t \tag{3.12}$$

Verzögerung (Bremsung) lässt sich verstehen als eine Beschleunigung in die der aktuellen Geschwindigkeit entgegen gesetzten Richtung, entsprechend einem negativen Wert von a.

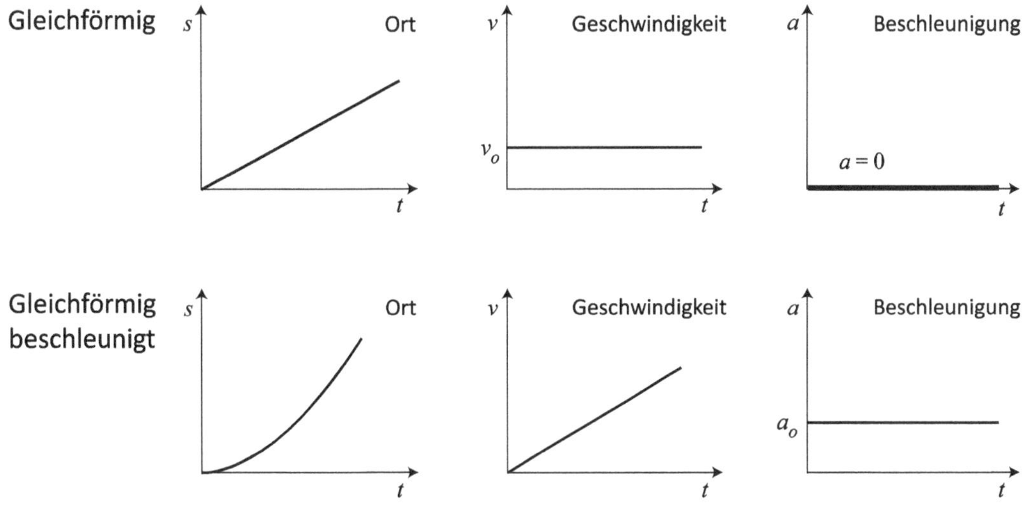

Abb. 3.3.: Gleichförmige Bewegung (oben) und gleichförmig beschleunigte geradlinige Bewegung aus der Ruhelage ($v_o = 0$ m s^{-1}, unten)

Freier Fall ist ein Musterbeispiel einer gleichmäßig beschleunigter Bewegung: Das Schwerefeld der Erde bewirkt an der Erdoberfläche die konstante **Fallbeschleunigung** $a = -g = -9{,}81\ \mathrm{ms}^{-2}$ nach unten. (Das negative Vorzeichen ist erforderlich, wenn die Höhe nach oben gezählt wird.) Wird ein Gegenstand auf der Höhe h_o losgelassen, so nimmt die Geschwindigkeit mit der Zeit zu, ist aber unabhängig von der Masse des Körpers. Die Höhe nimmt gleichförmig beschleunigt ab (Abb. 3.4):

$$v(t) = -g \cdot t \qquad h(t) = h_o - \frac{1}{2}\, g \cdot t^2 \qquad (3.13)$$

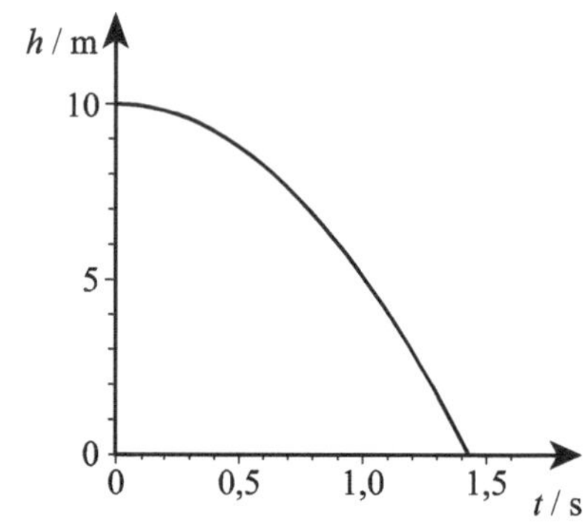

Abb. 3.4.: Freier Fall aus 10 m Höhe

3.1.2. Kreisförmige Bewegung

Eine kreisförmigen Bewegung wird beschrieben durch den Drehwinkel φ. Statt des Ortsvektors $\vec{s}$ kann man die Position des Massenpunktes anhand des **Radius**, des Abstands zum Drehzentrum r, und des Drehwinkels φ festlegen (Abb. 3.5). Analog zur Translationsbewegung ist die **Winkelgeschwindigkeit** ω die Änderung des Winkels φ mit der Zeit t und die **Winkelbeschleunigung** $\dot{\omega}$ die Änderung des Winkelgeschwindigkeit ω mit der Zeit t:

$$\omega = \frac{d\varphi}{dt} \quad \text{Einheit: } [\omega] = 1\ \mathrm{s}^{-1} \qquad \dot{\omega} = \frac{d\omega}{dt} = \frac{d^2}{dt^2}\,\varphi \quad \text{Einheit: } [\dot{\omega}] = 1\ \mathrm{s}^{-2} \qquad (3.14)$$

Als gleichförmige Kreisbewegung bezeichnet man den Fall, dass ω konstant, also $\dot{\omega} = 0$ ist. Die **Umlaufdauer** T ist die Zeit, die für einen vollen Umlauf (Winkel 2π) benötigt wird. ω heißt auch **Kreisfrequenz**. Die Drehfrequenz f ist definiert als Kehrwert der Umlaufdauer. Bei einer gleichförmigen Kreisbewegung entspricht sie bis auf den Faktor 2π der Winkelgeschwindigkeit:

$$f = \frac{1}{T} = \frac{\omega}{2\pi} \qquad \text{Einheit: } [f] = 1\ \mathrm{s}^{-1} = 1\ \mathrm{Hz} \qquad (3.15)$$

Die Bogenlänge eines Kreissegments mit dem Winkel φ ist $s = \varphi \cdot r$. Diesen Weg legt ein Massenpunkt auf seiner Bahn in einem Zeitintervall Δt zurück. Die **Bahngeschwindigkeit** v_r ist die momentane Geschwindigkeit (als Translation) des Massenpunktes auf seinem Umlauf auf der Bahn mit dem (festen) Radius r:

$$v_r = \frac{ds}{dt} = \frac{d}{dt}(\varphi \cdot r) = \frac{d\varphi}{dt} \cdot r \qquad \Rightarrow \qquad v_r = \omega \cdot r = 2\pi \cdot f \cdot r \qquad (3.16)$$

Weil sich die Richtung von $\vec{v}$ bei einer Kreisbewegung fortwährend ändert, ist diese nie gleichförmig im Sinne der *Translation.*) Die ständige Änderung des Geschwindigkeitsvektors erfordert eine Beschleunigung auf das Drehzentrum zu, die **Radialbeschleunigung** (Zentripetalbeschleunigung) a_r:

$$a_r = \frac{v^2}{r} = \omega^2 \cdot r \qquad (3.17)$$

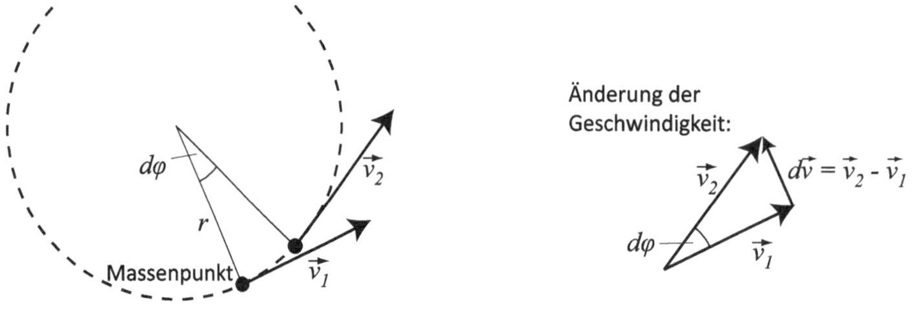

Abb. 3.5.: Kreisförmige Bewegung eines Massenpunktes, Richtungsänderung der Bahngeschwindigkeit

3.2. Dynamik

3.2.1. Newtonsche Axiome

Eine der wesentlichsten physikalische Größe der Mechanik ist die Kraft $\vec{F}$. Ihre Einheit ist das Newton:

$$[\vec{F}] = 1\,\mathrm{N} = 1\,\mathrm{kg}\cdot\mathrm{m}\cdot\mathrm{s}^{-2}$$

Erfahrungsgemäß entsteht Bewegung aus der Wirkung von **Kräften**, die von der zu bewegenden Masse abhängen. NEWTON formulierte daraus in seinen „Principia“(1687) drei Axiome und ein „Korollar“:

1. **Trägheitsprinzip:** Jeder Körper verharrt im Zustand der Ruhe oder der gleichförmigen geradlinigen Bewegung, solange die Summe der auf ihn einwirkenden Kräfte gleich Null ist:

$$\sum_i \vec{F_i} = 0 \Rightarrow v = const \qquad (3.18)$$

2. **Aktionsprinzip, Bewegungsgleichung:** Kräfte sind Ursache von Beschleunigungen in der selben Richtung. Bei Konstanter Masse ist der Vektor der Kraft definiert als Produkt aus Masse und Beschleunigung:

$$\vec{F} = m\cdot\vec{a} \qquad (3.19)$$

3. **Reaktionsprinzip:** Eine Kraft, die Körper 1 auf Körper 2 ausübt, ist immer verbunden mit einer gleich großen, entgegen gerichteten Kraft von Körper 2 auf Körper 1 („*actio* = *reactio*“):

$$F_{1\to 2} = -F_{2\to 1} \qquad (3.20)$$

4. **Korollar:** Mehrere gleichzeitig auftretende Kräfte überlagern sich ungestört. Die Gesamtkraft wird durch Vektoraddition (Parallelogramm der Kräfte, vgl. Abb. 3.1) erhalten:

$$\vec{F} = \vec{F_1} + \vec{F_2} + \vec{F_3} + \ldots \qquad (3.21)$$

Nur wenn die Kräfte in die gleiche Richtung zeigen, ist die resultierende Kraft die Summe der einzelnen Beträge. Wenn die Summe aller wirkenden Kräfte sich aufhebt, tritt nach dem Ersten Axiom keine Bewegung auf. Hinsichtlich der Wirkung von Kräften auf starre Körper muss auch der Angriffspunkt der Kraft bekannt sein.

Physiologisch entsteht eine Kraft bei Kontraktion von Muskelfasern durch Proteine. Die Messung von Kräften erfolgt mit Dynamometern (Federwaagen).

3.2.2. Verschiedene Kräfte

Gravitation ist die Ursache für die an der Erdoberfläche erfahrene **Schwerkraft**. Allgemein üben zwei Körper mit den Massen m_1 und m_2 aufeinander eine Anziehungskraft, die **Gravitationskraft** F_g aus (Abb. 3.6). Nach dem **Gravitationsgesetz** beträgt sie:

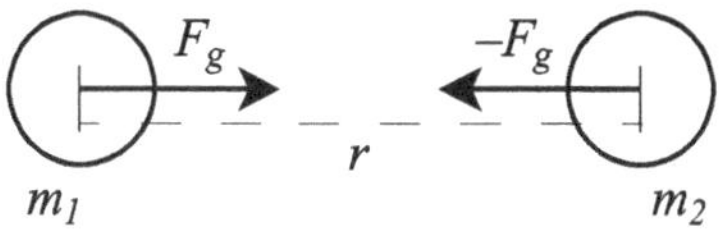

Abb. 3.6.: Anziehung zweier Massen mit Gravitationskraft F_g

$$F_g = -G\cdot\frac{m_1\cdot m_2}{r^2} \qquad G = 6{,}67\cdot 10^{-11}\,\mathrm{m^3kg^{-1}s^{-2}} \qquad (3.22)$$

Die Gravitationskonstante G ist eine Naturkonstante. Die Gravitationskraft ist eine von vier elementaren Grundkräften. An der Erdoberfläche ist sie als **Schwerkraft** spürbar. Ein Körper der Masse $m = 1$ kg erfährt dort eine Schwerkraft: $F_S = 1\,\mathrm{kg}\cdot 9{,}81\,\mathrm{m\,s^{-2}} = 9{,}81\,\mathrm{N}$. Durch Einsetzen des Erddurchmessers r_E und der Masse der Erde erhält man das Gesetz der Schwerkraft mit der bekannten Fallbeschleunigung von etwa $g = 9{,}81\,\mathrm{m\,s^{-2}}$ (in geringem Maße ortsabhängig!):

$$F_S = -m\cdot g \qquad m\text{: Masse eines Objekts an der Erdoberfläche} \qquad (3.23)$$

Deformationskräfte sind Gegenkräfte, die deformierbare Stoffe einer Verformung entgegensetzen, um die Deformation rückgängig zu machen. Allgemein beschreibt dies das HOOKEsche Gesetz, S. 28. Ein besonders einfacher Fall ist die Schraubenfeder: Hier ist die Längenänderung Δs der Feder proportional zu einwirkenden Kraft:

$$F_D = -D \cdot \Delta s \qquad D\text{: Federkonstante, Einheit: } [D] = \mathrm{N\,m^{-1}} \tag{3.24}$$

Reibungskräfte wirken einer Relativbewegung zwischen sich berührenden Körpern entgegen. F_R ist deshalb immer dem Geschwindigkeitsunterschied entgegen gerichtet. Zwischen Festkörpern entsteht sie durch Verzahnung der Rauheiten der beiden sich berührenden Oberflächen, sie hängt daher von den Materialeigenschaften der Oberflächen ab (Abb. 3.7a). Für die Überwindung von Reibung muss Reibungsarbeit aufgewendet werden, die gewöhnlich in Wärme umgewandelt wird. Man unterscheidet verschiedene Arten:

- **Haftreibung** ($F_{R,H}$) ist die Kraft, die aufgewandt werden muss, um einen Gegenstand auf einer Unterlage in Bewegung zu setzen.
- **Gleitreibung** ($F_{R,G}$) ist die Kraft, die nötig ist, um eine bestehende Bewegung aufrechtzuerhalten. In beiden Fällen ist sie proportional zur Normalkraft F_N, die Gegenstand und Unterlage zusammenpresst:

  $$F_R = -\mu \cdot F_N \qquad \mu\text{: Reibungskoeffizient} \tag{3.25}$$

  Bei der Haftreibung ist $\mu = \mu_H$ der Haftreibungskoeffizient, bei der Gleitreibung μ_G der Gleitreibungskoeffizient. Die Haftreibung ist immer größer als die Gleitreibung:

  $$\mu_H > \mu_G \qquad \Rightarrow \quad F_{R,H} > F_{R,G}$$

  Für die Bewegung eines Körpers auf einer schrägen Fläche (Abb. 3.7b) muss die Schwerkraft $\vec{F_S}$ in Anteile parallel zur Oberfläche ($F_{par} = F \cdot \sin\beta$) und senkrecht zur Oberfläche $F_N = F \cdot \cos\beta$ aufgeteilt werden. Der Körper setzt sich erst in Bewegung, wenn F_{par} die Haftreibungskraft $F_{R,H}$ übersteigt.
- **Rollreibung** entsteht durch Haftreibung und Deformation des rollenden Rades, sie ist im Allgemeinen kleiner als die Gleitreibung.
- **Innere Reibung** tritt bei der Bewegung von Flüssigkeiten und Gasen auf und beruht auf ihrer Viskosität (s. Kap. 4.5.3). Sie ist abhängig von der Geschwindigkeit zwischen bewegtem Körper und Flüssigkeit bzw. Gas. Bei kleinen Geschwindigkeiten gilt: (STOKES-Reibung)

  $$F_R \sim v$$

Medizinische Anwendung: Reibung in Gelenken wird verringert durch glatte Oberflächen (Knorpelschichten auf Knochenköpfen im Knie), Viskosität von Blut

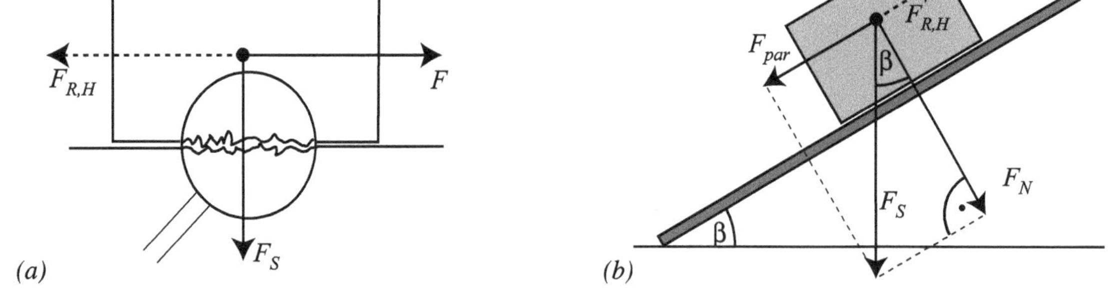

Abb. 3.7.: Reibung. (a) Haftreibung entsteht durch Verzahnung der Oberflächen. (b) Übergang von Haft- zu Gleitreibung auf einer schrägen Fläche

3.2.3. Trägheitskräfte, Kräftegleichgewicht

Ein Körper befindet sich im Kräftegleichgewicht, wenn sich die Summe der an ihn angreifenden Kräfte aufhebt. Nach dem ersten NEWTONschen Axiom, Gl. (3.18), behält ein solcher Körper seine Bewegung bei. Verändert sich aber die Bewegung des umgebenden Bezugssystems (z.B. als Mitfahrer eines bremsenden Fahrzeugs), erfährt der Körper sein Beharren als **Trägheitskraft** in Richtung der Bewegung. Wegen des dritten NEWTONschen Axiom, Gl. (3.20), ist die Trägheitskraft genauso groß und entgegen gesetzt der Kraft, die auf das Bezugssystem (das Fahrzeug) wirkt. Weil sie nicht direkt wirken, sondern durch Bewegungsänderung des Bezugssystems zustande kommen, bezeichnet man Trägheitskräfte auch als Scheinkräfte.

Zentripetalkraft ist die Kraft, mit der ein Körper auf einer Kreisbahn gehalten werden muss. Die fortwährende Richtungsänderung erfordert die Zentripetalbeschleunigung (Gl. 3.17). Die entsprechende, stets zum Drehzentrum gerichtete **Zentripetalkraft** beträgt:

$$F_r = m \cdot a_r = m \cdot \omega^2 \cdot r \tag{3.26}$$

Der rotierende Körper muss mit dieser Kraft festgehalten werden, andernfalls würde er sich mit seiner Momentangeschwindigkeit geradeaus bewegen. Die **Zentrifugalkraft** (Fliehkraft) F_z ist vom kreisenden Körper erfahrene Trägheitskraft, sie ist F_r entgegen gesetzt:

$$F_z = -F_r = -m \cdot \omega^2 \cdot r \tag{3.27}$$

Beispiele: geostationärer Satellit; medizinisch: Laborzentrifugen, Gleichgewichtsorgan

3.2.4. Arbeit, Energie

Die mechanische **Arbeit** W ist das skalare Produkt der Vektoren Kraft $\vec{F}$ und Weg $\vec{s}$:

$$W = \vec{F} \cdot \vec{s} \qquad \text{Einheit: } [W] = 1\,\mathrm{N} \cdot \mathrm{m} = 1\,\mathrm{J}\ \text{(Joule)} \tag{3.28}$$

- Nur wenn die Vektoren $\vec{F}$ und $\vec{s}$ in der Richtung übereinstimmen, gilt einfach: $W = F \cdot s$!
- Im Allgemeinen ist die Kraft entlang des Weges nicht konstant. Dann gilt obige Gleichung nur in unendlich kleinen Schritten, und die Arbeit muss exakt mit Hilfe eines Integrals berechnet werden[1]:

$$dW = F \cdot ds \qquad \Rightarrow W = \int_{s_1}^{s_2} F \cdot ds \tag{3.29}$$

Die Arbeit, die an einem Körper geleistet wird, sammelt dieser als **Energie** an. Umgekehrt ist Energie die Menge an Arbeit, die der Körper verrichten kann. Sie wird in der Mechanik eingeteilt in kinetische Energie (der Bewegung) und potentielle Energien. Auch die Einheit der Energie ist Joule.

Kinetische Energie: Beim Beschleunigen eines Körpers der Masse m von v_1 auf v_2 ist eine Beschleunigungsarbeit erforderlich:

$$W_b = \int F \cdot ds = \int (m \cdot a)\, ds = \ldots = \frac{1}{2}\, m \cdot \left(v_2^2 - v_1^2\right)$$

Die **kinetische Energie** ist die Arbeit, die beim Abbremsen des Körpers auf $v = 0$ verrichtet wird:

$$W_{kin} = \frac{m}{2}\, v^2 \tag{3.30}$$

Auch in der Rotationsbewegung ist kinetische Energie gespeichert, bezeichnet als **Rotationsenergie**; J ist hier das Trägheitsmoment (s. Kap. 3.4):

$$W_{rot} = \frac{J}{2}\, \omega^2 \tag{3.31}$$

[1] Mathematisch exakt sind auch hier F und ds Vektoren. Für die Integration wird das hier ignoriert, setzt aber voraus, dass beide in die selbe Richtung zeigen!

Potentielle Energie hängt nur vom Ort ab, nicht von der Bewegung.

- Beim Heben eines Körpers von einer Höhe h_1 auf h_2 wird eine Arbeit gegen die Schwerkraft verrichtet:

$$W = \int F_g \cdot ds = m \cdot g \cdot (h_2 - h_1)$$

Daher hat er die **Lageenergie** gespeichert, die beim Aufprall nach Fall um die Höhe h als Arbeit verrichtet werden kann:

$$W_{pot} = m \cdot g \cdot h \tag{3.32}$$

- Beim Spannen einer Feder wird ebenso eine potentielle Energie gespeichert, die **Spannenergie**:

$$W_{pot} = \frac{D}{2} s^2 \tag{3.33}$$

3.2.5. Leistung, Kraftstoß, Impuls

Leistung ist definiert als die pro Zeiteinheit verrichtete Arbeit. Bei zeitlich veränderlichem Energieumsatz ist der Momentanwert der Leistung deren Zeitableitung:

$$P = \frac{dW}{dt} \qquad \text{Einheit: } [P] = 1\,\mathrm{J \cdot s^{-1}} = 1\,\mathrm{N \cdot m \cdot s^{-1}} = 1\,\mathrm{W}\ (\text{Watt}) \tag{3.34}$$

(Nur) bei konstantem Energieumsatz in der Zeit Δt ist $P = \frac{\Delta W}{\Delta t}$.

Bei einer Beschleunigung hängt die erreichte Geschwindigkeit davon ab, wie lange die beschleunigende Kraft einwirkt. Der **Kraftstoß** ist das Integral der Kraft über die Zeit. Dagegen ist der **Impuls** eines bewegten Körpers der Masse m definiert als:

$$\vec{p} = m \cdot \vec{v} \qquad \text{Einheit: } [\vec{p}] = 1\,\mathrm{kg \cdot m \cdot s^{-1}} \tag{3.35}$$

Er ist ein Vektor (und nicht mit dem Druck zu verwechseln!) und spielt bei Stoßprozessen auf makroskopischer wie auf molekularer Ebene eine große Rolle. Die bei Beschleunigung auf den Körper wirkende Kraft ist die Zeitableitung des Impulses:

$$\vec{F} = \frac{d}{dt}\vec{p}$$

Medizinische Anwendung: Herzarbeit, Ergometer zur Leistungsmessung (Sportmedizin, Arbeitsmedizin)

3.3. Erhaltungssätze der Mechanik

3.3.1. Energieerhaltungssatz

Dieser zentrale Satz der ganzen Physik fordert, dass Energie weder aus dem Nichts entstehen noch vollständig entschwinden kann. Sie kann lediglich in andere Formen umgewandelt werden. In einem *abgeschlossenen*, das heißt nicht mit einer weiteren Umgebung wechselwirkenden System ist die Gesamtheit aller Energien konstant. In der Mechanik bedeutet das für *konservative* Systeme, dass die Summe aus potentiellen und kinetischen Energien immer konstant ist:

$$W_{pot} + W_{kin} = const \tag{3.36}$$

3.3.2. Impulserhaltungssatz

In einem abgeschlossenen System, in dem keine äußeren Kräfte herrschen, kann sich auch der Gesamtimpuls, die Summe der einzelnen Impulse p_i, nicht verändern. Der **Impulssatz** fordert daher:

$$\vec{p}_{ges} = \sum_i \vec{p_i} = \sum_i m_i \cdot \vec{v}_i = const \tag{3.37}$$

Schließlich gibt es noch einen dritten Erhaltungssatz für den Drehimpuls (siehe Abschnitt 3.4.3).

Zentraler elastischer Stoß ist eine Anwendung der Erhaltunssätze. Ohne Verformung (*elastischer Stoß*) bleibt sowohl die Energie als auch der Impuls konstant. Trifft ein Körper mit der Masse m_1 und der Geschwindigkeit v_1 zentral auf einen zweiten, ruhenden Körper (mit m_2 und $v_2 = 0$), dann lautet der Impulserhaltungssatz für die Geschwindigkeiten v_1' und v_2' nach dem Stoß:

$$m_1 v_1 + 0 = m_1 v_1' + m_2 v_2'$$

Da beim elastischen Stoß keine Verformungsarbeit geleistet wird, gilt nach dem Energieerhaltungssatz:

$$\frac{1}{2} m_1 v_1^2 + 0 = \frac{1}{2} m_1 v_1'^2 + \frac{1}{2} m_2 v_2'^2$$

Einsetzen der Gleichungen ineinander und Auflösen ergibt für die Geschwindigkeiten nach dem Stoß:

$$v_1' = \frac{m_1 - m_2}{m_1 + m_2} v_1 \qquad v_2' = \frac{2m_1}{m_1 + m_2} v_1 \tag{3.38}$$

Beim *inelastischen Stoß* wird ein Teil der Energie als Verformungsarbeit an den Körpern verbraucht. Damit ist die Summe der Energien nicht mehr konstant, sondern wird um die Verformungsarbeit verringert.

3.4. Rotation ausgedehnter Körper

3.4.1. Freiheitsgrade, Schwerpunkt, Gleichgewicht

Bei einer Translation wird ein ausgedehnter Körper linear verschoben, alle Teile bewegen sich mit derselben Geschwindigkeit in die selbe Richtung. Bei einer Rotation des Körpers bewegen sich alle Teile auf Kreisbahnen um die Drehachse. Jede Bewegung eines starren Körpers kann zerlegt werden in eine Translation des Körperschwerpunkts und der Rotation um den Schwerpunkt. Im dreidimensionalen Raum ergeben sich für einen ausgedehnten Körper drei Bewegungsmöglichkeiten der Translation und drei Achsen der Rotation, also insgesamt sechs sogenannte **Freiheitsgrade** (Abb. 3.8a).

Medizinische Anwendung: Der *Gleichgewichtssinn* sitzt beim Menschen im Vestibularisorgan am Innenohr. Es kommt mit fünf Beschleunigungssensoren (zwei für Translation, drei für Rotation) aus.

Translationen lassen sich (so wie bisher) beschreiben, indem man sich die gesamte Masse des Körpers am **Schwerpunkt** (Massenmittelpunkt) vereinigt vorstellt (Abb. 3.8b). Solange alle Kräfte dort angreifen, entsteht keine Drehbewegung des Körpers. Der Ort des Schwerpunkts $\vec{x}_s$ lässt sich als Vektorsumme aus den Ortsvektoren aller Massenelemente m_i berechnen:

$$\vec{x}_s = \frac{\sum_i (m_i \cdot \vec{x}_i)}{\sum_i m_i} \tag{3.39}$$

Für zwei fest verbundene, homogene Massen (Abb. 3.8) liegt er auf der Verbindungslinie z.B. an der $x-$Position

$$x_s = \frac{m_1 \cdot x_1 + m_2 \cdot x_2}{m_1 + m_2}$$

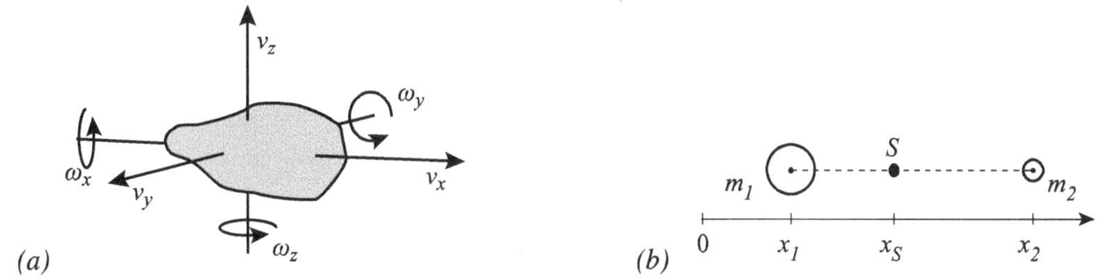

Abb. 3.8.: (a) Ein Körper hat drei Freiheitsgrade der Translation (v) und drei der Rotation (ω). (b) Schwerpunkt zweier homogener Massen

Den Schwerpunkt unregelmäßiger Körper kann man durch mehrfaches Aufhängen an unterschiedlichen Punkten und Anbringen eines Lots ermitteln. Die Linien aller Lote schneiden sich im Schwerpunkt.

Achtung: Bei unregelmäßig geformten Körpern muss der Schwerpunkt nicht innerhalb des Körpers liegen! (Beispiel: Hochspringer)

Mechanisches Gleichgewicht: Ein Körper befindet sich im Gleichgewicht, wenn die Summen aller Kräfte und aller Drehmomente (siehe unten) gleich Null ist. Man unterscheidet je nach Lage des Schwerpunkts folgende Typen des Gleichgewichts:

- **stabiles** Gleichgewicht: Schwerpunkt unterhalb der Drehachse, bewegt sich bei Auslenkung nach oben. Nach einer Störung kehrt das System in die stabile Lage zurück.
- **labiles** Gleichgewicht: Schwerpunkt oberhalb der Drehachse, bewegt sich bei Auslenkung nach unten. Nach einer kleinen Störung kippt das System.
- **indifferent**: Schwerpunkt auf gleicher Höhe mit Drehachse, das System bleibt nach einer Störung stehen.

3.4.2. Drehmoment und Hebel

Erst eine außerhalb des Schwerpunkts angreifende Kraft $\vec{F}$ verursacht eine Drehbewegung um die Achse. Das **Drehmoment** ist definiert als Vektorprodukt aus Dreharm und angreifender Kraft (Abb. 3.9a):

$$\begin{aligned} \vec{M} &= \vec{r} \times \vec{F} \qquad \text{Einheit: } [\vec{M}] = 1\,\mathrm{N}\cdot\mathrm{m} \quad \neq \mathrm{J}\ (!) \qquad (3.40) \\ \text{Für die Beträge gilt: } M &= r \cdot F \cdot \sin\gamma \qquad \gamma \text{ Winkel zwischen Kraft und Dreharm} \\ \text{nur wenn } \vec{F} \perp \vec{r}: \quad M &= r \cdot F \end{aligned}$$

Hebelgesetz: Im Gleichgewicht ist nicht nur die Summe der Kräfte, sondern auch der Drehmomente gleich Null. Wenn an einem Lastarm der Länge r_L eine Last mit der Kraft F_L unter dem Winkel γ_L angreift (Abb. 3.9b), dann ist am Kraftarm der Länge r_K eine Tragkraft F_K unter dem Winkel γ_K erforderlich mit

$$F_K \cdot r_K \cdot \sin\gamma_K = F_L \cdot r_L \cdot \sin\gamma_L \qquad (3.41)$$

Wenn beide Kräfte senkrecht an Last- und Kraftarm angreifen ($\gamma_K = \gamma_L = 90\,°$), so gilt einfach:

$$F_K \cdot r_K = F_L \cdot r_L \qquad (\text{ Kraft } \cdot \text{ Kraftarm } = \text{ Last } \cdot \text{ Lastarm })$$

Medizinische Anwendung: Stütz- und Bewegungsapparat (Unterarm), Mittelohrapparat

3.4.3. Trägheitsmoment, Drehimpuls

Um einen Körper in Rotation zu versetzen, ist ein Drehmoment M notwendig. Die erreichte Winkelbeschleunigung $\dot{\omega}$ ist proportional zum Drehmoment. Dabei kommt es nicht nur auf die Masse an, sondern auch auf ihre

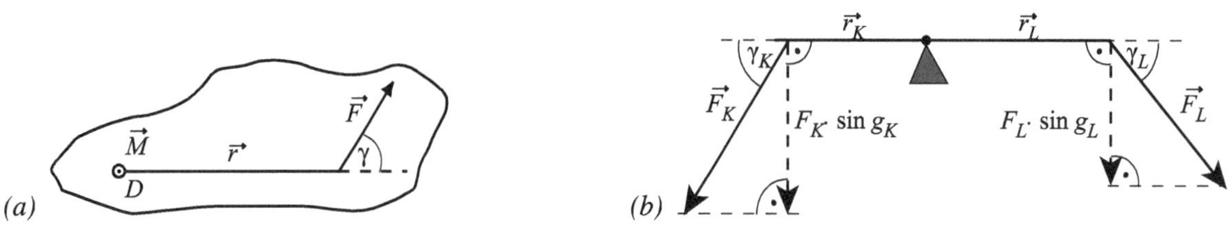

Abb. 3.9.: (a) Drehung eines Körpers um den Drehpunkt D. Das Drehmoment $\vec{M} = \vec{r} \times \vec{F}$ zeigt in diesem Fall zum Betrachter hin. (b) Hebelgesetz. K: Kraftarm, L: Lastarm

Abb. 3.10.: (a)Trägheitsmoment dreier verbundener Massen m_1, m_2 und m_3. D kennzeichnet die Drehachse. (b) Präzession eines Kreisels

Entfernung von der Drehachse. Für eine im Abstand r von der Drehachse kreisende Punktmasse ist[2]:

$$\vec{M} = J \cdot \frac{d\vec{\omega}}{dt} = J \cdot \dot{\vec{\omega}}$$

Vergleicht man mit dem zweiten NEWTONschen Axiom, Gl. (3.19), so sieht man, dass bei der Rotation das Drehmoment die Rolle der Kraft übernimmt. Anstelle der Masse m steht das **Trägheitsmoment** J. Es beschreibt die Trägheit, die ein Körper einer Drehbewegung entgegensetzt und ist für eine einzelne Punktmasse definiert als $J = m \cdot r^2$; für mehrere Massen $m_1 \ldots m_n$ mit den Abständen $r_1 \ldots r_n$ (Abb. 3.10a) als die Summe:

$$J = \sum_i r_i^2 m_i \qquad \text{Einheit: } [J] = 1\,\text{kg}\,\text{m}^2 \tag{3.42}$$

Für einen realen, ausgedehnten Körper geht das über in ein Integral $J = \int r^2(m)\, dm$. Analog zum Impuls im Fall der Translation gibt es bei Rotationsbewegungen auch einen **Drehimpuls**

$$\vec{L} = J \cdot \vec{\omega} \qquad \text{Einheit: } [L] = 1\,\text{kg}\,\text{m}^2\,\text{s}^{-1} \tag{3.43}$$

Kreiselpräzession ist eine Folge des Drehimpulses. Ein schräg stehender, rotierender Kreisel beginnt unter dem Einfluss der Schwerkraft um die Senkrechte zu rotieren (Abb. 3.10b). Generell tritt Präzession auf, wenn irgend eine Kraft im Winkel zum Drehimpuls wirkt.

Medizinische Anwendung: Kernspin-Resonanz NMR und MRT. Hier wirkt eine magnetische Kraft im Winkel zum Drehimpuls (vgl. Kap. 11.7.2).

Drehimpulserhaltung fordert, dass in einem abgeschlossenen System der gesamte Drehimpuls $\vec{L}_{ges}$ konstant bleibt:

$$\vec{L}_{ges} = \sum_i \vec{L}_i = \sum_i J_i \cdot \vec{\omega}_i = const \tag{3.44}$$

Beispiel Pirouette: Wenn ein Eiskunstläufer während der Rotation die Arme anzieht, verringert sich das Trägheitsmoment der Arme. Damit der Drehimpuls konstant bleibt, muss die Winkelgeschwindigkeit ω entsprechend zunehmen.

3.4.4. Analogien physikalischer Größen bei Translation und Rotation

Es hat sich oben gezeigt, dass die Gesetze für Rotationsbewegungen denen für (lineare) Translationsbewegungen ähneln, wenn die wesentlichen Größen durch ihre Entsprechungen bei der Rotation ausgetauscht werden. Natürlich gelten für jeden rotierenden Körper auch die Gesetze der Translation nach wie vor (wie z.B. Trägheitsprinzip als Grund der Zentrifugalkraft)! In der folgenden Tab. 3.1 sind die entsprechenden Größen für Translation und Rotation gegenübergestellt.

[2] Aus Gründen mathematischer Konsistenz in der Formel haben wir hier berücksichtigt, dass ω eigentlich ein Vektor ist.

Translation: *Größe*	*Symbol*	*Einheit*	**Rotation**: *Größe*	*Symbol*	*Einheit*
Länge	$\vec{s}$	$1\,\mathrm{m}$	Winkel	φ	$1\,1$
Geschwindigkeit	$\vec{v}$	$1\,\mathrm{m\,s^{-1}}$	Winkelgeschwindigkeit	ω	$1\,\mathrm{s^{-1}}$
Beschleunigung	$\vec{a}$	$1\,\mathrm{m\,s^{-2}}$	Winkelbeschleunigung	$\dot{\omega}$	$1\,\mathrm{s^{-2}}$
Masse	m	$1\,\mathrm{kg}$	Trägheitsmoment	J	$1\,\mathrm{kg\,m^2}$
Kraft	$\vec{F}$	$1\,\mathrm{N}$	Drehmoment	$\vec{M}$	$1\,\mathrm{N\,m}(\neq \mathrm{J})$
Impuls	$\vec{p}$	$1\,\mathrm{kg\,m\,s^{-1}}$	Drehimpuls	$\vec{L}$	$1\,\mathrm{kg\,m^2\,s^{-1}}$
kinet. Energie	W_{kin}	$1\,\mathrm{J} = \mathrm{N\,m}$	Rotationsenergie	W_{rot}	$1\,\mathrm{J} = \mathrm{N\,m}$

Tab. 3.1.: Analogien zwischen Translation und Rotation

Notizen:

4. Mechanik deformierbarer Körper, Fluidmechanik

4.1. Aufbau der Materie

Für das Verständnis der mechanischen Eigenschaften von Gasen, Flüssigkeiten und auch Festkörpern sind grundlegende Kenntnisse des atomaren und molekularen Aufbaus der Materie und der Wechselwirkungen der Bausteine erforderlich.

4.1.1. Bausteine der Materie

Die unseren Sinnen direkt zugängliche (**makroskopische**) Materie ist hierarchisch aus immer kleineren (**mikroskopischen**) Bestandteilen aufgebaut (Abb. 4.1):

- Materie besteht in der Regel aus **Molekülen**, die miteinander durch Kräfte in Wechselwirkung stehen. Ausnahmen bilden u.a. Edelgase, die aus sich Atomen zusammensetzen, und das Plasma.
- Moleküle setzen sich zusammen aus verschiedenen **Atomen** (nach DEMOKRIT: griech. $\acute{\alpha}\tau o\mu o\varsigma$: unteilbar). Chemische Reaktionen wandeln Moleküle in andere um, indem sie die verfügbaren Atome anders zusammensetzen. Der Durchmesser von Atomen beträgt ungefähr einige 10^{-10} m = Å (Ångström).
- Atome besitzen eine elektrisch negative **Atomhülle**, die einen positiv geladenen **Atomkern** umgibt. Die Atomhülle besteht aus **Elektronen**, negativ geladenen, nicht weiter teilbaren **Elementarteilchen**.
- Der Atomkern hat einen Durchmesser von etwa 10^{-14} m. Er ist aufgebaut aus zwei Arten von Kernteilchen (**Nukleonen**), den elektrisch neutralen **Neutronen** und den positiv geladenen **Protonen**.
- Auch Protonen und Neutronen sind nicht vollends elementar, sondern jeweils aufgebaut aus Tripeln sogenannter **Quarks**, die jedoch nicht einzeln existieren können.

Alle Ebenen unterhalb der molekularen Ebene lassen sich nur durch die Quantenmechanik korrekt beschreiben.

4.1.2. Makroskopische Beschreibung

Stoffe können in verschiedenen **Aggregatzuständen** vorliegen, die verschiedene Parameter wie Festigkeit und Möglichkeit der Strömung aufweisen. Gewöhnlich sind diese voneinander durch Phasengrenzen getrennt. Der

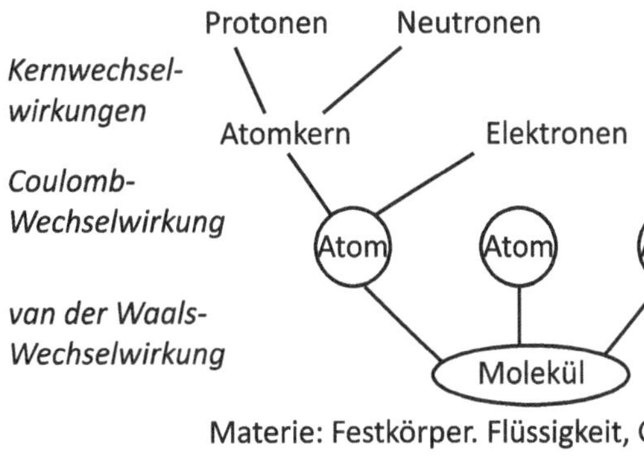

Abb. 4.1.: Ebenen des Aufbaus der Materie

Aggregatzustand wird vom Verhältnis von Bindungsenergie und mittlerer kinetischer (thermischer) Energie der Moleküle bestimmt. Die drei wichtigsten Aggregatzustände sind: fest, flüssig und gasförmig, einen vierten Aggregatzustand stellt das Plasma (z.B. bei Gasentladung) dar.

- **Festkörper** sind formstabil. Unter der Einwirkung von Kräften treten elastische Verformungen (Kap. 4.3) auf, die nach dem Wegfall der Kraft wieder verschwinden. Bei großen Kräften bleiben die (unelastischen) Verformungen bestehen. Die Bindungsenergie ist wesentlich größer als die thermische Energie.

  Kristalline Festkörper zeigen eine regelmäßige Anordnung der Atome im räumlichen Kristallgitter. Die Bindungskräfte veranlassen den Festkörper, seine Form bei Einwirkung von äußeren Kräften beizubehalten.

  Beispiele: Salze (Ionenkristall), Eiskristalle von Wasser. In kovalenten Kristallen existieren gelegentlich verschiedene Modifikationen eines Stoffes mit extrem unterschiedlichen Eigenschaften (z.B. Kohlenstoff: Diamant, Graphit).

- **Flüssigkeiten** sind nicht form- aber volumenstabil: Sie passen sich der Gefäßform an, sind jedoch fast nicht komprimierbar. Die Größenordnung der Molekülabstände entspricht der von Festkörpern (vgl. Dichte, s.u.). Die thermische Energie ist ausreichend zur Verschiebung der Moleküle gegeneinander, doch der mittlere Abstand der Moleküle lässt sich nur unwesentlich verändern. Hier sind häufig zwischenmolekulare Kräfte wie Wasserstoffbrücken wichtig.

- **Gase** füllen die sie umfassenden Behältnisse gleichmäßig aus, sie sind weder form- noch volumenstabil, sondern unter Druck stark komprimierbar. Die thermische Energie ist viel größer als die Bindungsenergie.

- **Amorphe Stoffe** nehmen eine Zwischenstellung zwischen Festkörpern und Flüssigkeiten ein. Sie sind scheinbar fest, denn sie ändern nur unter Krafteinwirkung ihre Form. Die Elementarbausteine sind jedoch im Gegensatz zu Kristallen ungeordnet. Von ihrer Struktur ähneln sie Flüssigkeiten, doch ohne leichte Verschiebbarkeit der Moleküle. *Beispiele* sind Glas, Teer, Wachs.

- Biologische Substanzen passen oft nicht in das klassisch–physikalische Schema der Feststoffe. Sie bestehen oft aus extrem großen **Makromolekülen**. Das Verhalten wird wesentlich von der Struktur der Moleküle, weniger von deren – oft sehr schwachem – Zusammenhalt bestimmt. Makromoleküle lassen sich kristallisieren (*Beispiele:* Viren, Insulin). Oft lagern sich viele Makromoleküle zu **Polymeren** zusammen (Kautschuk, Polymer-Kunststoffe).

4.2. Stoffmengenbezogene Größen

Die **Stoffmenge** n ist ein Maß für die Anzahl der Teilchen (Atome, Moleküle) in einer Probe in Einheiten der Avogadro-Konstante $N_A = 6{,}0220 \cdot 10^{23}\ \mathrm{mol}^{-1}$. Die Stoffmenge von 1 mol entspricht $6{,}0220 \cdot 10^{23}$ Teilchen; die Anzahl der Teilchen in n mol ist:

$$N = N_A \cdot n \tag{4.1}$$

Auf das Volumen bezogene Mengenangaben heißen generell **Dichten**:

- Die **Dichte** (präzise: Massendichte) ϱ ist definiert als der Quotient aus Masse m und Volumen V:

  $$\varrho = \frac{m}{V} \qquad \text{Einheit: } [\varrho] = 1\ \mathrm{kg} \cdot \mathrm{m}^{-3} \tag{4.2}$$

  Bei 20 °C beträgt die Dichte von reinem Wasser $998\ \mathrm{kg\ m^{-3}} \approx 1000\ \mathrm{kg\ m^{-3}}$

- **Stoffmengendichte**: Stoffmenge pro Volumen

  $$c_n = \frac{n}{V} \tag{4.3}$$

Man spricht analog z.B. auch von Energiedichten oder von Ladungsdichten (Energie oder Ladung pro Volumen).

Auf die Stoffmenge bezogene Größen werden als **molare Größen** bezeichnet, wie die molare Masse (Masse pro Stoffmenge, m/n). Wichtig ist besonders bei Gasen das **Molvolumen** (molare Volumen):

$$V_n = \frac{V}{n} \quad \text{(Volumen pro Stoffmenge)} \tag{4.4}$$

Als **spezifische Größen** bezeichnet man im Allgemeinen solche, die auf die Masse bezogen sind, wie das spezifische Volumen $V_m = \frac{V}{m}$ oder die spezifische Wärmekapazität (Gl. 6.14).

In der Wärmelehre und der Chemie ist häufig eine Substanz S in einem anderen Lösungsmittel L gelöst. Dann lässt sich die Konzentration angeben als **Stoffmengenkonzentration** (Molarität) bezogen auf das Volumen V_L der Lösung oder als **Molalität** bezogen auf die Masse m_L der Lösung:

$$\text{Molarität: } c_n = \frac{n_S}{V_L} \quad [c_n] = 1\,\text{mol}\,\text{L}^{-1} \qquad \text{Molalität: } c_m = \frac{n_S}{m_L} \quad [c_m] = 1\,\text{mol}\,\text{kg}^{-1} \tag{4.5}$$

Bei Mischung zweier Flüssigkeiten wird die Konzentration oft als Verhältnis V_1/V_L in Prozent oder Promille angegeben, bei kleinen Anteilen auch als ppm (parts per million $= 1/1000$ Promille).

4.3. Elastische Verformung von Festkörpern

Festkörper haben gewöhnlich eine wohldefinierte Form, die sie beibehalten. Sie können jedoch durch das Einwirken genügend großer äußerer Kräfte verformt (deformiert) werden. Man unterscheidet zwei Fälle:

- **elastische Verformung**: Der Körper nimmt nach Wegfall der deformierenden Kräfte seine ursprüngliche Form wieder vollständig an.
- **unelastische (plastische) Verformung**: Nach Wegfall der Kräfte bleiben die Formänderungen bestehen.

Verschiedene Arten der Deformation unterscheidet man anhand der Richtung und des Angriffspunkts der deformierenden Kräfte (Abb. 4.2). **Dehnung** ist eine Längenzunahme in Richtung der angreifenden Kraft, die **Stauchung** oder Kompression verkürzt die Länge des Körpers. Bei der **Scherung**, der **Biegung** und der **Torsion** wird der Körper quer zur angreifenden Kraft verformt. Bei der Biegung wird eine Seite des Körpers (im Bild die obere) gestaucht, die andere gedehnt. In der Mitte bleibt die Länge konstant, die (gedachte) Linie heißt neutrale Faser. Bei der Torsion werden die Enden des Körpers gegeneinander verdreht, es handelt sich quasi um eine Dreh-Scherung. Die **Knickung** tritt bei zu großer Stauchung oder Biegung auf und ist immer unelastisch, also mit bleibender Deformation verbunden.

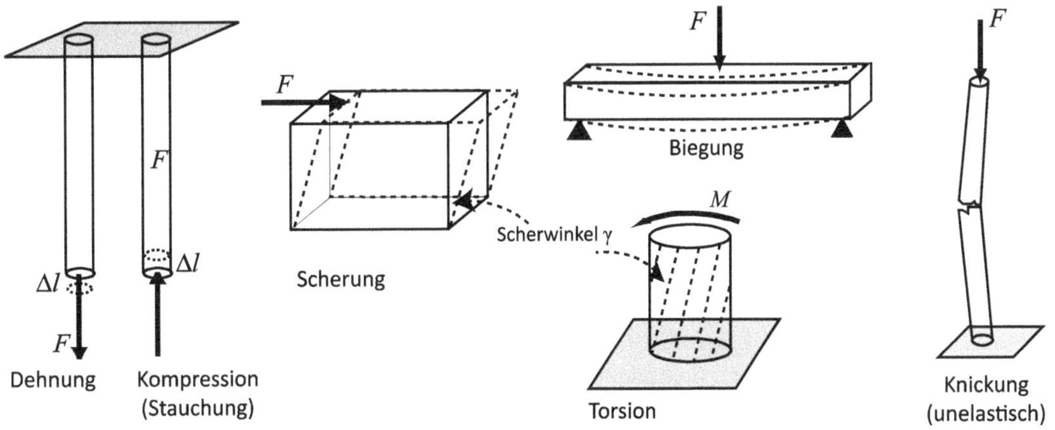

Abb. 4.2.: Arten der Deformation von Festkörpern

Gesetz von Hooke: Für alle Arten elastischer Verformung sind bei genügend kleinen Einwirkungen die an Körpern auftretenden elastischen Deformationen den einwirkenden Kräften proportional.

Das lässt sich an der Dehnung eines langen Drahtes veranschaulichen. Die relative Längenänderung (**Dehnung**) $\Delta l / l_o$ ist proportional zur verformenden Kraft F, die senkrecht auf der Querschnittsfläche A steht:

$$\frac{\Delta l}{l_o} = \frac{1}{E} \cdot \frac{F}{A} = \frac{1}{E} \cdot \sigma \qquad E\text{: \textbf{Elastizitätsmodul}, Einheit: } [E] = 1\,\mathrm{N} \cdot \mathrm{m}^{-2} \tag{4.6}$$

Der Elastizitätsmodul E ist eine Materialkonstante, er ist größer für „härtere"Materialien. Der Quotient $\sigma = F/A$, die **(mechanische) Spannung**, wird oft gegen σ aufgetragen als **Spannungs-Dehnungs-Diagramm**. Dort zeigt sich das HOOKEsche Gesetz als linearer Verlauf (Abb. 4.3). Wenn die elastischen Kenngrößen ein richtungsabhängiges Verhalten aufweisen spricht man von einem anisotropen Körper.

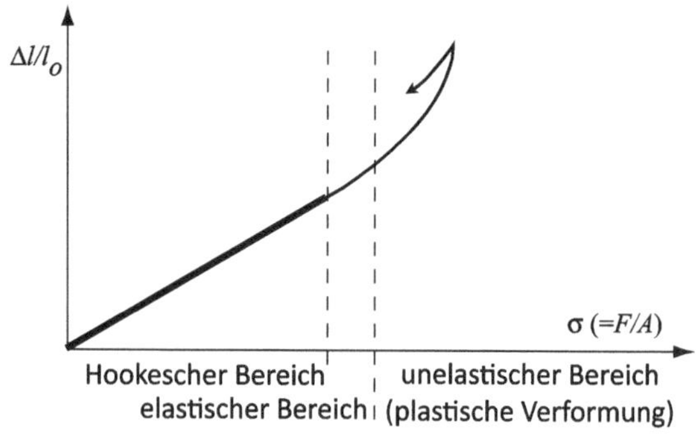

Abb. 4.3.: Spannungs-Dehnungs-Diagramm

Das HOOKEsche Gesetz läßt sich auch für Scherung und Torsion formulieren. Hier ist die Dehnung durch den Winkel der Deformation γ zu ersetzen. Statt des Elastizitätsmoduls E ist eine andere Materialkonstante, der Schermodul G zu benutzen. Außerdem wirkt die Kraft nun parallel zur Fläche A. Deshalb ist nun F/A die Scherspannung und γ ist dazu proportional. Bei der Torsion wirkt auf die Stirnfläche ein Drehmoment M, die einen Drehwinkel φ zur Folge hat. Es gilt:

$$\text{Scherung: } \gamma = \frac{1}{G} \cdot \frac{F}{A} \qquad \text{Torsion: } \varphi \sim \frac{1}{G} \cdot M \tag{4.7}$$

Deformationen sind auch etwas *außerhalb* des HOOKEschen Bereichs noch elastisch (s. Abb. 4.3). Bei zu großen mechanischen Spannungen jedoch werden sie plastisch (also bleibend). Bei weiterer Erhöhung der Spannung wird die Bruchgrenze erreicht, und das Material zerreißt. Zeitlich wechselnde Kräfte können aufgrund von Materialermüdung noch vor Erreichen der nominalen Bruchgrenze zum Bruch führen.

Vor allem bei organischen Materialien spielt der *Zeitverlauf* der Kräfte eine wesentliche Rolle. Ein derartiges **viskoelastisches** Verhalten ist im HOOKEschen Gesetz nicht berücksichtigt.

Medizinische Anwendung: Um verschiedenen Deformationen (Stauchung, Biegung, Torsion) standzuhalten, ist Knochen aus einer Kombination elastischer Eiweiße (Kollagene) und spröder Kalziumverbindungen (v.a. Hydroxylapatit) zusammengesetzt. Kollagene sind viskoelastisch. Damit können bei langsamem Anstieg große mechanische Spannungen verkraftet werden, während schnelle Deformationen eher zum Bruch (oder Ruptur von Sehnen) führen. Biegungen und Torsionen können nahe der neutralen Faser leichter vorgenommen werden als in Entfernung davon. Deshalb lässt sich bei Röhrenknochen ohne nennenswerten Verlust an Stabilität der innere Bereich einsparen, um das Gewicht zu reduzieren.

4.4. Flüssigkeiten und Gase, statische Prozesse

4.4.1. Druck

Unter **Fluiden** fasst man Flüssigkeiten und Gase zusammen. Wegen der mangelnden Formstabilität können Kräfte an ihnen kaum lokal angreifen. Eine wichtige Rolle spielt daher der Druck, definiert als Kraft pro Fläche:

$$p = \frac{F}{A} \qquad \text{Einheit: } [p] = 1\,\mathrm{N} \cdot \mathrm{m}^{-2} = 1\,\mathrm{Pa}\,(\text{Pascal}) \tag{4.8}$$

In der Physiologie und Klinik sind nach wie vor SI-fremde Einheiten im Gebrauch (Tab. 4.1).

Millimeter Quecksilbersäule	1 mmHg	=	133,32 Pa	arterieller Blutdruck
Millimeter Wassersäule	1 mmWS	=	9,81 Pa	venöser Blutdruck
(technische) Atmosphäre	1 atm	=	101,3 kPa	Luftdruck, Meterologie
Bar	1 bar	=	100 kPa	SI-ähnlich, Luftdruck

Tab. 4.1.: SI-fremde, in der Medizin noch gebräuchliche Druckeinheiten

Schweredruck und Stempeldruck

Der Schweredruck entsteht durch das eigene Gewicht eines Fluids, das auf den tiefer liegenden Schichten lastet. Er nimmt daher mit der Tiefe h zu. Unter der Voraussetzung, dass die Dichte ϱ der Flüssigkeit überall gleich ist, ist diese Abhängigkeit linear:

$$p_s = \varrho \cdot g \cdot h \tag{4.9}$$

Druck kann auch von außen auf ein eingeschlossenes Volumen durch einen Stempel ausgeübt werden. Dieser **Stempeldruck** p_F ist im Gegensatz zum Schweredruck im gesamten Fluid gleich.

Der gesamte Druck in einer ruhenden Flüssigkeit ist die Summe aus Schweredruck und überlagertem äußeren Druck p_o (z.B. Luftdruck und Stempeldruck). Er wird als **hydrostatischer Druck** bezeichnet:

$$p(h) = p_o + \varrho \cdot g \cdot h \tag{4.10}$$

Achtung: Die Literatur der Physiologie meint mit „hydrostatischem“ Druck i.A. nur $\varrho\, g\, h$!

Da Wasser eine Dichte $\varrho = 1000$ kg m^{-3} hat, steigt der Druck bei einer Tiefe von 10 m um 10^5 Pa (etwa 1 atm) an. Der Druck am Boden eines mit Flüssigkeit gefüllten Gefäßes ist nur abhängig von der Tiefe, aber nicht von der Gestalt des Gefäßes (**hydrostatisches Paradoxon**). In kommunizierenden Röhren (aber nur bei überall gleicher Dichte!) stehen die Flüssigkeitsspiegel deswegen auf gleichen Höhen.

In der Luft ändert sich auch die *Dichte* mit der Höhe. Daher hängt der Luftdruck nicht linear, sondern in etwa exponentiell von der Höhe ab (Abb. 4.4), beschrieben durch die barometrische Höhenformel:

$$p(h) = p_o \cdot e^{-h/h_o} \qquad h_o = 7{,}99\,\text{km}$$

In einer Höhe von etwa 5,5 km beträgt der Luftdruck die Hälfte des normalen Atmosphärendrucks von etwa 100 kPa auf Normalnull. Im absoluten Vakuum herrscht ein Druck von 0 Pa, technische Vakua sind im Bereich einiger Pa und darunter. Der Magdeburger OTTO VON GUERICKE erreichte im 17. Jahrhundert mit einer selbst konstruierten Luftpumpe ein Vakuum von ungefähr dem halben Luftdruck.

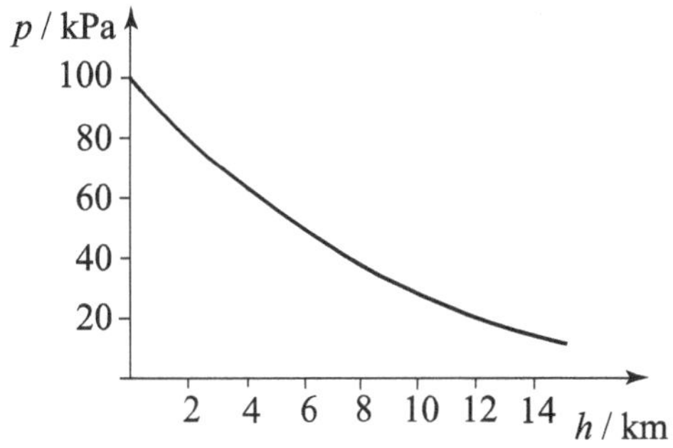

Abb. 4.4.: Abhängigkeit des Luftdrucks von der Höhe über Grund

Medizinische Anwendungen: Hyper-/ hypobare Therapie, Höhenkrankheit, Tauchen, Blutdruckmessung nach RIVA-ROCCI. Der Blutdruck ist nach Gl. (4.10) in den Füßen größer als im Kopf, es ist also eine physiologische Regelung erforderlich.

Auftrieb, Archimedisches Prinzip

Der Auftrieb eines in eine Flüssigkeit eingetauchten Körpers kommt durch die Differenz des Schweredrucks zwischen seiner Unterseite und der Oberseite (oder der Flüssigkeitsoberfläche) zustande. Nach Archimedes wirkt entgegen gesetzt zur Schwerkraft eine Auftriebskraft F_A, die der Gewichtskraft des vom Volumen des Körpers verdrängten Fluids entspricht:

$$F_A = m_{Fl} \cdot g = V_K \cdot \varrho_{Fl} \cdot g \qquad V_K\text{: eingetauchter Teil des Körpers,} \quad \varrho_{Fl}\text{: Dichte des Fluids} \tag{4.11}$$

Das Prinzip gilt ebenso für Gase (z.B. Fesselballon)! Ein Körper der Masse m_K und der Schwerkraft $F_S = m_K \cdot g$ sinkt, wenn $F_A < F_S$. Er schwebt auf konstanter Höhe, wenn $F_A = F_S$. Wenn jedoch $F_A > F_S$ schwimmt er auf dem Fluid. Am eintauchenden Anteil stellt sich ein Kräftegleichgewicht nach dem ARCHIMEDischen Prinzip ein; die resultierende Gewichtskraft des Körpers ist

$$F_g = m_K g - m_{Fl} g = (m_K - V_K \varrho_{Fl}) \cdot g = V_K (\varrho_K - \varrho_{Fl}) \cdot g$$

Anwendungen: Dichtemessung (Aräometer, Mohrsche Waage), Physiotherapie

4.4.2. Grenzflächen, Oberflächenspannung

Die Moleküle einer Flüssigkeit werden durch zwischenmolekulare Kräfte zusammengehalten. Zu anderen Phasen, wie einem Gas, bildet sich eine **Grenzfläche**. Die Situation dort ist ausgezeichnet: Während im Inneren der Flüssigkeit sich die Bindungskräfte gegenseitig aufheben, bleibt in einer sehr dünnen Schicht (etwa 1 nm) eine ins Innere gerichtete Kraft (F_{res}) übrig, die die Grenzfläche ins Innere des Flüssigkeitsvolumens zieht (Abb. 4.5a). Die Flüssigkeit versucht, eine minimale Oberfläche einzunehmen. Die mechanische Kraft wird durch die **Oberflächenspannung** beschrieben. Weitere Phänomene an Oberflächen sind Kapillarität und chemisch-katalytische Wirkung, Adsorption von Flüssigkeits- oder Gasmolekülen an Festkörperoberflächen (nicht zu verwechseln mit der Absorption von Gasen in Flüssigkeiten).

Da eine Flüssigkeit versucht, ihre Oberfläche minimal zu halten, erfordert die Vergrößerung der Oberfläche, also eine Bewegung von Molekülen an die Oberfläche, die Aufwendung von Arbeit. Flüssigkeitsteilchen an der Oberfläche haben also eine höhere potentielle Energie als im Innern. Die Oberflächenspannung σ ist definiert über den Betrag der Arbeit ΔW, die nötig ist, um die Oberfläche um ΔA zu vergrößern. Exakt wird die Oberflächenspannung als Ableitung definiert:

$$\sigma = \frac{dW}{dA} \approx \frac{\Delta W}{\Delta A} \qquad \text{Einheit: } [\sigma] = 1\,\mathrm{J\,m^{-2}} = 1\,\mathrm{N\,m^{-1}} \tag{4.12}$$

Die Messung erfolgt über die Kraft auf eine senkrecht eingetauchte Platte (Wilhelmy-Plättchen) oder einen Ring (Abb. 4.5b). σ lässt sich auch schreiben als (Zug-)Kraft pro Länge (der Grenze zwischen Flüssigkeit und eingetauchtem Körper). Für ein Plättchen der Breite b oder einen Ring mit Durchmesser d ist zu berücksichtigen, dass die Kraft auf beiden Seiten des Plättchens angreift. Daher kommt der Faktor 2 in der **Adhäsionskraft**:

$$F_\sigma = 2\,b\,\sigma \text{ (Plättchen)}; \qquad = 2\,\pi\,d\,\sigma \text{ (Ring)} \tag{4.13}$$

Beachte: F_σ ist unabhängig von der Auslenkung x – anders als bei elastischer Deformation, Gl. (4.6)!

Aufgrund der Wasserstoffbrückenbindungen ist die Oberflächenspannung für Wasser höher als bei den meisten anderen Flüssigkeiten: $\sigma_{H_2O} = 72 \cdot 10^{-3}\,\mathrm{N\,m^{-1}}$ bei 20 °C (zum Vergleich Ethanol: $\sigma_{Eth} = 22 \cdot 10^{-3}\,\mathrm{N\,m^{-1}}$). Phospholipide und andere „Surfactants“(oder Tenside) setzen die Oberflächenspannung stark herab.

Laplace-Gesetz: Auf einen Flüssigkeitstropfen wirkt die Oberflächenspannung komprimierend. Entgegen wirkt der Druck in der Flüssigkeit. Der Druck in einem Tropfen ist indirekt proportional zum Radius und somit in kleinen Blasen (kleines r) größer:

Abb. 4.5.: (a) Kohäsionskräfte einer Flüssigkeit führen zu resultierender Kraft an der Oberfläche. (b) Messung der Oberflächenspannung mit einem Ring

$$p = \frac{2\,\sigma}{r} \tag{4.14}$$

Medizinische Anwendungen:

- *Abtropfvolumen V_t eines Medikamententropfens:* Ein Tropfen hängt an einem Röhrchen des Durchmessers d mit einer Adhäsionskraft $F_\sigma = \pi \cdot d \cdot \sigma$. Er reißt ab, wenn die Gewichtskraft $F_g = \varrho \cdot g \cdot V_t$ diese Kraft aufhebt. Das Volumen ist dann:

$$V_t = \frac{\pi\, d\, \sigma}{\varrho\, g}$$

- *Physiologie der Lunge:* In den Lunge muss die transmurale Druckdifferenz die Alveolen offenhalten und dem entgegenwirken. Dazu dient ein „Surfactant", das die Oberflächenspannung verringert. Ein Problem bei Frühgeburten ist, das es erst ab der 28. Schwangerschaftswoche gebildet wird. Ohne dieses Agens betrüge der LAPLACE-Druck bei einem typischen Radius $r = 50\ \mu\text{m}$ und $\sigma_{H_2O} = 0{,}072\ \text{N/m}$ theoretisch:

$$p_{tm} = \frac{2\,\sigma}{r_{Alv}} \approx 3\ \text{kPa}, \qquad \text{tatsächlich jedoch: } p_{tm} \approx 0{,}5\ \text{kPa}$$

Kapillarität: Die Bindungskräfte zwischen den Molekülen halten eine Flüssigkeitsphase zusammen (**Kohäsion**). Die Kräfte zwischen den Molekülen einer Phase und einer angrenzenden anderen Phase (z.B. einer festen Wand) bezeichnet man als **Adhäsion**skräfte. Das Verhältnis von Kohäsion und Adhäsion entscheidet über den Grad der Benetzung (oder Nichtbenetzung) von Flüssigkeiten an einer Wandung (Grenzschicht zum Festkörper).

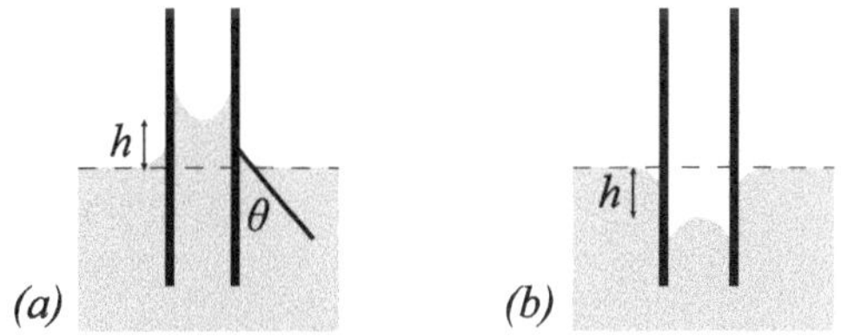

Abb. 4.6.: (a) Aszension einer benetzenden Flüssigkeit im Rohr. (b) Depression nicht benetzender Flüssigkeit

Eine Flüssigkeit ist **benetzend** (Aszension), wenn die Adhäsion größer ist als die Kohäsion. In einem Rohr mit dem Radius r wird eine solche Flüssigkeit (z.B. Wasser an Glas) gegen die Schwerkraft um die Höhe h angehoben (Abb. 4.6). Diese hängt von der Oberflächenspannung der benetzenden Flüssigkeit und der Gewichtskraft des Flüssigkeitsfadens ab. Die kapillare Aszension h in einem Rohr (Radius) beträgt unter Berücksichtigung des *Benetzungswinkels* θ:

$$h = \frac{2\,\sigma}{r\,\varrho\, g} \cos\theta, \quad \text{also höchstens} = \frac{2\,\sigma}{r\,\varrho\, g} \tag{4.15}$$

Bei nicht benetzenden Flüssigkeiten (z.B. Quecksilber an Glas) entsteht eine kapillare Absenkung (Depression).

4.5. Dynamik von Flüssigkeiten und Gasen

4.5.1. Inkompressible Flüssigkeit, Kontinuitätsgleichung

Die einfachen, hier vorgestellten Gesetze für strömende **Fluide** (Flüssigkeiten und Gase) gelten nur, solange die Dichte als konstant anzunehmen ist (**Inkompressibilität**). Während diese Annahme für Flüssigkeiten gut erfüllt ist, gilt sie für Gase nur für kleine Strömungsgeschwindigkeiten ($< 50\ \text{m/s}$).

Das pro Zeit durch den Querschnitt eines Gefäßes tretende Fluidvolumen wird als **Volumenstromstärke** I (oder $\dot{V}$) bezeichnet:

$$I = \frac{dV}{dt} \qquad \text{Einheit: } [I] = 1\ \text{m}^3 \cdot \text{s}^{-1} \quad (\text{oft auch: } 1\ \text{L/min}) \tag{4.16}$$

Als **Herzzeitvolumen** wird die zeitlich gemittelte Volumenstromstärke des in die Aorta gepumpten Blutes (in $1\ \text{L/min}$) bezeichnet.

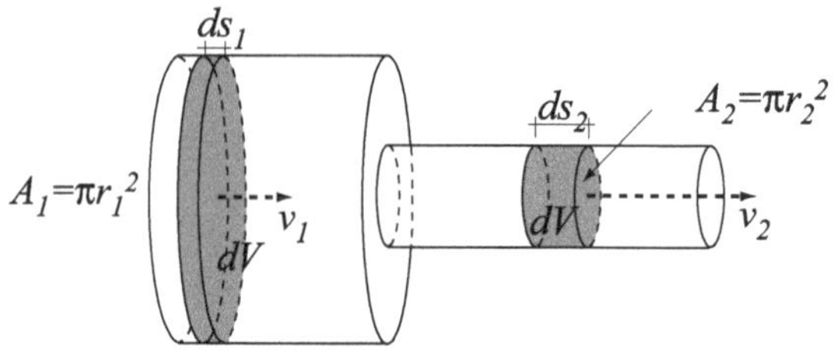

Abb. 4.7.: Kontinuitätsgleichung für inkompressibles Fluid: Bei Verengung der Querschnittsfläche bleibt das Volumen dV konstant. Daher ist die Strömungsgeschwindigkeit dort größer. Wegen der BERNOULLI-Gleichung nimmt der hydrostatische Druck dort ab.

Ist ein Fluid inkompressibel, so muss in einem durchgehenden Rohr (ohne Seitenöffnungen, Abb. 4.7) aufgrund von Massenerhaltung die Volumenstromstärke an jeder Stelle gleich sein. Sie lässt sich schreiben als das Produkt von Querschnittsfläche A und (mittlerer) Strömungsgeschwindigkeit $\bar{v}$:

$$I = \frac{dV}{dt} = \frac{d}{dt}(A \cdot s) = A \cdot \frac{ds}{dt} = A \cdot \bar{v}$$

$$\Rightarrow \quad \text{mittlere Strömungsgeschwindigkeit:} \quad \bar{v} = \frac{I}{A} \tag{4.17}$$

Also muss für die Geschwindigkeiten am Ort von A_1 und bei A_2 die **Kontinuitätsgleichung** gelten:

$$A_1 \cdot v_1 = A_2 \cdot v_2 = const \tag{4.18}$$

Medizinische Anwendung: An Engstellen im Blutkreislauf wie einer Stenose nimmt die Strömungsgeschwindigkeit zu.

4.5.2. Ideale Flüssigkeit, Bernoulli-Gleichung

Ein inkompressibles Fluid wird als **ideale Flüssigkeit** bezeichnet, wenn Effekte der Viskosität (innere Reibung) keine Rolle spielen. Dann ist die Beschreibung der auftretenden Strömungen einfach. So können beispielsweise keine Wirbel auftreten. Nach der Kontinuitätsgleichung muss der Flüssigkeitsstrom an einer Verengung schneller fließen. Die dafür aufgebrachte Beschleunigungsarbeit äußert sich im Auftreten eines zusätzlichen, geschwindigkeitsabhängigen **Staudrucks**:

$$p_{St} = \frac{\varrho}{2} \cdot v^2$$

Aus der Energieerhaltung folgt die BERNOULLI-Gleichung, dass die Summe der Drücke in einem zusammenhängenden Flüssigkeitssystem konstant sein muss:

$$p + \varrho \cdot g \cdot h + \frac{\varrho}{2} \cdot v^2 = const \tag{4.19}$$

$$\text{statischer Druck} + \text{Schweredruck} + \text{Staudruck} = \text{Gesamtdruck}$$

Bei waagerechten Strömungen entfällt der Schweredruck. An Engstellen wie in Abb. 4.7 steigt der Staudruck mit der Geschwindigkeit v an. Nach der BERNOULLI-Gleichung muss dort der hydrostatische Druck abnehmen. Damit erklärt sich das **hydrodynamische Paradoxon:** Der hydrostatische Druck an Engstellen ist – entgegen der Intuition – *kleiner.*

Technische und medizinische Anwendungen:

- Vogel- und Flugzeugflügel, Wasserstrahlpumpe im Labor
- Entstehung der Stimme, Bildung von Aneurysmen

Kann in einer Strömung die Viskosität nicht vernachlässigt werden, so überlagert sich dem Druck nach der BERNOULLI-Gleichung noch der Druckabfall entsprechend des HAGEN-POISEUILLE-Gesetzes (s.u., Kap. 4.5.6).

4.5.3. Viskosität

Die Strömung einer idealen Flüssigkeit wurde oben beschrieben, als ob benachbarte Flüssigkeitsschichten reibungsfrei aneinander vorbei glitten. In realen Fluiden jedoch führen Kräfte zwischen den Teilchen zu innerer Reibung und Haftung an der Wand.

Haftbedingung: Bei der Strömung einer viskosen Flüssigkeit sinkt die Strömungsgeschwindigkeit in der Nähe einer ruhenden Wand kontinuierlich auf Null. (Bei nicht benetzenden Flüssigkeiten wirkt zusätzlich zur inneren Reibung eine Reibung zwischen Flüssigkeit und Wand.)

Die innere Reibung äußert sich in der **Viskosität** (Zähigkeit) η. Die Definition erfolgt anhand eines Experiments (Abb. 4.8): Auf einer benetzenden Flüssigkeitsschicht der Dicke d über einem feststehenden Boden schwimmt eine Platte mit der Fläche A. Wird die Platte horizontal mit einer Geschwindigkeit v_o gezogen, bildet sich wegen der Haftbedingung zwischen dem Boden und der Platte ein Geschwindigkeitsprofil aus, bei dem v linear von Null auf v_o ansteigt. Als **Scherrate** bezeichnet man den Anstieg der Geschwindigkeit dv/dx.

Wegen der inneren Reibung erfordert die kontinuierliche Bewegung eine Kraft F, die proportional zur Fläche A ist und umgekehrt proportional zur Dicke der Schicht. Damit lässt sich die Viskosität definieren:

Newtonsches Reibungsgesetz: Die für die konstante Geschwindigkeit v notwendige Kraft ist proportional zur Scherrate.

$$F = \eta \cdot A \cdot \frac{dv}{dx}, \quad \text{bei linearem Geschwindigkeitsprofil:} \quad F = \eta \cdot A \cdot \frac{v_o}{d} \tag{4.20}$$

$$\eta\text{: Viskosität,} \quad \text{Einheit:} \quad [\eta] = 1\,\mathrm{N\,s\,m^{-2}} = 1\,\mathrm{Pa \cdot s} \;(= 10\,\mathrm{Poise})$$

Flüssigkeiten, für die das NEWTONsche Reibungsgesetz gilt, d.h. die Viskosität nicht von der Scherrate dv/dx abhängt, werden als **NEWTONsche Flüssigkeiten** bezeichnet. Besonders in Suspensionen, die kleine Festkörper eingemischt haben (Dispersionsfarbe, Zahnpasta) hängt die Viskosität von der Strömungsgeschwindigkeit ab. Blut ist eine Suspension und damit auch keine NEWTONsche Flüssigkeit. Seine Viskosität hängt ferner stark vom Feststoffanteil (Hämatokrit) ab! Praktisch alle Stoffe zeigen eine mehr oder weniger große Abnahme von η bei steigender Temperatur.

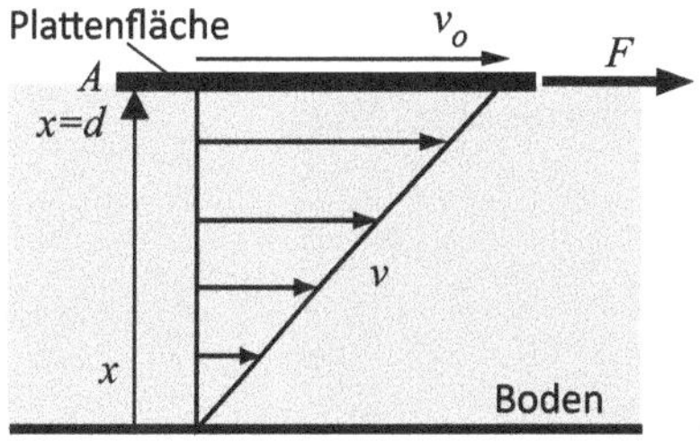

Abb. 4.8.: NEWTONsches Reibungsgesetz mit linearem Geschwindigkeitsprofil

Gesetz von Stokes: Bewegt sich eine feste Kugel mit dem Radius r mit der Geschwindigkeit v durch eine viskose Flüssigkeit, so erfährt sie eine Reibungskraft F_R, die von der Größe der Kugel abhängt:

$$F_R = 6\pi \cdot \eta \cdot r \cdot v \tag{4.21}$$

Wenn man die Kugel in der Flüssigkeit fallen lässt, wird sie zunächst durch die Schwerkraft beschleunigt. Nach einer gewissen Zeit stellt sich zwischen Reibungskraft, Schwerkraft F_S und Auftriebskraft F_A ein Kräftegleichgewicht ein ($F_S - F_A - F_R = 0$). Dann nimmt die Kugel (wegen des 1. NEWTONsches Axioms!) eine konstante Sinkgeschwindigkeit v_s an, die folgendermaßen bestimmt ist:

$$v_s = 2 \cdot r^2 \frac{g}{9\eta} \left(\varrho_{Kugel} - \varrho_{Fl.}\right) \tag{4.22}$$

Technische und medizinische Anwendungen:

- Bestimmung von Größe und Dichte kleiner Partikel und Viskosität von Flüssigkeiten (Viskosimeter)
- Blutsenkung: unterschiedliche Sedimentationsgeschwindigkeiten verschiedener Bestandteile des Blutes (etwa 10^{-6} m/s)
- Beschleunigung der Senkungsgeschwindigkeit durch Zentrifugation, Zellfraktionierung

4.5.4. Strömungswiderstand, Volumenarbeit

Wenn das Fluid newtonsche Eigenschaften hat und die Strömung laminar ist (s.u.), so ist die erzielte Volumenstromstärke I proportional zum Druckunterschied Δp. Es gilt in Analogie zur Elektrizitätslehre das OHMsche Gesetz, das den Strömungswiderstand R definiert:

$$\Delta p = R \cdot I \qquad \text{Einheit: } [R] = 1\,\mathrm{N \cdot s \cdot m^{-5}} \tag{4.23}$$

Der Strömungswiderstand R ist unabhängig von Δp. Genauso wie in der Elektrizitätslehre (Kap. 7.3.1) gelten auch die Gesetze für den Gesamtwiderstand von Reihen- und Parallelschaltung von Widerständen:

Reihenschaltung: Parallelschaltung:

$$R_{ges} = R_1 + R_2 + \ldots = \sum_i R_i, \qquad \frac{1}{R_{ges}} = \frac{1}{R_1} + \frac{1}{R_2} + \ldots = \sum_i \frac{1}{R_i} \tag{4.24}$$

Verzweigt sich eine Strömung in einem Rohrsystem (Abb. 4.9), so entspricht nach der Kontinuitätsgleichung (4.18) die Summe der einströmenden der Summe der ausströmenden Volumenstromstärken. Dort gilt also die KIRCHHOFFsche Knotenregel (vgl. Kap. 7.3.2).

$$I_{ges} = I_1 + I_2 + \ldots = \sum_i I_i, \tag{4.25}$$

Für die Druckdifferenzen gilt entsprechend die Maschenregel. Tab. 4.2 stellt die Analogien zwischen den Größen im OHMschen Gesetz der Strömungslehre und Elektrizitätslehre zusammen. In der Strömung einer viskosen Flüssigkeit geht fortwährend Energie durch Reibung verloren, vor allem als Wärme. Zur Aufrechterhaltung der Strömung muss Arbeit verrichtet werden, die Druckunterschiede aufbaut. Um eine viskose Flüssigkeit mit einer Volumenstromstärke I durch ein Rohr zu befördern, ist ein Druckunterschied Δp zwischen den Enden des Rohres notwendig. Wird dadurch ein kleines Volumen dV um eine Strecke l transportiert (vgl. Abb. 4.7), so beträgt die notwendige Arbeit:

$$\Delta W \quad (= F \cdot l) \quad = \quad \Delta p \cdot dV \tag{4.26}$$

$$\text{Genauer, mit } W = \int F\,ds: \quad W \quad = \quad \int p(V) \cdot dV$$

Medizinische Anwendungen:

- Beim Pumpen leistet das Herz Volumenarbeit (Herzarbeit).
- Verzweigung des Kreislaufsystems: Aorta < Arterien < Arteriolen < Kapillaren
- Funktionsdiagnostik der Nase: Widerstandsmessung in der Rhinoresistometrie

4.5.5. Laminare und turbulente Strömung

Durch das Wirken der Viskositäten bewegen sich benachbarte Flüssigkeitsbereiche ähnlich. Eine Strömung wird als **laminar** bezeichnet, wenn sich benachbarte Schichten parallel zueinander verlaufen und sich die Strömungsgeschwindigkeit lokal nur wenig ändert. Sie tritt bei niedrigen Strömungsgeschwindigkeiten in einer viskosen Flüssigkeit auf. In einem zylindrischen Rohr (Abb. 4.10) oder zwischen zwei parallelen Begrenzungen besitzt

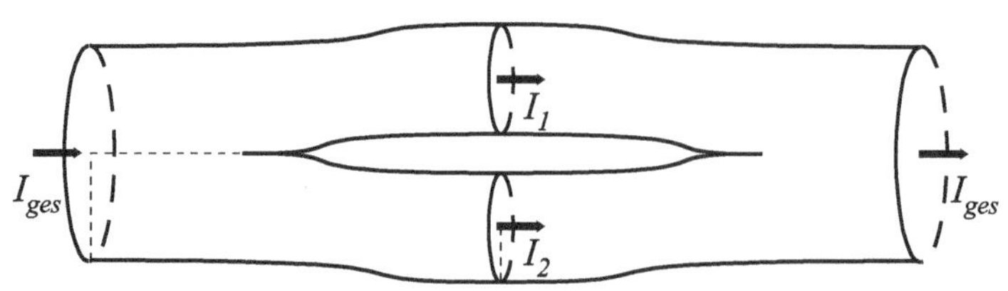

Abb. 4.9.: Aufteilung der Volumenstromstärken an einer Verzweigung

Strömungslehre	*Elektrizitätslehre*
Volumenstrom (Volumenstromstärke) I	elektrische Stromstärke I
Druckdifferenz Δp	elektrische Spannung U
Strömungswiderstand $R = \Delta p / I$	elektrischer Widerstand $R = U/I$
NEWTONsche Flüssigkeit	Ohmscher Leiter
(unabh. von Volumenstrom und Druckdifferenz)	(unabh. von Stromstärke und Spannung)

Tab. 4.2.: Analogien von Größen der Strömungs- und Elektrizitätslehre

die Strömungsgeschwindigkeit einen parabelförmigen Verlauf: In der Mitte ist sie maximal und fällt zu den Wänden hin auf Null ab (sogenannte POISEUILLE-Strömung).

Bei hohen Strömungsgeschwindigkeiten oder niedrigen Viskositäten verhalten sich Strömungen nicht mehr laminar, sondern **turbulent**: Es treten Wirbel verschiedenster Größen auf, und die Strömung ist auf kleinen Skalen nicht mehr vorhersagbar. In einem Rohr ist das Geschwindigkeitsprofil auch nicht mehr parabelförmig. Ob sich eine Strömung laminar oder turbulent verhält, beschreibt die Reynoldsche Zahl Re, die eine Kennzahl ohne Einheit ist:

$$Re = \frac{\varrho \cdot d \cdot v}{\eta} \tag{4.27}$$

d ist eine charakteristische Länge, beispielsweise der Rohrdurchmesser. Die Dichte ist nur im Verhältnis zur Viskosität wichtig, sie lässt sich nicht unabhängig von dieser variieren. Bei einem kritischen Wert von etwa $Re \approx 2000$ schlägt eine laminare in eine turbulente Strömung um. Bei hoch viskosen Flüssigkeiten ist das nur schwer zu erreichen, also strömen sie vorwiegend laminar. Mit dem Übergang von der laminaren zur turbulenten Strömung wachsen durch Wirbelbildungen die Strömungsverluste beachtlich an. Daher besteht bei turbulenten Strömungen ein stark erhöhter Strömungswiderstand.

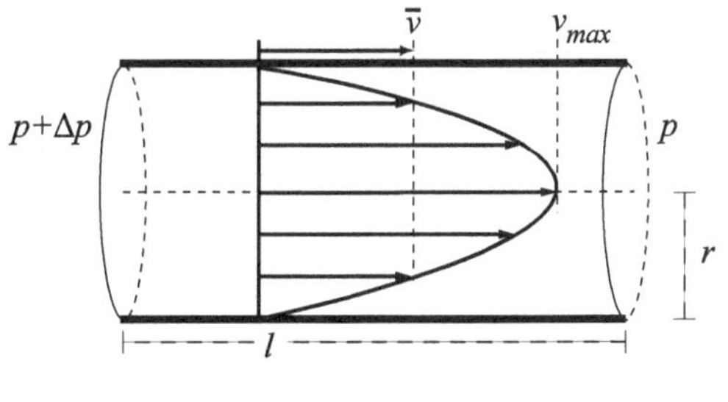

Abb. 4.10.: Geschwindigkeitsprofil bei laminarer Strömung in einem zylindrischen Rohr

Medizinische Anwendungen:

- Blutkreislauf: Wegen der recht hohen Viskosität von Blut ist die Strömung im Kreislauf im Allgemeinen laminar. In der großen Aorta allerdings tritt in der Austreibungsphase vorübergehend Turbulenz auf.
- Konditionierung der Atemluft: Die Strömung der Luft ist in der Nase weitgehend turbulent (effektiver Austausch von Wärme und Feuchtigkeit!), sie wird in den Bronchien laminarisiert.
- Stethoskop: Strömungsgeräusche zeigen eine turbulente Strömung an.

4.5.6. Gesetz von Hagen-Poiseuille

Strömt eine viskose Flüssigkeit durch ein Rohr, so haftet die Flüssigkeit an der Wand. Die maximale Geschwindigkeit liegt in der Mitte vor. Bei einem zylindrischen Rohr stellt sich – wie in Abb. 4.10 bereits dargestellt – ein parabelförmiges Geschwindigkeitsprofil aus. Ein Druckunterschied Δp auf einer Länge l des Rohres (auch bezeichnet als Druckgefälle $\frac{\Delta p}{l}$ erzeugt dann eine Volumenstromstärke, die sich nach dem Gesetz von HAGEN-POISEUILLE berechnen lässt:

$$I = \frac{\pi \cdot r^4}{8 \cdot \eta} \cdot \frac{\Delta p}{\Delta l} \tag{4.28}$$

Bemerkenswert ist die starke Abhängigkeit vom Radius ($\sim r^4$). Sie stammt zum einen von der Querschnittsfläche $A = \pi\, r^2$, zum anderen vom parabelförmigen Verlauf des Geschwindigkeitsprofils. Kleine Änderungen am

Radius haben große Folgen für die Stromstärke! Aus dem HAGEN-POISEUILLE-Gesetz lässt sich auch leicht der Strömungswiderstand eines solchen Rohres berechnen:

$$R = \frac{\Delta p}{I} = \frac{8\eta l}{\pi r^4} \tag{4.29}$$

Medizinische Anwendung: Im Kreislauf Widerstandsgefäße mit veränderlichem Durchmesser

4.5.7. Messung von Strömungsgrößen

In der Fluiddynamik sind als Messgrößen der Drücke, Strömungsgeschwindigkeiten und Volumenstromstärken, als Stoffgrößen die Viskosität von Interesse.

Drücke werden mit Manometern bestimmt Zur Anwendung kommt das U-Rohr (Prinzip kommunizierender Röhren), Dosen- oder Membranmanometer, die auf Deformation beruhen, oder piezoelektrische Sensoren.

Medizinische Anwendung: Blutdruckmessung nach RIVA-ROCCI

Strömungsgeschwindigkeiten lassen sich mit der BERNOULLI-Gleichung (4.19) auf Druckmessungen zurückführen, da bei hohen Strömungsgeschwindigkeit der Staudruck zunimmt und der statische Druck fällt. Mit einem PRANDTL-Rohr lässt sich so die Strömungsgeschwindigkeit messen. Andere wichtige Messverfahren basieren auf der Interferenz von Licht (Laser-Doppler-Anemometer), auf dem Wärmeverlust durch Strömungen (Hitzdraht-Anemometer, z.B. im Windkanal), oder der direkten Verfolgung durch Videoaufzeichnung mit Hochgeschwindigkeits-Kameras (Particle Image Velocimetry).

Medizinisches Verfahren: Messung der Blutströmung mit Ultraschall-Doppler-Verfahren (s. S. 48)

Volumenstromstärken werden in der Medizin häufig gemessen: Narkosegas mit Rotametern (basierend auf dem Gesetz von STOKES, Kap. 4.5.3), Tropfenzähler für die Dosierung von Infusionen oder Lochblenden in der Rhinometrie. Technisch werden auch Flügelräder verwendet (z.B. Wasserzähler).

Notizen:

5. Schwingungen und Wellen

Vorgänge mit zeitlicher Regelmäßigkeit liegen vielen physikalischen, aber auch biologischen Prozessen (Zirkadianer Rhythmus, Herzschlag) zugrunde. Technisch sind Wellen ein wichtiges Mittel zur Signalübertragung, auch der visuelle und der auditive Sinn registrieren Wellen.

5.1. Schwingungen

5.1.1. Beschreibung von Schwingungen

Vorgänge, die sich nach einer festen Zeit wiederholen, nennt die Physik periodisch oder Schwingung. Man kennt sie als Bewegung mechanischer Pendel, als Molekül- und Gitterschwingungen in der Atomphysik, die Grundlage von Wärme sind, und als elektrische Signale (Wechselstrom, Funksender).

Als **Schwingung** definiert man jeden Vorgang, der erstens *zeitlich periodisch* abläuft *und* bei dem zweitens eine *fortwährende Umwandlung zwischen verschiedenen Energieformen* stattfindet.

Von einer **harmonischen Schwingung** irgendeiner physikalischen Größe ψ spricht man, wenn die Zeitabhängigkeit wie eine Sinus- oder Cosinusfunktion verläuft (Abb. 5.1):

$$\psi(t) = \psi_o \cdot \cos(\omega \cdot t + \varphi_o) \tag{5.1}$$

Folgende Kenngrößen beschreiben eine harmonische Schwingung:

- Die **Elongation** oder Auslenkung $\psi(t)$ ist der momentane Wert der schwingenden Größe (Abstand von der Nulllage). Für eine bestimmte Schwingung schreibt man anstelle von „$\psi(t)$" die jeweilige schwingende Größe (z.B. die Spannung $U(t)$).
- **Amplitude** ψ_o heißt die maximale Auslenkung der Größe ψ (Abstand vom Maximalwert zur Nulllage – nicht zum negativen Gipfel!). Sie hat die Einheit von ψ.
- Als **Phase** $(\omega \cdot t + \varphi_o)$ bezeichnet man den momentanen Schwingungszustand (also die Position in der Sinusfunktion).
- Die **Schwingungsdauer** (Periodendauer) T ist die Dauer einer vollen Schwingung, also bis zur exakten Wiederholung des Schwingungszustands. In der Gleichung der harmonischen Schwingung (5.1) schreibt man statt dessen die **Kreisfrequenz** ω (vgl. Gl. (3.15)). Bis auf den Faktor 2π entspricht ihr die **Frequenz**:

$$f = \frac{1}{T} = \frac{\omega}{2\pi} \qquad \text{Einheit: } [f] = 1\,\mathrm{s}^{-1} = 1\,\mathrm{Hz}\ \text{(Hertz)} \tag{5.2}$$

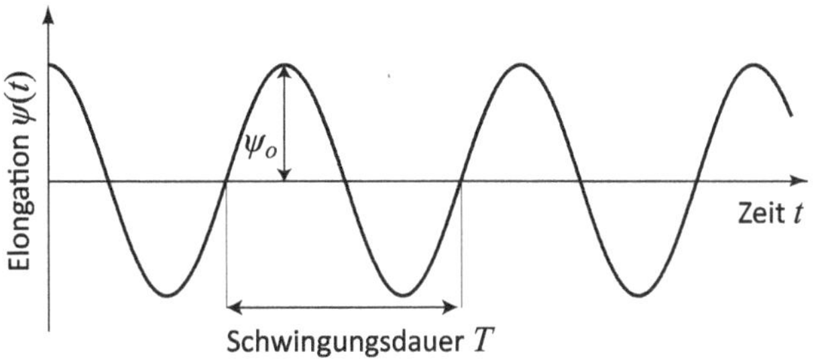

Abb. 5.1.: Kenngrößen einer harmonischen Schwingung

Auch bei komplexeren, anharmonischen Schwingungen beschreibt die Schwingungsdauer T die Zeit, nach der sich der Vorgang wiederholt. Die (Grund-)frequenz ist ihr Kehrwert. Für unregelmäßige Schwingungen wird die *mittlere* Frequenz berechnet aus der Dauer T_n von n Schwingungen als $f = n/T_n$.

- Der **Nullphasenwinkel** φ_o beschreibt die Phase, also die Position in der Cosinusfunktion zum Zeitpunkt $t = 0$.

Die Frequenz einer harmonischen Schwingung ist unabhängig von der Amplitude. Harmonische Schwingungen entstehen in ungedämpften linearen Systemen. In einer mechanischen Schwingung wird fortlaufend kinetische in potentielle Energie und umgekehrt umgewandelt:

- Bei der maximalen Auslenkung ist W_{pot} maximal und $W_{kin} = 0$.
- Im Durchgang durch die Nulllage ist $W_{pot} = 0$ und W_{kin} maximal.
- Zu *jedem* Zeitpunkt ist (aufgrund der Energieerhaltung) $W_{pot} + W_{kin} \;=\; const const$

Mechanische Beispiele harmonischer Schwingungen sind das Faden- und das Federpendel (Abb. 5.2a). Die Beschreibung durch eine Cosinusfunktion kann am Beispiel eines Federpendels mathematisch recht leicht hergeleitet werden. Die schwingende Größe ist hier die Dehnung s der Feder. Eine aus der Ruhelage ausgelenkte Feder übt nach Gl. (3.24) eine Rückstellkraft $F_D = -D \cdot s$ aus. Das entspricht einer Beschleunigung

$$a \;=\; \frac{F}{m} \;=\; -\frac{D \cdot s}{m} \qquad \text{Anders geschrieben:} \quad \frac{d^2}{dt^2}\, s(t) \;=\; -\frac{D}{m} \cdot s(t)$$

Diese „Differentialgleichung“ wird durch eine Cosinusfunktion $cos(\omega \cdot t)$ erfüllt: Ihre zweite Ableitung (s. Gl. (1.14)) ist $-\omega^2\; cos(\omega \cdot t)$. Mit $\omega^2 = \frac{D}{m}$ ergibt sich also die Schwingungsgleichung für das Federpendel:

$$s(t) \;=\; s_o \cdot \cos(\omega \cdot t) \qquad \text{mit} \quad \omega \;=\; \sqrt{\frac{D}{m}}$$

Damit ist die Schwingungsdauer des Federpendels

$$T \;=\; \frac{2\pi}{\omega} \;=\; 2\pi \cdot \sqrt{\frac{m}{D}} \tag{5.3}$$

Mit einer ähnlichen Überlegung kann man für den Winkel φ der Auslenkung eines Fadenpendels (Abb. 5.2b) der Länge l im Schwerefeld die Schwingungsdauer herleiten:

$$\omega \;=\sqrt{\frac{g}{l}} \qquad \Rightarrow \qquad T \;=\; 2\pi \cdot \sqrt{\frac{l}{g}} \tag{5.4}$$

Generell sind Schwingungen nur bei kleinen Auslenkungen harmonisch. Bei großen Auslenkungen (z.B. wenn nicht mehr $F \sim s$ ist, wie bei einer Deformation über den HOOKEschen Bereich hinaus) sind die Zeitfunktionen nicht mehr sinusförmig.

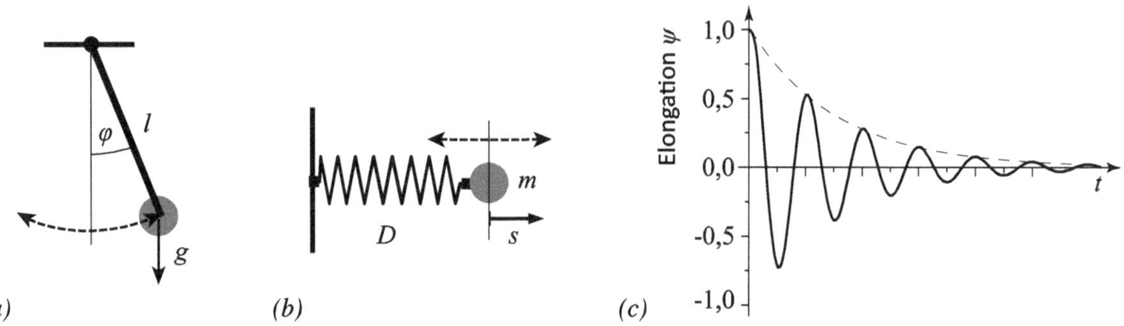

Abb. 5.2.: (a) Fadenpendel und (b) Federpendel. (c) Zeitfunktion der gedämpften Schwingung. Gestrichelt: Einhüllende (Exponentialfunktion)

Gedämpfte Schwingungen treten auf, wenn fortwährend etwas Energie verloren geht, z.B. durch Reibung. Damit wird die vorherige Amplitude in der folgenden Periode nicht mehr erreicht: die Schwingung wird gedämpft. Diese Dämpfung bewirkt eine Abnahme der Amplitude, die im Normalfall einer Exponentialfunktion folgt (Abb. 5.2c). Die Zeitfunktion der gedämpften Schwingung ist dann:

$$\psi(t) \;=\; \psi_o \cdot e^{-\delta \cdot t} \cdot \cos(\omega\, t + \varphi_o) \qquad \delta : \text{Dämpfungskonstante, } [\delta] \;=\; 1\,\mathrm{s}^{-1} \qquad (5.5)$$

Dabei wird die Amplitude (jedenfalls mathematisch) nie Null. Frequenz und Schwingungsdauer werden von der Dämpfung nicht verändert! Wird die Dämpfungskonstante allerdings sehr groß, so wird bis zum Stillstand keine volle Periode mehr erreicht (Kriechfall).

5.1.2. Erzwungene Schwingungen, Resonanz

Um bei einer gedämpften Schwingung die Amplituden aufrecht zu erhalten, muss die verlorene Energie wieder zugeführt werden. Wenn das periodisch geschieht, kann man in Grenzen die Frequenz beeinflussen. Ein unbeeinflusstes Federpendel schwingt z.B. mit einer Frequenz, die sich aus Gl. (5.3) ergibt. Diese Frequenz heißt **Eigenfrequenz** oder Resonanzfrequenz f_r des Systems.

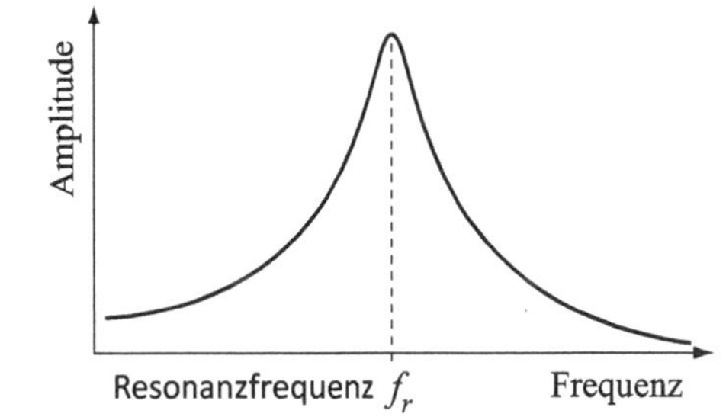

Abb. 5.3.: Resonanzkurve bei schwacher Dämpfung. f_o: Eigenfrequenz

Treibt man die Feder mit einer Frequenz $f < f_r$ an, folgt die Feder in ihrer Schwingung dem Antrieb nach. Ist die antreibende Frequenz $f > f_r$, so läuft sie dem Antrieb in der Phase voraus. Je näher f an f_r liegt, desto größer wird die Amplitude. Bei $f = f_r$ und geringer Dämpfung δ (s. Gl. (5.5)) schaukelt sich die Amplitude immer weiter auf. Das zeigt die **Resonanzkurve**, bei der die Amplitude über der antreibenden Frequenz aufgetragen wird (Abb. 5.3). Je geringer die Dämpfung ist, desto steiler ist das Maximum der Resonanzkurve. Das kann zur mechanischen Zerstörung des schwingenden Systems führen.

5.1.3. Überlagerung von Schwingungen

Als anharmonisch bezeichnet man Schwingungen, die nicht durch eine einfache Sinusfunktion zu beschreiben sind (z.B. elektrische Kippschwingungen, Sägezahnschwingung einer gestrichenen Geigensaite). Wenn die Schwingung zumindest exakt periodisch ist, kann man sie jedoch als Überlagerung, das heißt Addition mehrerer Sinusfunktionen beschreiben. Hier sind die einzelnen Phasenwinkel wichtig: Addiert man zwei harmonische Schwingungen mit gleichen Frequenzen f (und damit auch ω) sowie gleicher Phasenlage (gleiche φ_o, Abb. 5.4a), ist die resultierende Amplitude die Summe der beiden einzelnen Amplituden. Ist jedoch die Phasenlage entgegen gesetzt (d.h. die φ_o unterscheiden sich um π, Abb. 5.4b) und beide Amplituden gleich, so löschen sich die beiden Schwingungen vollständig aus.

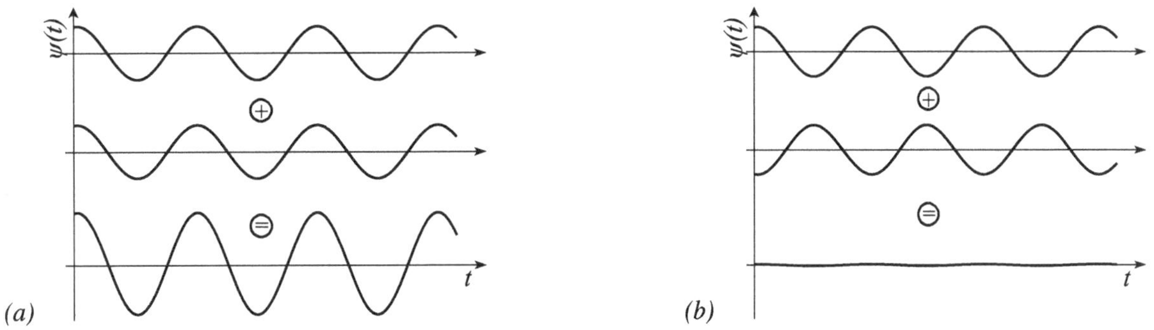

Abb. 5.4.: Überlagerung von Schwingungen mit gleicher Frequenz und ungefähr gleicher Amplitude. Bei gleicher Phase verstärken sie sich (a), bei entgegen gesetzter Phasenlage löschen sie sich aus (b).

Mehrere harmonische Schwingungen desselben Systems überlagern sich ungestört. Bei zwei Schwingungen mit leicht unterschiedlichen Frequenzen f_1 und f_2 ergibt sich eine **Schwebung**, deren Amplitude sich selbst langsam periodisch mit einer Frequenz $f_2 - f_1$ verändert. Bei einer Amplitudenmodulation hingegen wird der Amplitude der Trägerschwingung zusätzlich eine Variation aufgeprägt.

Technische Anwendung: Signalübermittlung (Mittelwellenradio). Heute wird eher die Frequenzmodulation benutzt (UKW, FM-Transmissionsanlagen)

Theorem von Fourier Jede anharmonische periodische Schwingung mit einer Schwingungsdauer von T_o lässt sich schreiben als eine Summe von Sinus- und Cosinusfunktionen mit Vielfachen der Grundfrequenz: $f_o,\ 2 \cdot f_o,\ 3 \cdot f_o, \ldots$. ($f_o = 1/T_o$, diese Summe kann eine unendliche sein.)

$$\begin{aligned}\psi(t) \;=\; A_o \;+\; & C_1 \cos(2\pi \cdot f_o\, t) \;+ C_2 \cos(2\pi \cdot 2\, f_o\, t) \;+ C_3 \cos(2\pi \cdot 3\, f_o\, t) + \ldots \\ + & S_1 \sin(2\pi \cdot f_o\, t) \;+ S_2 \sin(2\pi \cdot 2\, f_o\, t) \;+ S_3 \sin(2\pi \cdot 3\, f_o\, t) + \ldots \end{aligned} \tag{5.6}$$

Die Koeffizienten $A_o, C_1, C_2, C_3, \ldots$ und $S_1, S_2, S_3, \ldots$ lassen sich durch eine FOURIER-Analyse berechnen.

Medizinische Anwendungs: Stimmanalysen, Cochlea-Implantat, Analyse von Elektrokardiogramm und Elektroenzephalogramm, MR-Tomographie (vgl. Kap. 11.7.2), digitale Bildverarbeitung (2D-FOURIER-Analyse)

5.2. Wellen

Bei einer Welle ist die schwingende Größe ψ nicht nur zeitlich periodisch, sondern auch bezüglich des Ortes. Durch Kopplung benachbarter Orte breiten sich die Maxima raumzeitlich aus (Einfaches Modell: Kette von Pendeln). Bei der Ausbreitung von Wellen wird stets Energie übertragen; es erfolgt jedoch keine Fortbewegung von Teilchen, also kein Massentransport! Eine sinusförmige, mit der Zeit t in positiver Richtung des Ortes x fortschreitende ebene Welle läßt sich durch folgendene Gleichung beschreiben:

$$\psi(x,t) \;=\; \psi_0 \cos\left(\omega\, t - k\, x + \varphi\right) \tag{5.7}$$

ψ ist die Momentanauslenkung, ψ_0 die Maximalauslenkung (die Amplitude), ω die Kreisfrequenz und φ die Anfangsphase. k beschreibt die räumliche Periode und heißt Wellenzahl. Die Auslenkungen der Teilchen sind häufig klein. Zum Beispiel sind für den Luftschall nahe der Hörschwelle die Teilchengeschwindigkeiten unter $1\ \mu\text{m s}^{-1}$ und bei 1 kHz die Amplituden ψ unter 10^{-10} m ($\approx$ Moleküldurchmesser).

Wenn die Schwingung an einem Ort der Welle in Richtung der Ausbreitung (also x) erfolgt, spricht man von einer **Longitudinalwelle**. Ein Beispiel ist Schall: Die Luftmoleküle schwingen in Richtung der Ausbreitung des Schalls. Die Schwingungsrichtung von **Transversalwellen** steht hingegen senkrecht zur Ausbreitungsrichtung. Dazu zählen Oberflächenwellen auf Wasser aber auch Licht: Hier schwingen elektrische und magnetische Feldstärke senkrecht zur Ausbreitungsrichtung.

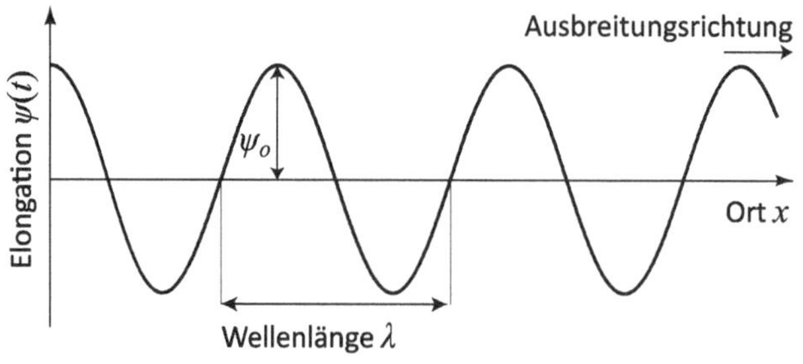

Abb. 5.5.: Ortsabhängige Kennwerte einer Welle zu einem festen Zeitpunkt t. An jedem Ort x gilt die Zeitabhängigkeit wie bei einer harmonischen Schwingung (s. Abb. 5.1).

5.2.1. Kenngrößen

Die Kenngrößen einer durch Gleichung (5.7) beschriebenen Welle lassen sich am besten verstehen, wenn man eine der beiden Variablen (Ort oder Zeit) festhält. An einem festen Ort einer solchen Welle gilt die Schwingungsgleichung (5.1), hat die Welle also eine **Frequenz** f. Hält man das Bild eines Zeitpunkts fest, so sieht man die räumliche Periodizität (Abb. 5.5). Sie wird beschrieben durch die **Wellenlänge** λ (Einheit: 1 m), den räumlichen Abstand zwischen zwei Maxima. Die Wellenzahl k ist das räumliche Äquivalent zur zeitlichen Kreisfrequenz ($2\pi/\lambda$). Frequenz und Wellenlänge hängen zusammen über die **Wellengeschwindigkeit**, genauer die Phasengeschwindigkeit c, mit der ein Maximum fortläuft:

$$c = \lambda \cdot f \tag{5.8}$$

Bei Licht als elektromagnetische Welle ist die Phasengeschwindigkeit etwa $3 \cdot 10^8$ m s^{-1}. Bei einer akustischen Welle in Gasen erfolgt eine sehr schnelle, adiabatische Kompression (s. S. 55). Die Schallgeschwindigkeit eines Gases ergibt sich zu:

$$c = \sqrt{\frac{p_o \cdot \kappa}{\varrho}} \qquad \kappa\text{: Adiabatenexponent, } \varrho\text{: Dichte, } p_o\text{: Druck des Gases}$$

Die Geschwindigkeit von Schall beträgt in Luft etwa 340 m s^{-1}. Damit ist Licht fast eine Million mal so schnell wie Schall!

Dispersion bedeutet, dass die Phasengeschwindigkeit c selbst von der Frequenz abhängt ($c = c(f)$). In manchen Stoffen ändert sich die Lichtgeschwindigkeit mit der Frequenz des Lichts (und damit der Frequenz, s. Kap. 9.2.4).

5.2.2. Ausbreitung von Wellen

Superpositionsprinzip: Lineare Wellen überlagern sich, ohne sich zu beeinflussen.

Damit verhalten sich lineare Wellen wie harmonische Schwingungen. Wie dort hängt das Ergebnis von der Phasenlage der Einzelwellen ab: Zwei Wellen mit gleicher Frequenz und Phase ergeben maximale Verstärkung, während sich zwei Wellen mit entgegen gesetzter Phase vollständig auslöschen. Bei Ausbreitung in entgegen gesetzter Richtung führt die Überlagerung von Wellen gleicher Frequenz und Amplitude zu stehenden Wellen. Die „Elemente" der Welle, die „Oszillatoren", sind an den Schwingungsknoten ständig in Ruhe, an den Schwingungsbäuchen in maximaler Bewegung.

Eine solche **Interferenz** zwischen Wellen ist nur möglich, wenn eine konstante Phasenbeziehung besteht, d.h. die Wellen kohärent sind. Interferenz ist der Beweis, dass eine Welle zugrunde liegt.

Huygenssches Prinzip: Jeder Punkt einer Wellenfläche ist der Ausgangspunkt einer Elementarwelle. Wie das Superpositionsprinzip gilt es für alle Wellen.

Die äußere Einhüllende solcher Elementarwellen bildet wieder eine neue Wellenfläche der vom primären Erregungszentrum ausgehenden Welle.

Deshalb können Wellen um Hindernisse herumlaufen. Hinter einem engen Spalt breitet sich eine Welle mit zuvor parallelen Fronten kugelförmig aus. Diese **Beugung** ist ein weiterer Beweis für das Vorliegen einer Welle.

Polarisation ist nur bei Transversalwellen möglich, also Wellen, die senkrecht zur Ausbreitungsrichtung schwingen. Polarisation wählt eine einzelne Schwingungsrichtung aus (s. Kap. 9.4.1). Licht als Transversalwelle lässt sich polarisieren, Schall als Longitudinalwelle hingegen nicht.

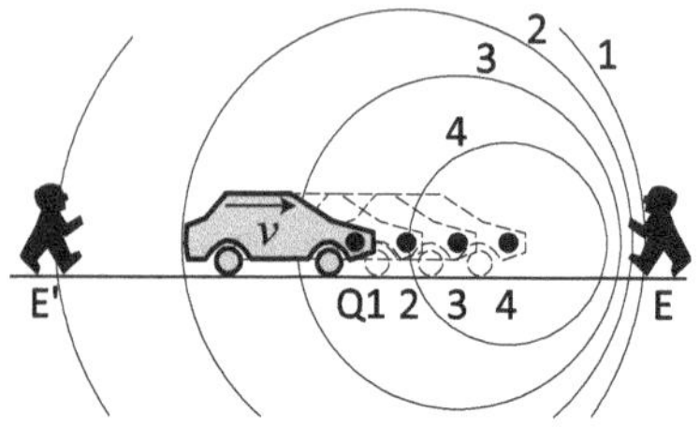

Abb. 5.6.: Dopplereffekt mit bewegter Schallquelle Q und ruhenden Empfängern E, E' zu den Zeitpunkten 1...4. Auf E bewegt sich die Schallquelle zu, die Fronten folgen dichter aufeinander. Von E' bewegt sie sich fort, die Fronten folgen weiter auseinander.

5.2.3. Dopplereffekt

Für die registrierte Frequenz des Schalls spielt eine Bewegung der Schallquelle oder des Empfängers eine Rolle. Bewegen sich Schallquelle und Empfänger aufeinander zu, so nimmt der Empfänger eine höhere Frequenz wahr, bei einer Bewegung voneinander weg eine niedrigere Frequenz (Abb. 5.6).

Sendet eine mit der Geschwindigkeit v bewegte Schallquelle Schall mit der Frequenz f_o aus, registriert ein ruhender Empfänger die Frequenz:

$$f_{Dp} = \frac{f_o}{1 \pm \frac{v}{c}} \qquad -: \text{Bewegung aufeinander zu,}\ +: \text{voneinander weg} \qquad (5.9)$$

c die Schallgeschwindigkeit. Bewegen sich Quelle und Beobachter aufeinander zu, erhöht sich die Frequenz, entfernen sie sich voneinander, erniedrigt sich die Frequenz. Obwohl Licht sich ohne Trägermedium ausbreitet, gibt es auch hier (aus Gründen der Relativitätstheorie) einen Dopplereffekt.

Medizinische Anwendung: Messung der Blutströmung mit Ultraschall-Doppler-Sonografie, s. Kap. 5.5.2.

5.3. Schall, Schallfeldgrößen

Als Schall bezeichnet man Druckwellen, die sich in Gasen, Flüssigkeiten oder Festkörpern ausbreiten. Es ist also ein Trägermedium notwendig, im Vakuum erfolgt keine Schallausbreitung (im Gegensatz zu Licht). In Gasen schwingen die Teilchen in Ausbreitungsrichtung des Schalls hin und her, Schall ist in Luft also eine Longitudinalwelle.

Das menschlichen Gehör nimmt Schall im Frequenzbereich zwischen etwa 20 Hz und 20 kHz (Abb. 5.7) wahr. Schall mit Frequenzen unter 20 Hz wird als Infraschall, Schall mit Frequenzen über 20 kHz als Ultraschall bezeichnet. Schall wird durch mechanische Bewegungen erzeugt. Zur Schallerzeugung dienen mechanoakustische (Musikinstrumente, Kehlkopf) oder elektroakustische Wandler (Piezokristall, Lautsprecher).

Wie jede Welle wird Schall beschrieben durch Wellenlänge und Frequenz, es gilt Gl. (5.8). Die Schallgeschwindigkeit ist, wie Tab. 5.1 darstellt, stark abhängig vom Medium. Die schwingenden Größen sind der lokale **Schallwechseldruck** $\tilde{p}$ (in Pa) und die Geschwindigkeit der *Moleküle*, die so genannte **Schallschnelle** $\tilde{v}$ in $\mathrm{m\,s^{-1}}$ (nicht zu verwechseln mit der Wellengeschwindigkeit c). Die pro Zeit von der Schallwelle transportierte Energiemenge wird gemessen als Schallleistung P ($[P] = 1$ W). Als **Schallintensität** J an einer Stelle schließlich bezeichnet man das Verhältnis der Schallleistung zu der Größe der Fläche, auf die sie trifft:

$$J = \frac{P}{A} \qquad \text{Einheit: } [J] = 1\,\mathrm{W\,m^{-2}}, \qquad \text{es gilt: } J \sim p^2 \qquad (5.10)$$

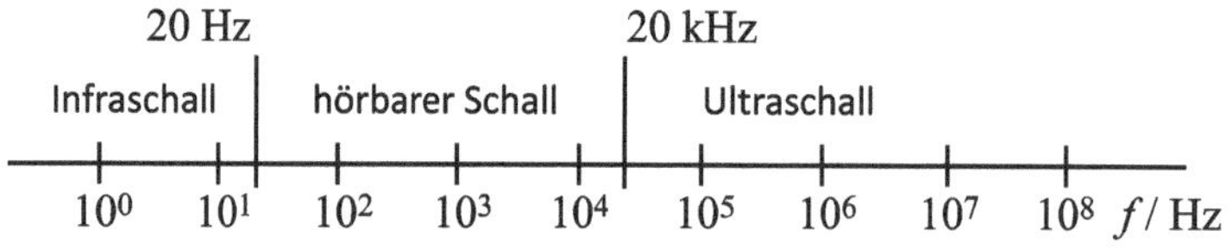

Abb. 5.7.: Frequenzbereich von Schall auf logarithmischer Frequenzskala

	Luft (15 °C)	*Wasser*	*Perilymphe* (Innenohr)	*Gewebe*	*Stahl*
c / m s^{-1}	340	1480	vgl. Wasser	ca. 1540	5000
Z /kg m^{-2} s^{-1}	417	$1{,}5 \cdot 10^6$	vgl. Wasser	ca. $1{,}5 \cdot 10^6$	$4 \cdot 10^7$

Tab. 5.1.: Schallgeschwindigkeiten und -impedanzen verschiedener Medien

Die **Schallimpedanz** oder Schallwiderstand Z ist definiert als Verhältnis von Schalldruck und Schallschnelle. Sie ist eine Eigenschaft des umgebenden Mediums und wird bestimmt durch dessen Dichte und Schallgeschawindigkeit (s. Tab. 5.1):

$$Z = \frac{\tilde{p}}{\tilde{v}} = \varrho \cdot c \qquad \text{Einheit: } [Z] = 1\,\mathrm{N \cdot s \cdot m^{-3}} \tag{5.11}$$

Eine frei im Raum befindliche, punktförmige Schallquelle strahlt den Schall gleichmäßig kugelförmig ab. Die ausgesandte Leistung verteilt sich mit wachsendem Abstand r auf immer größere Kugeloberflächen. Da die Oberfläche einer Kugel $\sim r^2$ ist, muss die Schallintensität J (Schallleistung pro Fläche) mit dem Quadrat des Abstandes abnehmen:

$$\textbf{Quadratisches Abstandsgesetz} \qquad J(r) \sim \frac{1}{r^2} \tag{5.12}$$

Dieses rein geometrische Gesetz berücksichtigt keine Absorption im durchquerten Medium. Es gilt für alle ellen, die sich von einem Punkt ausbreitenden, auch für Licht (s. S. 104) oder Röntgenstrahlen (s. S. 121).

Schallpegel: Wie laut ein Ton ist, hängt wie in Kap. 5.4.2 beschrieben nicht direkt vom Schalldruck oder der Schallintensität ab. Geeigneter ist der Schallpegel, der ist mit dem Schalldruck oder der Schallintensität über den Logarithmus verbunden ist. Jedes Pegelmaß wird ins Verhältnis gesetzt zu einer Bezugsgröße (p_o, J_o), die den jeweiligen mittleren Wert an der Hörschwelle angibt.

- Der **Schalldruckpegel** ist definiert für den mittleren Schalldruck p als:

$$L = 20\,\mathrm{dB} \cdot \lg\left(\frac{p}{p_o}\right) \qquad \text{Bezugsschalldruck } p_o = 2 \cdot 10^{-5}\,\mathrm{Pa} \qquad \text{Einheit: } [L] = 1\,\mathrm{dB}\ \text{(Dezibel)} \tag{5.13}$$

- Der **Schallintensitätspegel**, ebenfalls mit der Einheit dB, beschreibt die mittlere Schallintensität J:

$$L = 10\,\mathrm{dB} \cdot \lg\left(\frac{J}{J_o}\right) \qquad \text{Bezugsschallschallintensität } J_o = 10^{-12}\,\mathrm{W\,m^{-2}} \tag{5.14}$$

Für einen bestimmten Schall sind die Werte von Schalldruck- und Schallintensitätspegel identisch, während sich die Änderungen von J und p unterscheiden. Weil $J \sim p^2$, bedeutet ein Anstieg des Pegels um 20 dB den zehnfachen Schalldruck, aber die hundertfache Intensität.

$$10\,\mathrm{dB} \cdot \lg\left(\frac{J}{J_o}\right) = 10\,\mathrm{dB} \cdot \lg\left(\frac{p^2}{p_o^2}\right) = 2 \cdot 10\,\mathrm{dB} \cdot \lg\left(\frac{p}{p_o}\right)$$

5.4. Gehör und Stimme

5.4.1. Das menschliche Gehör

Das menschliche Ohr ist ein Schalldruckempfänger (Insekten besitzen auch Empfänger für die Schallschnelle). Der eigentlichen Wandlung von Schall in neuronale Signale ist beim Menschen ein hoch optimierter physikalischer Apparat vorgeschaltet. Das Hörorgan (Abb. 5.8a) lässt sich in Bereiche verschiedener Funktion einteilen:

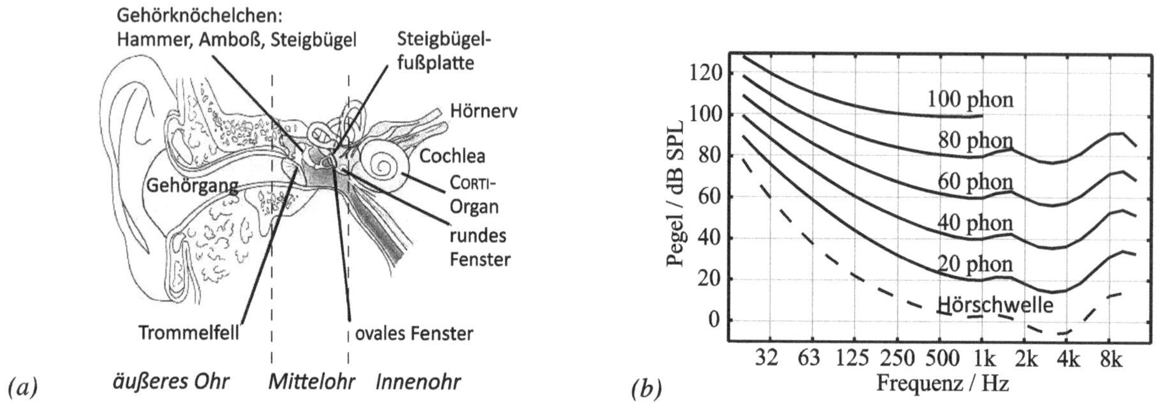

Abb. 5.8.: (a) Aufbau des menschlichen Ohres (nach W.A. Yost, Fundamentals of Hearing, San Diego 2000). (b) Hörfläche mit Kurven gleicher Lautheit (Isophone). Die unterste Kurve ist die Ruhehörschwelle. (W. Heeren, Abt. Exp. Audiologie)

1. Das **äußere Ohr** wird vom Trommelfell abgeschlossen und leitet die Schallwelle dorthin.
2. In der Paukenhöhle des **Mittelohrs** (Druckausgleich über die Eustachische Röhre) befindet sich das Hebelsystem des Mittelohres bestehend aus Hammer, Amboss und Steigbügel. Es überträgt die Schwingungen des Trommelfelles auf das ovale Fenster des Innenohres.
3. Das **Innenohr** enthält die Sinneszellen für die Registrierung von Schall in der Schnecke (**Cochlea**). Das damit verbundene Labyrinth (vestibuläre Organ) ist für den Gleichgewichtssinn verantwortlich.
4. Der Hörnerv und die folgende **Hörbahn** leitet die neuronalen Reize über den Hirnstamm zum auditorischen Cortex im Temporallappen des Gehirns.

Das gesunde Mittelohr ist luftgefüllt, wohingegen die Flüssigkeit (Perilymphe) im Innenohr eine Schallimpedanz Z vergleichbar zu Wasser hat (s. Tab. 5.1). Wegen dieses sehr großen Reflexionsgrads (vgl. Gl. (5.16)) träte ohne Gehörknöchelchen nur etwa $0{,}1\ \%$ der Schallintensität ins Innenohr ein. Durch deren Hebelwirkung und durch Übertragung des Drucks von der großen Fläche des Trommelfells auf die kleine Fläche des ovalen Fensters wird wesentlich mehr Schallintensität übertragen. Eine Unterbrechung der Gehörknöchelchenkette führt entsprechend zu einem Anstieg der Hörschwelle um 50 dB. Zusätzlich zum Mittelohr wird ein Teil des Schalls, vor allem bei höheren Frequenzen, im Schädelknochen zum Innenohr geleitet (Knochenleitung). Das wird in der Diagnostik zur Differenzierung von Hörstörungen ausgenutzt.

In der Cochlea (mit beim Menschen $2\,\frac{1}{2}$ Windungen) befindet sich die Basilarmembran. Aufgrund ihrer elastischen Eigenschaften bildet sich auf ihr eine Wanderwelle aus, die die Frequenzen des Schalls auftrennt: Nahe dem Eingang am ovalen Fenster (basal) reagiert sie auf Schwingungen hoher Frequenz, nahe der Spitze (apikal) hingegen auf solche mit tiefer Frequenz. Diese Frequenz-Ortstransformation auf der Basilarmembran findet sich als **Tonotopie** auf den weiteren Stufen der Hörbahn bis in den Cortex wieder. Im auf der Basilarmebran befindlichen CORTIsche Organ übersetzen die **inneren Haarzellen** die Schwingungen in neuronale Impulse. Die **äußeren Haarzellen** verstärken im gesunden Gehör diese Schwingungen aktiv.

Zusätzlich zur Tonotopie wird für niedrige Frequenzen (bis etwa 1 kHz) auch die zeitliche Information aus der Schwingung genutzt (**Periodotopie**). Die Bewegungsamplituden des Trommelfells und der Fußplatte des Steigbügels (am ovalen Fenster des Innenohres) betragen an der Hörschwelle nur einige $10^{-10}\ \mathrm{m}$, d.h. in der Größenordnung der thermischen Bewegung von Molekülen.

5.4.2. Hörakustik

Die Hörakustik, auch als Psychoakustik bezeichnet, untersucht die Wahrnehmung des Schalls. Das Wahrnehmungsvermögen des menschlichen Gehörs erstreckt sich über Frequenzen von etwa 20 Hz bis 20 kHz. Mit zunehmenden Alter nimmt das Hörvermögen insbesondere bei höheren Frequenzen deutlich ab. Als **Hörschwelle** wird für jede Frequenz der Schallpegel definiert, bei dem gerade noch eine Empfindung auftritt. Für normale, gesunde junge Personen beträgt der zugehörige Schalldruck bei einer Frequenz von 1 kHz $p_o = 2 \cdot 10^{-5}$ Pa. Der zugehörige Schallpegel wird als 0 dB definiert (s. Gl. (5.13)). Die Ruhehörschwelle ist jedoch nur für mittlere Frequenzen zwischen 1 und 5 kHz so niedrig, während sie für kleinere und höhere Frequenzen deutlich ansteigt (vgl. unterste Kurve in Abb. 5.8b).

Der Bereich wahrnehmbarer Pegel und Frequenzen wird als **Hörfläche** bezeichnet (Abb. 5.8b). Sie umfasst einen eindrucksvollen Bereich des Schalldrucks von 10^6 und der Intensität von 10^{12} (12 Zehnerpotenzen)! Schalldrücke mit einem Pegel über 100 dB werden als unangenehm, ab 120 dB akut als schmerzhaft empfunden. Bereits Pegel von 90 dB können jedoch das Gehör dauerhaft schädigen.

Eine Reihe wichtiger physikalischer Kenngrößen des Schalls finden ihre Entsprechung in psychoakustischen **Empfindungsgrößen**:

- Die Schallintensität wird als **Lautheit** wahrgenommen.
- Die Frequenz von Sinustönen bzw. die Grundfrequenz bei harmonischen Tonkomplexen entspricht der Empfindungsgröße **Tonhöhe**.
- Der spektrale Gehalt, d.h., die spezifische Zusammensetzung der einzelnen Frequenzen eines Klangs (z.B. Grundton mit Obertönen) bestimmt die **Klangfarbe**.

Die Einführung des Schallpegel., d.h. der Dezibel-Skala, trägt nicht nur dem enormen Dynamikbereich bei der Wahrnehmung Rechnung (wie gesagt bis zu 12 Zehnerpotenzen) sondern auch der Wahrnehmung von Unterschieden in der Intensität. So geht die Zunahme der Empfindung ΔE nicht mit einer konstanten Zunahme der Intensität ΔI des physikalischen Reizes einher, sondern mit seiner Vervielfachung. Hier gilt in guter Näherung das WEBER-FECHNERsche Gesetz:

$$\Delta E \sim \frac{\Delta I}{I} \qquad I_o\text{: aktuelle Intensität} \tag{5.15}$$

Das Gesetz führt auf die logarithmische Skala des Schalldruckpegels (Gl. (5.13)). Auf dieser Skala ist der gerade wahrnehmbare Unterschied über den Gesamtbereich etwa 1 dB. Psychoakustische Maße der Lautheit wie das phon hängen ebenfalls logarithmisch von der Intensität ab. Töne mit der gleichen Lautheit in phon werden unabhängig von der Frequenz als gleich laut empfunden (s. Abb. 5.8b); der Phonwert ist dabei gleich dem dB Wert eines gleich lauten 1-kHz-Tons.

Auch die Empfindung der Tonhöhe geht nicht linear mit der Frequenz: Musikalisch entspricht der Abstand einer Oktave immer einer Verdopplung. Die Empfindung folgt diesem Gesetz ungefähr, psychoakustisches Maß ist die Mel-Skala. Die Frequenzauflösung des Gehörs ist ebenfalls auf einer linearen Frequenzachse in Hz nicht konstant sondern ist für tiefe Frequenzen besser als für hohe. Sie wird üblicherweise durch die effektive Breite von Bandpassfiltern (vgl. elektrische Filter, Abb. 7.14b) quantifiziert und wird beispielsweise als äquivalente Rechteckbreite (engl. „equivalent rectangular bandwidth", ERB) angegeben.

5.4.3. Hörstörungen

Eine Verminderung des Hörvermögens kann auf verschiedensten Krankheitsbildern beruhen. In den meisten Fällen lässt sie sich auf funktionelle Beeinträchtigungen des Mittelohres oder des Innenohres zurückführen. Solange ein reliables Resthörvermögen besteht, lassen sich Hörgeräte einsetzen, die den am Ohr eintreffenden Schall verstärken und ins Ohr abgeben. Moderne Hörgeräte basieren auf digitaler Elektronik, sie können abhängig vom Frequenzbereich individuell verstärken und in der Dynamik (den Bereich zwischen Hör- und Unbehaglichkeitsschwelle) den Erfordernissen des Patienten und der Hörsituation angepasst werden.

Defekte des Mittelohres lassen sich zudem durch Mittelohrchirurgie, den Einsatz künstlicher Gehörknöchelchen oder sogar aktiver Implantate beheben. Die Haarzellen des Innenohrs sind bei Beschädigung nicht wiederherstellbar. Bei an Taubheit grenzender Innenohrschwerhörigkeit ist eine begrenzte Rehabilitation durch Versorgung mit einem Cochlea-Implantat (Innenohrprothese, CI) möglich. Ein Prozessor ähnlich dem eines Hörgeräts empfängt den Schall am Ohr, übersetzt ihn in elektrische Impulse, mit denen eine Elektrode im Innenohr direkt den Hörnerven stimuliert.

Zur Diagnostik von Hörstörungen wird häufig die Reaktion des Patienten genutzt (Audiometrie). Mit der Untersuchung von Luftschall und Knochenschall lassen sich dabei Störungen des Innenohrs von denen des Mittelohrs trennen. Weitere diagnostische Verfahren sind die Analyse des Elektroenzephalogramms oder vom Hörnerven generierter elektrischer Potentiale (Elektrische Reaktions-Audiometrie, ERA) oder otoakustische Emmissionen (OAE, Aussendungen des Ohrs), die Rückschlüsse auf der Aktivität der äußeren Haarzellen zulassen.

5.4.4. Phonation der Stimme

Die Erzeugung von Schall mit der Stimme (**Phonation**) ist vereinfacht durch drei Prozesse zu beschreiben:

- Der Atemtrakt stellt einen gleichmäßigen Überdruck bereit.
- Im Kehlkopf werden die elastischen Stimmlippen durch den Druckunterschied in Schwingungen versetzt. Wenn Luft durch die geöffnete Stimmritze tritt, entsteht durch den BERNOULLI-Effekt (s. Kap. 4.19) ein Unterdruck, der die Stimmritze wieder schließt. Die Schwingung erzeugt einen Primärklang, der aus einer Grundfrequenz f_o und deren ganzzahligen Vielfachen $n \cdot f_o$ (Partial- oder Obertöne) besteht. Diese Partialtöne entsprechen damit den Komponenten einer FOURIER-Analyse (s. S. 40).
- Der Primärschall wird durch Resonanz des Rachen- und Nasenraums gefiltert. Dabei werden bestimmte Frequenzen verstärkt, andere abgeschwächt.

Vokale und stimmhafte Konsonanten besitzen eine eindeutige Grundfrequenz (bei Männern um etwa 120 Hz, bei Frauen eine Oktave höher bei etwa 240 Hz). Enge Frequenzbereiche, in denen die Partialtöne besonders stark sind, bezeichnet man als **Formanten.** Die Frequenzen der ersten zwei bis drei Formanten (d.h. Bereiche mit den niedrigsten Frequenzen) definieren bestimmte Vokale. Sie sind weitgehend unabhängig von der Grundfrequenz. So werden Formanten bei $F1 = 230\ \text{Hz}/F2 = 800\ \text{Hz}$ als Vokal /u/ wahrgenommen, $F1 = 230\ \text{Hz}/F2 = 3200\ \text{Hz}$ als /i/ und $F1 = 1000\ \text{Hz}/F2 = 1400\ \text{Hz}$ als /a/. Die Grundfrequenz und die allgemeine Form des Frequenzspektrums (also der Klang der Stimme) tragen wesentlich zur Erkennung des Sprechenden bei.

Der Verlauf der Grundfrequenz besitzt in europäischen Sprachen nur sekundäre linguistische Bedeutung. Relative Anhebungen und Senkungen lassen Betonungen und Emotionen erkennen (Prosodie). Sänger hingegen sind in hohem Maße darauf angewiesen, die Grundfrequenz exakt zu kontrollieren.

5.5. Ultraschall

Für Ultraschall mit Frequenzen oberhalb von 20 kHz ist auch das Gehör des normalhörenden Menschen nicht mehr empfänglich. Viele Tiere jedoch nehmen solche Frequenzen durchaus wahr. Fledermäuse benutzen Ultraschallechos zur Orientierung im Raum.

In der Medizin wird Ultraschall therapeutisch (unter Ausnutzung des Energietransports), aber viel mehr noch zur diagnostischen Bildgebung eingesetzt. „Perkussion" mit Schallwellen ist in der Medizin seit langer Zeit im Einsatz, seit den 60er Jahre wird die Reflexion von Ultraschall an Strukturen im Körper für die Bildgebung ausgenutzt. Zur Anwendung kommen hier Frequenzen im Bereich von $2 \ldots 10$ MHz (höhere Frequenzen in der Dermatologie). Aus der Frequenz lassen sich mit Gl. (5.8) die Wellenlängen berechnen (im Körpergewebe: $c = 1540\ \text{m s}^{-1}$). Entsprechende Wellenlängen sind $0{,}8 \ldots 0{,}15\ \text{mm}$.

5.5.1. Erzeugung, Nachweis und Ausbreitung von Ultraschall

Zur Erzeugung und auch zur Registrierung von Ultraschall wird der piezoelektrische Effekt ausgenutzt. Einige Kristalle (vorwiegend Bariumtitanat) reagieren bei Anlegen einer elektrischen Spannung mit Deformation; umgekehrt kann bei Deformation von außen eine elektrische Spannung abgegriffen werden. Mit Hilfe von Wechselstrom geeigneter Frequenz lässt sich der Kristall daher in Schwingung versetzen und Ultraschall erzeugen. Die Resonanzfrequenz piezoelektrischer Schwinger hängt von den geometrischen Abmessungen des Kristalls ab. Ebenso kann die Deformation des Kristalls durch Schall zur Messung (Mikrophon) verwendet werden.

Der Ultraschallwandler wird in Kontakt mit dem Untersuchungsgebiet gebracht. Er dient als Sender und gleichzeitig als Empfänger für die Echoimpulse. Ultraschallwandler sind heutzutage meistens aus polykristallinen Materialien aufgebaut; daher ist die Bezeichnung „Kristall" für den Wandler nicht präzise.

In der Diagnostik wird für Gewebe eine mittlere Schallgeschwindigkeit von 1540 m s^{-1} angenommen. Tatsächlich variiert sie für verschiedene Gewebearten und hängt auch von der Schallrichtung im Gewebe ab (Anisotropie). Aus der Ausbreitung von Wellen (Kap. 5.2.2) ergeben sich die folgenden Prinzipien:

- An Grenzflächen zweier Medien wird Schall *reflektiert* und gebrochen. Das Verhältnis von reflektierter zu einfallender Intensität heißt Reflexionsgrad R. Er ist unabhängig von der Richtung des Übergangs und nimmt zu mit dem Unterschied zwischen den Impedanzen Z_1 und Z_2:

$$R = \frac{(Z_2 - Z_1)^2}{(Z_2 + Z_1)^2} \qquad Z_1,\ Z_2 : \text{Impedanzen der Medien an der Grenzfläche} \tag{5.16}$$

- Schall wird auf seinem Weg durch das Gewebe *geschwächt*, wobei Energie als Wärme ins Gewebe übergeht. Die Abnahme wird gewöhnlich wie beim Schallpegel als logarithmischer Dämpfungsfaktor $a = 10 \lg J/J_o$ angegeben (Einheit: Dezibel (dB)). Das bietet sich an, weil die Intensität nach einem zurückgelegten Weg d dem exponentiellen Schwächungsgesetz von LAMBERT folgt (s. Kap. 9.7.3):

$$J(x) = J_o \cdot e^{-\mu \cdot x} \qquad \mu\text{: Schwächungskoeffizient, Einheit: } [\mu] = 1 \text{ m}^{-1} \tag{5.17}$$

  J_o ist die Intensität an der Oberfläche des Gewebes. Der Schwächungskoeffizient μ ist nicht nur abhängig vom Gewebe, sondern steigt auch in guter Näherung proportional zur Frequenz an. Gelegentlich wird auch die Halbwertstiefe angegeben, bei der die Schallintensität auf die Hälfte von J_o gefallen ist (vgl. Kap. 10.4.2).

- An kleinen Strukturen in der Größenordnung seiner Wellenlänge wird Schall *gestreut*. Es sind keine Details erkennbar, die kleiner als die Wellenlänge sind. Deshalb sind für eine Auflösung im Millimeter-Bereich frequenzen über 1 MHz nötig. Für das Auflösungsvermögen A gilt (vgl. Gl. (9.20)):

$$A \approx \frac{1}{2\lambda} \sim f$$

- Schließlich fällt durch die Verteilung der Schallenergie auf immer größere Flächen die Schallintensität im Quadrat mit dem Abstand zur Quelle (vgl. Gl. (5.12)).

5.5.2. Ultraschalldiagnostik

Ultraschall-Bildgebung nutzt aus, dass Schallwellen im Gegensatz zu Licht das Körpergewebe mit geringer Absorption durchdringen. Vorwiegend wird das Impuls-Echo-Prinzip genutzt. Dazu sendet der Ultraschallwandler einen kurzen Ultraschallimpuls in definierter Richtung aus (für eine gute axiale Auflösung ca. $1\ \mu$s). Danach wird der Wandler auf Empfang umgeschaltet und registriert die reflektierten Echos.

Die Amplitude des Echos hängt ab vom Reflexionsgrad und der Absorption. Aus den Laufzeiten des Echos kann auf die Entfernung der reflektierenden Strukturen geschlossen werden. Da der Schallweg doppelt (hin und zurück) durchquert wird, ist der geometrische Abstand x_e zwischen Wandler und Reflexionspunkt:

$$x_e = \frac{1}{2}\, c \cdot t \tag{5.18}$$

In der Diagnostik werden folgende Verfahren unterschieden:

- **A-Bild** (Amplitudenbild, A-Mode): Das reflektierte Ultraschall-Signal wird als vertikale Auslenkung auf dem Bildschirm dargestellt. Die horizontale Position entspricht der Echo-Laufzeit (Eindringtiefe), die Amplitude der Echointensität. Das A-Bild war zuletzt noch für die Vermessung des Augapfels in Gebrauch, wird aber inzwischen kaum noch genutzt.

- **B-Bild** (Brightness, B-Mode:) Das reflektierte Ultraschall-Echo wird nach unten als Funktion der Laufzeit dargestellt. Viele Piezokristalle nebeneinander erzeugen ein zweidimensionales Schnittbild in den Körper hinein, wobei die Helligkeit die Echo-Amplitude wiedergibt.

  Typische Artefakte sind: *Schallschatten* hinter stark reflektierenden (echoreichen) Strukturen wie Luftvolumina; *Mehrfachreflexionen* zwischen reflektierenden Schichten; *Streuung* an kleinen Tröpfchen (z.B. Fettleber); *dorsale Schallverstärkung* hinter echoarmen Strukturen (durch Kontrastanhebung der Bildverarbeitung hervorgerufen).

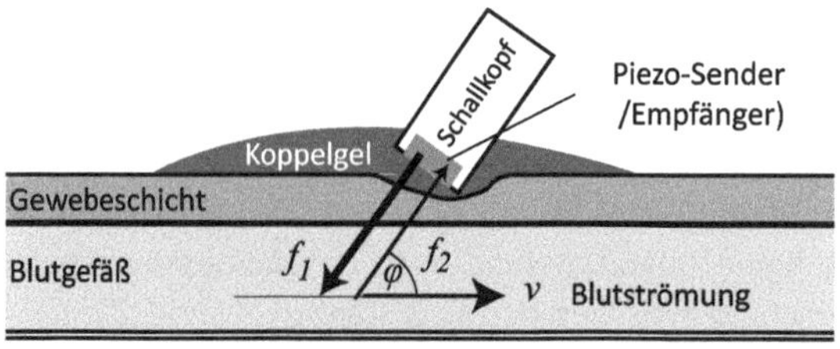

Abb. 5.9.: Prinzip der Doppler-Sonografie an einem durchströmten Blutgefäß

- Aufbauend auf den Verfahren der Computer-Tomographie (s. Kap. 11.5.2) ist inzwischen sogar eine dreidimensionale Darstellung möglich. **3D-Ultraschall** wird vor allem in der Pränataldiagnostik eingesetzt.
- **Time-Motion (TM) Scan:** Wie beim B-Bild wird die Amplitude als Helligkeit dargestellt, jedoch nur in senkrechter Richtung. Horizontal wird der Zeitverlauf aufgetragen. Damit können Bewegungen von Organen dargestellt werden (Kardiologie: Echokardiographie)
- **Doppler-Verfahren:** Bei zeitlich verändertem Abstand zwischen Quelle und Empfänger entsteht eine Frequenzverschiebung nach dem Dopplereffekt (Kap. 5.2.3). So kann die Geschwindigkeit der Zellen im Blut und damit die Strömungsgeschwindigkeit in Blutgefäßen gemessen werden. Durch die Bewegung verlängert oder verkürzt sich der Schallweg an sich, zudem ist der Winkel φ zu berücksichtigen, unter dem dieser zur Strömung steht. Die größte *Verschiebung zu höheren Frequenzen* ergibt sich, wenn das Blut *auf den Schallkopf zu strömt* (Abb. 5.9), zu niedrigeren Frequenzen, wenn es vom Schallkopf weg strömt. Die am Schallkopf gemessene Frequenzdifferenz ist:

$$\Delta f \;=\; f_S - f_E \;=\; 2f_s\left(\frac{v}{c}\right)\cos\varphi$$

f_S, f_E: Schallfrequenz von Sender und Empfänger c: Schallgeschwindigkeit, v: Geschwindigkeit der reflektierenden Partikel ($v \ll c$)

5.5.3. Wechselwirkung von Ultraschall mit Materie, biologische Wirkung

Bei der Absorption von Ultraschall im Gewebe wandelt sich die Schallenergie in Wärmeenergie um. Das Gewebe könnte prinzipiell bei zu hohen Intensitäten und langer Einwirkung thermisch geschädigt werden; abhängig von der Intensität könnten auch biochemische Reaktionen ausgelöst werden. Bei den in der Diagnostik verwendeten Sendeleistungen unter 0,1 $\mathrm{W\,cm^{-2}}$ ist diagnostischer Ultraschall allerdings als nebenwirkungsfrei anzusehen, im Gegensatz zu Bildgebung mit ionisierender Strahlung (vgl. Kap. 11.1, 11.5). Die Erwärmung lässt sich mit hohen Intensitäten jedoch therapeutisch einsetzen (Ultraschalltherapie).

Bei extrem großen Intensitäten über 100 $\mathrm{W\,cm^{-2}}$ kann es zu **Kavitation** kommen, wobei mikroskopische Gasbläschen entstehen und in der Phase des Unterdrucks implodieren. Mechanische Schäden durch Kavitation sind beispielsweise an Schiffsschrauben zu beobachten, technischer Nutzen ist die Ultraschallreinigung.

Notizen:

6. Wärmelehre

6.1. Temperatur als Zustandsgröße

Wärme ist in der Materie gespeicherte Energie. Der Zustand der Materie verändert sich, wenn Energie in Form von Wärme zugeführt wird. Größen, die den Zustand der Materie quantitativ beschreiben (und nicht etwa seine äußere Form) heißen **Zustandsgrößen**. Dies sind zum Beispiel der Druck p und das Volumen V. Die **Temperatur** beschreibt als Zustandsgröße die in einer Probe enthaltene „innere" Energie. Durch Wärmezuführung wird die Temperatur einer Probe im Allgemeinen erhöht (Ausnahme sind Phasenumwandlungen).

6.1.1. Temperaturskalen

Die Temperatur T tritt als Basisgröße des SI-Systems (vgl. S. 6) zu den bisher definierten (Länge, Masse, Zeit) hinzu. Die SI-Basiseinheit ist das **Kelvin** ($[T] = \text{K}$). Sie hat einen absoluten, thermodynamisch definierten Nullpunkt, negative Temperaturen sind prinzipiell nicht möglich. $T = 0$ K bedeutet, dass keinerlei Energie mehr in der Materie enthalten ist. Diese Skala heißt auch thermodynamische Temperaturskala[1]. 1 K ist definiert als der 273,16. Teil des Temperaturunterschiedes zwischen dem absoluten Nullpunkt und dem Tripelpunkt von Wasser (s. Kap. 6.5, entspricht fast exakt der Temperatur des Gefrierpunkts).

In Mitteleuropa am gebräuchlichsten ist die Skala von CELSIUS. Hier wird die Temperatur des Gefrierpunkts von Wasser (273,15 K) als 0 °C und seines Siedepunktes bei normalem Luftdruck (373,15 K) als 100 °C. Damit entspricht ein Temperaturanstieg um 1 K auch einem Anstieg um 1 °C, so dass bei Temperatur*änderungen* auch in °C gerechnet werden kann. Bei absoluten Temperaturen ist jedoch immer in K umzuwandeln!

In angelsächsischen Ländern ist die Skala von FAHRENHEIT verbreitet. Hier gilt 0,0 °F $=$ −17,8 °C und 37,8 °C $=$ 100 °F. Die Umrechnung ist folgendermaßen:

$$T_F = \frac{9\ °\text{F}}{5\ °\text{C}} \cdot T_C + 32\ °\text{F}$$

Temperaturmessung

Die Wärmeempfindung (Thermorezeptoren) des Menschen liefert keine zuverlässigen Aussagen. Die Messung der Temperatur erfolgt auf der Basis von der Temperatur abhängiger Stoffeigenschaften wie der Ausdehnung von Stoffen, der Emission von Strahlung oder des elektrischen Widerstands. In Tab. 6.1 sind die wichtigsten Verfahren zusammengestellt.

Neben den üblichen Fehlern von Messinstrumenten geschieht bei der Temperaturmessung *immer* eine Übertragung von Energie zwischen der Probe und dem Thermometer. Jede Temperaturmessung beeinflusst also selbst ein wenig die Temperatur!

Medizinische Anwendungen:

- Messung der Körpertemperatur – rektal, oral mit Ausdehnungs- oder elektrischen Thermometern; am Trommelfell über Infrarot-Messung (Ohrthermometer)
- Thermographie zur Diagnostik entzündlicher Prozesse, peripherer Durchblutungsstörungen und von Tumoren

[1] Der Zusammenhang zwischen Temperatur und Wärmeenergie lässt sich über den Kreisprozess einer Wärmekraftmaschine nach CARNOT definieren, das führt hier jedoch zu weit.

Messprinzip	*Beispiel*	*Funktionsweise*
Ausdehnung	Flüssigkeits-thermometer	Volumenausdehnung, β, v.a. Alkohol (-100 °C… $+60$ °C); Quecksilber (-35 °C… $+350$ °C)
	Gasthermometer	Gasdruck (oder Volumen), Ges. von GAY-LUSSAC; sehr exakte thermodynam. Skala, bes. für tiefe Temperaturen
	Bimetall-Thermometer	Verbiegung verbundener Metallstreifen mit unterschiedl. α (Kontaktauslösung)
Elektrische Thermometer	Widerstands-thermometer	Widerstand von Metallen und Halbleitern (Thermistor, Spannungsmessung)
	Thermoelemente	Kontaktspannung zwischen unterschiedl. Metallen. Vorteil: geringe Wärmekapazitäten.
Optische und chemische Verfahren	Pyrometer, Infrarot-Thermometrie	Messung der Wärmestrahlung, berührungslos, z.B.: Ohrthermometer, Stirnthermometer
	Farbumschläge	von geeigneten Chemikalien, Flüssigkristallen
	Thermographie	2D-Abbildung der Temperaturverteilung mit Infrarot-Kamera, z.B. Energieeffizienz von Gebäuden

Tab. 6.1.: Verfahren zur Temperaturmessung

6.1.2. Thermische Ausdehnung

Steigt die Temperatur eines Stabes aus festem Material, so nimmt seine Länge proportional zu:

$$\Delta l = l_o \cdot \alpha \cdot \Delta T \qquad \alpha\text{: linearer Ausdehnungskoeffizient, Einheit: } [\alpha] = \mathrm{K}^{-1} \tag{6.1}$$

Die Ausdehnung erfolgt in alle drei Raumrichtungen. Nur bei Festkörpern (nicht bei Flüssigkeiten oder Gasen) sind diese unabhängig voneinander.

Das Volumen nimmt bei einem Großteil von Substanzen in allen Aggregatzuständen mit steigender Temperatur zu. Im festen und im flüssigen Aggregatzustand ist (bei nicht zu großen Temperaturänderungen) der Volumenzuwachs ΔV proportional zur Temperaturzunahme ΔT:

$$\Delta V = V_o \cdot \beta \cdot \Delta T \qquad \beta \text{ Volumenausdehnungskoeffizient, Einheit: } [\beta] = \mathrm{K}^{-1} \tag{6.2}$$

Bei Festkörpern hängen Längenausdehnung und Volumenausdehnung zusammen, es gilt: $\beta = 3\alpha$. Eine Flüssigkeit, bei der β von der Temperatur unabhängig ist, lässt sich für ein Flüssigkeitsthermometer verwenden. Ihr Gesamtvolumen dehnt sich aus gemäß:

$$V(T_o + \Delta T) = V(T_o) \cdot (1 + \beta \cdot \Delta T)$$

Die Dichte $\varrho = \frac{m}{V}$ (vgl. Kap. 4.2) verringert sich entsprechend (wegen der gleichbleibenden Masse):

$$\varrho(T_o + \Delta T) = \frac{\varrho(T_o)}{1 + \beta \cdot \Delta T} \qquad \varrho_o \text{ Dichte bei } T_o \tag{6.3}$$

Dichteanomalie von Wasser: Für Temperaturen zwischen 0 °C und 4 °C ist der Ausdehnungskoeffizient β von Wasser negativ, das Volumen verringert sich. Entsprechend erhöht sich die Dichte, sie ist bei 4 °C maximal. Generell zeigt sich im unteren flüssigen Temperaturbereich eine große Temperaturabhängigkeit des Ausdehnungskoeffizienten. (Abb. 6.1). Festes Eis besitzt zudem eine wesentlich geringere Dichte als flüssiges Wasser, etwa 92% der Dichte bei 4 °C. Grund für das seltsame Verhalten von Wasser sind die starken elektrostatischen Kräfte der Wasserstoffbrückenbindungen.

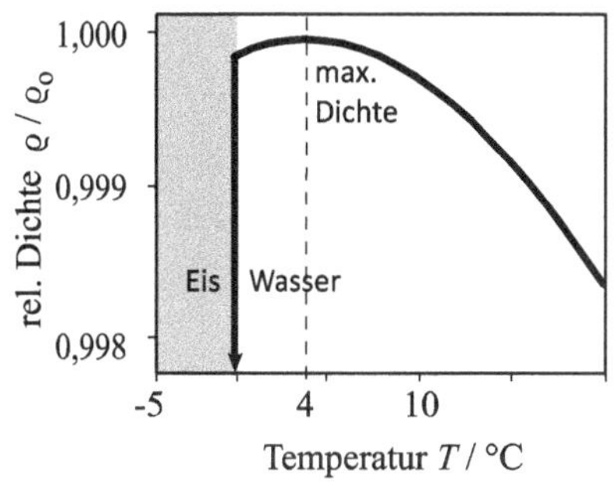

Abb. 6.1.: Temperaturabhängigkeit der Dichte bei Wasser

6.2. Gase

6.2.1. Zustandsgleichung idealer Gase

Ein Gas wird als **ideales Gas** bezeichnet unter zwei Voraussetzungen: Erstens dürfen zwischen den Molekülen dürfen keine Kräfte (außer Stößen) wirken. Zweitens müssen die Moleküle viel kleiner als der Abstand zu anderen Molekülen sein. Unter Normalbedingungen ($T = 0$ °C, $p = 1013$ hPa) beträgt das Molvolumen eines jeden idealen Gases *unabhängig* von den Bestandteilen $V_n = 22{,}4\ \text{L mol}^{-1}$ (s. Gl. (4.4)).

Unter den genannten Voraussetzungen eines idealen Gases ist die Beschreibung seiner Zustandsgrößen, also Temperatur, Druck, Volumen und Stoffmenge n (in mol) sehr einfach mit der **allgemeinen Gasgleichung**:

$$p \cdot V = n \cdot R \cdot T \tag{6.4}$$

Die Naturkonstante $R = 8{,}31\ \text{J mol}^{-1}\text{K}^{-1}$ heißt allgemeine Gaskonstante. Die Temperatur ist in K zu rechnen. Gewöhnlicj die Stoffmenge n konstant ist, lassen sich daraus mehrere Sonderfälle ableiten, indem man eine weitere Größe konstant hält:

1. **isothermer Prozess**: $T = const.$ Dann gilt das Gesetz von BOYLE-MARIOTTE

$$p \cdot V = const \qquad \text{oder} \quad p \sim \frac{1}{V} \tag{6.5}$$

2. **isobarer Prozess**: $p = const.$ Es gilt das Gesetz von CHARLES (1. Gesetz von GAY-LUSSAC)

$$V \sim T \tag{6.6}$$

3. **isochorer Prozess**: $V = const.$ Hier gilt das (2.) Gesetz von GAY-LUSSAC

$$p \sim T \tag{6.7}$$

Die Abhängigkeiten von V, p und T lassen sich in **Zustandsdiagrammen** darstellen. Bei einer isothermen Zustandsänderung ist nach dem Gesetz von BOYLE-MARIOTTE (6.5) die Funktion $p(V) = V^{-1}$ eine Hyperbel

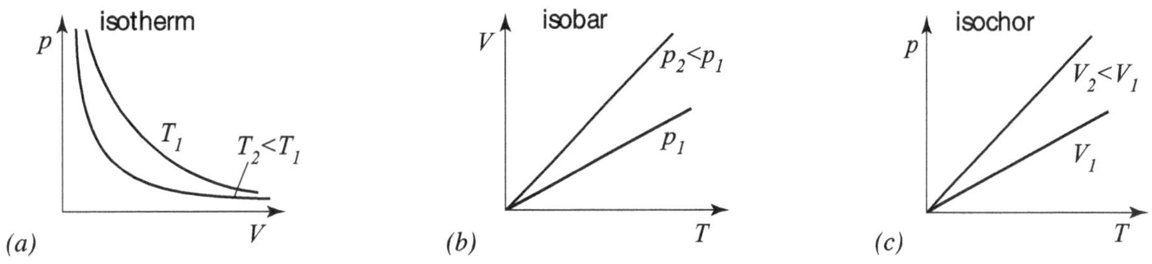

Abb. 6.2.: Zustandsdiagramme verschiedener Zustandsänderungen: isotherm (a), isobar (b) und isochor (c)

(Abb. 6.2a, für zwei verschiedene Temperaturen). Bei isobaren und isochoren Zustandsänderungen ergeben sich nach den beiden Gesetzen von GAY-LUSSAC lineare Abhängigkeiten (Abb. 6.2b,c).

Mit einer isobaren Zustandsänderung eines idealen Gases lässt sich ein Gasthermometer konstruieren. Für die Temperatur T_{Cel} in °C gilt dann:

$$V(T_{Cel}) = V_o \cdot \left(1 + \frac{T_{Cel}}{273\,\mathrm{K}}\right) \tag{6.8}$$

(V_o: Volumen bei 0 °C). Ein ideales Gas hat demnach bei 0 °C $=$ 273 K einen Ausdehnungskoeffizienten $\beta = \frac{1}{273\,\mathrm{K}}$, generell T^{-1} (also stark von T abhängig!).

6.2.2. Gasgemische

Befinden sich mehrere ideale Gase im selbem Gefäß, dann breitet sich jedes über das gesamte Volumen aus, als ob die anderen Gase nicht vorhanden seien. Nach dem Gesetz von DALTON ist der Gesamtdruck des Gasgemisches die Summe der Partialdrucke p_i der einzelnen Gase. Jeder Partialdruck verhält sich zum Gesamtdruck wie die jeweiligen Stoffmengen n_i zur gesamten Stoffmenge n_{ges}:

$$p_{ges} = \sum_i p_i \qquad \frac{p_i}{p_{ges}} = \frac{n_i}{n_{ges}} \tag{6.9}$$

Für Gemische idealer Gase gilt die Zustandsgleichung für jedes einzelne Gas und für den Gesamtdruck, also

$$\left(\sum_i p_i\right) \cdot V = \left(\sum_i n_i\right) \cdot R\,T$$

Die trockenen Bestandteile der Luft (d.h. ohne Wasserdampfanteil) haben recht konstante Volumenprozente: 78,1% N_2, 20,9% O_2 und 0,93% Argon. CO_2 hat als wichtigstes Spurengas einen Anteil von 0,04% (mit deutlich zunehmender Tendenz). Nach dem Gesetz von DALTON beträgt bei einem Luftdruck von 101 kPa der Partialdruck von Stickstoff $p_{N_2} =$ 78,9 kPa und von Sauerstoff $p_{O_2} =$ 21,2 kPa.

Medizinische Anwendung: Atmungsphysiologie, Spirometrie. Ausgeatmete Luft besitzt eine höhere Temperatur und ist zudem mit Wasserdampf gesättigt. Bei der Bestimmung von Atemvolumina muss das berücksichtigt werden, wenn zwischen verschiedenen Bedingungen umgerechnet wird (s. Kap. 6.6.2)

6.2.3. Reale Gase

Für reale Gase muss berücksichtigt werden, dass sich die Moleküle bei größeren Teilchenzahldichten anziehen. Außerdem nehmen die Gasmoleküle dann einen nicht zu vernachlässigenden Teil des zur Verfügung stehenden Raumes mit ihrem Eigenvolumen ein. Daher muss die Zustandsgleichung idealer Gase modifiziert werden zur VAN DER WAALS-Gleichung (oft formuliert mit dem Molvolumen $V_n = \frac{V}{n}$):

$$\left(p + a\frac{n^2}{V^2}\right)(V - n\,b) = n\,R\,T \quad \Leftrightarrow \quad \left(p + \frac{a}{V_n^2}\right)(V_n - b) = R\,T \tag{6.10}$$

Für isotherme Bedingungen ist diese Kurve ist keine Hyperbel mehr wie Gl. (6.5). Unterhalb einer kritischen Temperatur tritt ein Bereich auf, in dem das Gas flüssig wird.

6.2.4. Kinetische Gastheorie

Zum tieferen Verständnis des Verhaltens von Gasen und von Wärme überhaupt muss man sich auf die molekulare Größenskala begeben. Wegen der geringen Dichte können einzelne Gasmoleküle relativ große Strecken (d.h. bei Raumtemperatur und Luftdruck ca. 10^{-8} m) zurücklegen, ohne auf ein anderes Molekül zu stoßen. Diese typische Länge heißt **mittlere freie Weglänge**. Die Moleküle[2] befinden sich in ständiger ungeordneter thermischer Bewegung (**BROWNsche Molekularbewegung**). Die Geschwindigkeit ist nicht für jedes Molekül gleich,

[2] Bei Edelgasen gilt die folgende Argumentation selbstverständlich genauso für Atome.

sondern unterliegt einer statistischen Verteilung, der **Maxwell-Boltzmann-Geschwindigkeitsverteilung** (Abb. 6.3): Das Vorkommen einer bestimmten Geschwindigkeit hat die in Abb. 6.3 dargestellte Häufigkeit:

$$H(v) \sim v^2 \cdot e^{-const \cdot \frac{v^2}{T}} \qquad \text{Es gilt: } \hat{v} \sim \sqrt{T} \tag{6.11}$$

$\hat{v}$, das Maximum der Kurve, also die wahrscheinlichste Geschwindigkeit, steigt mit also der Temperatur an.

Die Wärmeenergie steckt als kinetische Energie in der Bewegung der Gasmoleküle. Neben der Translation in die drei Raumrichtungen (mit der Energie von jeweils $\frac{1}{2}m\ v_i^2$) hat ein beliebiges Molekül die Möglichkeit, in drei Richtungen zu rotieren (Energie $\frac{1}{2}J\ \omega_i^2$, vgl. Kap. 3.2.4, 3.4.1) auszuführen. Die Rotationsmöglichkeit wird jedoch durch Symmetrieüberlegungen wieder eingeschränkt: So kann ein zweiatomiges Molekül bei Rotation um seine Achse keine Energie aufnehmen. Ein einatomiges Gas hat gar keine Rotationsenergie. Bei gewinkelten Molekülen kommen noch Schwingungen hinzu. Im Sinne der kinetischen Gastheorie bezeichnet man als **Freiheitsgrad** eine Bewegungsmöglichkeit, mit der kinetische Energie aufgenommen werden kann. Einatomige Gase (also Edelgase) haben nur die drei Freiheitsgrade der Translation, zweiatomige haben insgesamt fünf Freiheitsgrade, Wassermoleküle sieben (drei der Translation, drei der Rotation, eine Schwingung).

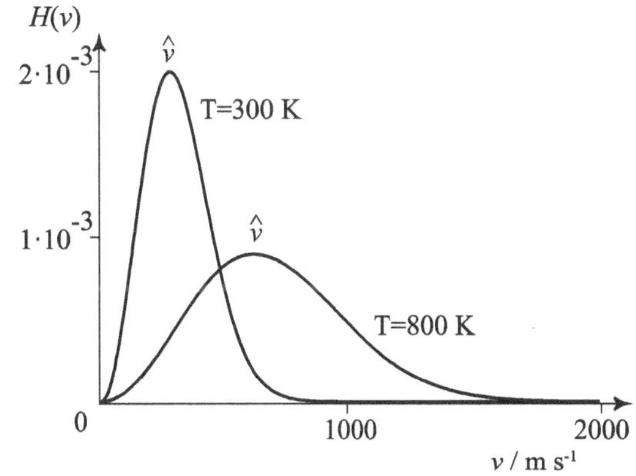

Abb. 6.3.: Häufigkeitsverteilung der Geschwindigkeiten von Molekülen in Stickstoffgas für zwei verschiedene Temperaturen. (Die Abnahme des Maximums ist dadurch bedingt, dass die Fläche unter der Kurve gleich bleiben muss.)

Gleichverteilungssatz von Boltzmann: Auf jeden Freiheitsgrad eines Moleküls entfällt im Mittel die gleiche Energie, nämlich $W = \frac{1}{2}k \cdot T$. Sie ist demnach proportional zur Temperatur. Die mittlere Wärmeenergie pro Molekül eines Gases mit f Freiheitsgraden beträgt:

$$W_{th} = \frac{f}{2}k \cdot T \qquad k = 1{,}38 \cdot 10^{-23}\,\mathrm{J\,K^{-1}} \text{ Boltzmann-Konstante} \tag{6.12}$$

6.3. Wärme als Energie

6.3.1. Wärmemenge, Wärmekapazität

Wärme beschreibt die ungeordnete Bewegung der Atome und Moleküle. Die Temperatur ist nach Gl. (6.12) mit der *mittleren* kinetischen Energie verknüpft. **Wärme** hingegen ist die *Summe* der kinetischen Energien in einem System, also eine Energie. Um die Temperatur eines Körpers zu erhöhen (oder zu erniedrigen) muss ihm eine Wärmeenergie ΔQ zugeführt (beziehungsweise entzogen) werden. Für viele Stoffe sind Wärmezufuhr und Temperaturerhöhung ΔT proportional; auf diese Weise definiert man die Wärmekapazität C:

$$\Delta Q = C \cdot \Delta T \qquad \text{Einheit: } [C] = 1\,\mathrm{J} \cdot \mathrm{K}^{-1} \tag{6.13}$$

Die Wärmekapazität muss proportional zur erwärmten Masse sein, deshalb bietet sich die Einführung der spezifischen Wärmekapazität c an:

$$c = \frac{C}{m} \qquad \text{Einheit: } [c] = 1\,\mathrm{J} \cdot \mathrm{kg}^{-1} \cdot \mathrm{K}^{-1}, \qquad \text{damit gilt:} \quad \Delta Q = c \cdot m \cdot \Delta T \tag{6.14}$$

Allgemein ist c nur für kleine Änderungen unabhängig von der Temperatur, sonst gilt $c = c(T)$. Wasser besitzt eine besonders große spezifische Wärmekapazität:

$$c_W = 4187\,\mathrm{J\,kg^{-1}\,K^{-1}} \tag{6.15}$$

	Eisen	*Kupfer*	*Blei*	*Wasser*	*Blut*	*Luft*
$c_n\left(1\,\mathrm{J\,mol^{-1}K^{-1}}\right)$	25,1	24,5	26,5	75,3		
$c\left(1\,\mathrm{J\,kg^{-1}K^{-1}}\right)$	450	380	130	4187	3640	1030

Tab. 6.2.: Molare (c_n) und spezifische Wärmekapazitäten (c, bei konst. Druck) verschiedener Stoffe

Damit wurde die alte Einheit der Wärme definiert, die Kalorie: 1 cal ist die Menge an Energie, die benötigt wird, um 1 g Wasser um 1 °C (von 14,5 auf 15,5 °C) zu erwärmen. Es gilt: 1 cal = 4,187 J.

Alternativ zur Masse lässt sich die Wärmekapazität auf die Stoffmenge n beziehen. Dann erhält man die molare Wärmekapazität (*Molwärme*):

$$c_n = \frac{C}{n} \qquad \text{Einheit: } 1\ \mathrm{J} \cdot \mathrm{mol}^{-1} \cdot \mathrm{K}^{-1} \tag{6.16}$$

Wichtige Besonderheiten liegen bei Metallen und bei Gasen vor:

- Die molare (und auch die spezifische) Wärmekapazität von *Gasen* ist nicht unabhängig davon, ob bei der Erwärmung Volumen oder Druck konstant gehalten werden. Bei konstantem Druck muss das Gas expandieren und verrichtet so zusätzlich Volumenarbeit. Daher ist die Wärmekapazität bei konstantem Druck ($c_{n,p}$) größer als bei konstantem Volumen ($c_{n,V}$):

$$c_{n,p} > c_{n,V} \qquad c_{n,p} = c_{n,V} + R \tag{6.17}$$

- Die *molaren* Wärmekapazitäten aller *Metalle* sind (bei hohen Temperaturen) ungefähr gleich groß, und zwar etwa 25 J mol^{-1} K^{-1} (Regel von DULONG-PETIT, vgl. Tab. 6.2). Grund sind Gitterschwingungen der Kristallstruktur.

6.3.2. Kalorimetrie

Wärmemengen und Wärmekapazitäten bestimmt man in einem gegen die Umgebung gut wärmeisolierten Gefäß, dem **Kalorimeter** (Dewar-Gefäß, Abb. 6.4) . Die Messung basiert auf dem Energieerhaltungssatz: Für die Messung von c wird die Temperaturänderung ΔT eines Stoffes gemessen, die bei einer bestimmten zugeführten Wärmemenge ΔQ eintritt. Dann lässt sich nach Gl. (6.14) die spezifische Wärmekapazität bestimmen. Da auch das Kalorimeter eine Wärmekapazität C_{kal} besitzt, muss die von ihm aufgenommene Wärmemenge subtrahiert werden. In geeignet konstruierten Kalorimetern lassen sich auch Wärmetönungen bei Phasenumwandlungen und bei chemischen Reaktionen bestimmen (vgl. Kap. 6.5).

Mischkalorimetrie: Im Kalorimeter mit der Wärmekapazität C_{Kal} befindet sich eine Masse m_1 an Wasser auf Raumtemperatur (T_1) mit der spezifischen Wärmekapazität c_W. Nun wird eine Substanz mit der Masse m_2 und Temperatur $T_2 > T_1$ und der zu messenden spezifischen Wärmekapazität c_2 eingebracht. Es stellt sich nach einiger Zeit eine Mischtemperatur T_m ein. Die gesuchte Wärmekapazität ergibt sich wegen der Energieerhaltung

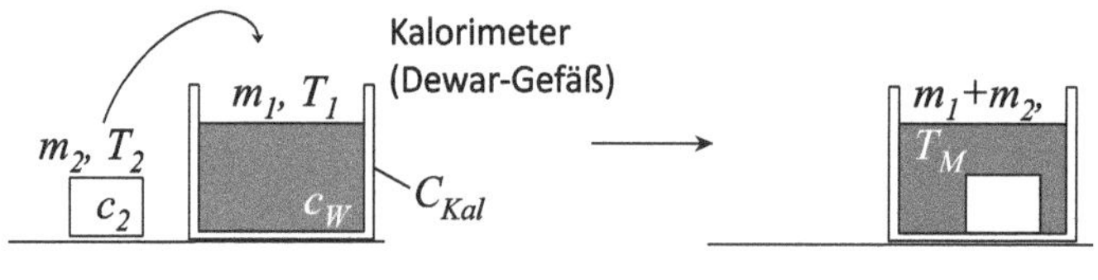

Abb. 6.4.: Mischkalorimetrie

aus der Bilanz der von Substanz abgegebenen und der vom Wasser aufgenommenen Energie:

$$\begin{aligned}
\text{von Substanz 2 abgegeben:}\quad \Delta Q_2 &= c_2\, m_2\, (T_2 - T_m) \\
\text{von Wasser und Kalorimeter aufgenommen:}\quad \Delta Q_1 &= (c_W\, m_1 + C_{Kal}) \cdot (T_m - T_1) \\
\text{aus}\quad \Delta Q_2 = \Delta Q_1 & \quad \text{folgt:} \\
c_2\, m_2 &= (c_W\, m_1 + C_{Kal}) \cdot \frac{T_m - T_1}{T_2 - T_m} \qquad (6.18)
\end{aligned}$$

Auf diese Weise lässt sich die spezifische Wärmekapazität der Substanz messen oder, wenn c_2 bekannt, C_{Kal}. Natürlich lässt sich eine solche Messung statt in Wasser auch in anderen Flüssigkeiten mit bekanntem c durchführen.

Brennwert: Dem Organismus wird Energie vor allem als Nahrung zugeführt, aus der sie auf chemischem Wege gewonnen wird. Ein Teil davon entsteht als Wärme, ein anderer kann metabolisch in mechanische Energie (Muskelkontraktion) oder elektrische Energie (z.B. neuronale Prozesse) umgesetzt werden. Als **Brennwert** bezeichnet man die Energie ΔQ, die (durch Umsetzung in Kohlendioxid und Wasser) pro Masse aus der Nahrung gewonnen werden kann:

$$c_B = \frac{\Delta Q}{m} \qquad \text{Einheit: } [c_B] = 1\,\mathrm{J} \cdot \mathrm{kg}^{-1} \qquad (6.19)$$

Brennwerte lassen sich im Kalorimeter messen. Alkohol und Fette haben größere Brennwerte als Proteine und Kohlenhydrate. Der physiologische Brennwert ist – besonders bei Proteinen – kleiner als der physikalische.

6.3.3. Adiabatische Zustandsänderungen

Eine Zustandsänderung, bei der kein Austausch von Wärmeenergie mit der Umgebung stattfindet, wird als **adiabatische** Zustandsänderung bezeichnet. Neben den schon eingeführten Zustandsänderungen (isotherm, isobar und isochor) ist dies eine weitere Möglichkeit, den Zustand eines Gases zu ändern. Hier sind weder p, V, noch T konstant. Statt des Gesetzes von Boyle-Mariotte gilt die Zustandsgleichung:

$$p \cdot V^{\kappa} = const \qquad (6.20)$$

Dieser Zusammenhang läßt sich aus dem ersten Hauptsatz der Wärmelehre ableiten, der im nächsten Abschitt eingeführt wird. Der Adiabatenexponent κ ist für die Gasart charakteristisch und hängt von der Anzahl der Freiheitsgrade ab. Für einatomige Gase ist $\kappa = 1{,}67$ und für zweiatomige etwa $\kappa = 1{,}4$. Adiabatische Prozesse besitzen bei der Umwandlung von mechanischer Energie in Wärmeenergie eine Bedeutung: Gase werden dabei durch adiabatische Kompression erwärmt und durch adiabatische Expansion abgekühlt.

Beispiele: Erwärmung von Luft bei Kompression in der Luftpumpe, Ausbreitung von Schall

6.3.4. Die Hauptsätze der Wärmelehre

Soeben haben wir mit der Energieerhaltung argumentiert und damit den ersten Hauptsatz der Wärmelehre kennen gelernt. Alle Hauptsätze der Wärmelehre sind Axiome, also Erfahrungssätze. Zuerst müssen wir genauer als zuvor definieren:

- Als **Innere Energie** U bezeichnet man die *Gesamtheit aller* als kinetische und potentielle Energie gespeicherten Energien in einer Probe.
- Unter einem **abgeschlossenen System** versteht man eine Probe, die keinerlei Wärme oder andere Energie mit ihrer Umgebung austauscht.
- Die **Volumenarbeit** kennen wir bereits (vgl. Kap. 4.5.4). Erhöht man bei konstantem Druck p (und ohne Änderung der Stoffmenge) das Volumen eines Gases um ΔV, so ist eine Arbeit $W = p \cdot \Delta V$ zu verrichten.

Erster Hauptsatz: In einem abgeschlossenen System ist die Gesamtenergie konstant. Wird Energie mit der Umgebung ausgetauscht, so ändert sich die Innere Energie um

$$\Delta U = \Delta Q + \Delta W \tag{6.21}$$

Dem System zugeführte Arbeit wird hier als positiv ($\Delta W > 0$) gezählt, vom System verrichtete Arbeit als negativ ($\Delta W < 0$).[3] Verrichtet ein Gas bei der Expansion Volumenarbeit, so ist $\Delta W = -p \cdot \Delta V$.

Eine alternative Formulierung lautet: Auch unter Einbeziehung der Wärmeenergie ist keine periodisch arbeitende Maschine möglich, die mehr Energie liefert als ihr zugeführt wird (Perpetuum mobile erster Art). In der Chemie ist es oft vorteilhaft, die **Enthalpie** H einzuführen:

$$H = U + p \cdot V \quad \text{(innere Energie + „Verdrängungsenergie")} \tag{6.22}$$

Bei konstant gehaltenem Druck lautet der Erste Hauptsatz damit:

$$\Delta U = \Delta H - p \cdot \Delta V \tag{6.23}$$

Stellen wir uns nun folgende Situation im Mischkalorimeter (s. Abb. 6.4) vor: Die warme Substanz 2 wird eingetaucht, wird jedoch noch wärmer, während sich das kalte Wasser noch weiter abkühlt. Dieser Vorgang wäre mit dem Ersten Hauptsatz vollkommen kompatibel, widerspricht aber jeglicher Erfahrung. Fast alle Prozesse neigen dazu, Temperaturunterschiede oder Konzentrationsunterschiede von miteinander in Verbindung stehenden Bereichen auszugleichen. Das erfordert die Formulierung des Zweiten Hauptsatzes. Zunächst führt man als neue thermodynamische Zustandsgröße die **Entropie** S ein. Bei Zufuhr der Wärme ΔQ erhöht sich die Entropie um:

$$\Delta S = \frac{\Delta Q}{T} \qquad \text{Einheit: } [S] = 1\,\mathrm{J} \cdot \mathrm{K}^{-1} \tag{6.24}$$

Sie ist ein Maß dafür, wie gut „durchmischt" ein thermodynamisches System ist, beschreibt also die mikroskopische Unordnung. Ein gut durchmischtes System hat eine größere Unordnung und damit eine größere Entropie. Sie gibt an, wie „wertvoll" die vorhandene Wärmeenergie ist. Korrekt ist sie als eine statistische Größe zu verstehen.

Zweiter Hauptsatz: Alle selbständig ablaufenden Prozesse in einem abgeschlossenen System laufen ab in Richtung einer Zunahme der Gesamtentropie, das heißt, ΔS ist positiv. Bleibt die Entropie hingegen konstant, so ist der Prozess reversibel.

Der Zweite Hauptsatz schränkt den ersten Hauptsatz ein, indem er für den Ablauf thermodynamischer Prozesse eine Richtung angibt. Oft wird der Zweite Hauptsatz deshalb auch so formuliert: Eine periodisch arbeitende Maschine, die nichts tut als mechanische Arbeit aus der Abkühlung eines Wärmereservoirs zu erzeugen (Perpetuum mobile 2. Art), ist nicht möglich.

In manchen Systemen kann die Ordnung vorübergehend tatsächlich doch zunehmen. Dann bilden sich von selbst regelmäßige Strukturen aus (Strukturbildung, Selbstorganisation nach PRIGOGINE). Das kann nur geschehen, wenn das System sehr weit vom thermodynamischen Gleichgewicht entfernt ist. Das gilt allerdings insbesondere für Fließgleichgewichte – also alle lebenden Systeme!

Als „Dritter Hauptsatz" wird auch bezeichnet, dass der absolute Nullpunkt ($T = 0$ K) nicht nur nicht unterschritten, sondern sogar auf keine Weise vollkommen erreicht werden kann.

6.4. Transportvorgänge, Stoffgemische

Der zweite Hauptsatz sagt, dass sich in miteinander in Kontakt stehenden Bereichen Unterschiede in Temperatur und Konzentration mit der Zeit ausgleichen. Dafür muss Wärme und Stoffmenge transportiert werden. Stofftransport erfolgt vor allem durch Diffusion oder Strömungen. Für den Transport von Wärme gibt es drei verschiedene Prozesse: Wärmeleitung, Konvektion und Wärmestrahlung.

[3] Vorsicht: Hier gibt es in der Literatur eine Vielzahl unterschiedlicher Konventionen und Formulierungen!

6.4.1. Wärmetransportprozesse

Wärmeleitung beschreibt einen Transport von Wärme ohne Bewegung des gesamten Mediums. Die thermische Bewegung der Moleküle setzt sich räumlich durch Stöße und Vibrationen fort. Dazu müssen die Bereiche unterschiedlicher Temperatur über ein Wärme leitendes Material in Verbindung stehen. Wärmeleitung kann also nicht durch Vakuum hindurch wirken.

Zum Verständnis dienen zwei Körper unterschiedlicher Temperatur, die durch einen Metallstab in Verbindung stehen, so dass Wärme von einer Seite auf die andere fließt. Die pro (kleine) Zeiteinheit dt durch die Querschnittsfläche A des Stabes transportierte Wärmemenge dQ definiert die so genannte **Wärmestromdichte**:

$$j_W = \frac{1}{A}\frac{dQ}{dt} \qquad \text{Einheit: } [j_W] = 1\,\mathrm{J}\cdot\mathrm{s}^{-1}\cdot\mathrm{m}^{-2} \tag{6.25}$$

Die Wärmeleitungsgleichung besagt, dass diese Wärmestromdichte proportional zum räumlichen Temperaturgefälle $\frac{dT}{dx}$ ist, das heißt:

$$j_W = -\lambda\cdot\frac{dT}{dx} \approx -\lambda\cdot\frac{\Delta T}{l} \tag{6.26}$$

Die Vereinfachung gilt für ein lineares Temperaturgefälle um ΔT auf einer Strecke l. λ ist die Wärmeleitfähigkeit, eine Stoffeigenschaft. Sie ist verwandt mit der elektrischen Leitfähigkeit und größer, je besser der Stoff elektrisch leitet (s. Kap. 7.3.1). Metalle sind deshalb besonders gute Wärmeleiter, in denen die freien Elektronen durch Bewegung an der Wärme teilnehmen und wesentlich zur Wärmeleitung beitragen. Gase hingegen sind ausgesprochen schlechte Wärmeleiter.

Konvektion: Hier wird die Wärme makroskopisch mitsamt dem sie enthaltenden Stoff transportiert, besonders durch Strömung von Flüssigkeiten oder Gasen. Diese kann von außen, z.B. durch ein Pumpe, angetrieben sein (**erzwungene Konvektion**).

Medizinische Anwendung: Wärmetransport zur Körperoberfläche durch Durchblutung

Als **freie Konvektion** bezeichnet man Konvektionsströmungen, die von selbst entstehen, um bestehende Temperaturunterschiede auszugleichen. geschieht im Schwerefeld vor allem dadurch, dass wärmere Regionen mit dementsprechend geringerer Dichte nach oben steigen, während kältere Regionen absinken. Nicht immer führt das tatsächlich zu einem Ausgleich: bei einer stark von unten geheizten Flüssigkeitsschicht können selbstorganisierte Konvektionsrollen entstehen (BÉNARD-Konvektion).

Wärmestrahlung: Jeder Körper gibt Energie in Form elektromagnetischer Strahlung ab, und zwar um so mehr, je höher seine Temperatur ist. Da Strahlung Energie trägt (s. Kap. 9.1), wird auf diese Weise netto Energie von wärmeren zu kälteren Bereichen transportiert. Wie andere elektromagnetische Strahlung kann auch Wärmestrahlung – und damit als einziger Wärmetransportprozess – Vakuum durchqueren.

Die Wärmestrahlung eines Körpers weist ein kontinuierliches Spektrum von Wellenlängen auf (Abb. 9.17). Die gesamte Strahlungsleistung steigt mit der Temperatur an gemäß des STEFAN-BOLTZMANN-Gesetzes:

$$P \sim T^4 \tag{6.27}$$

Das Maximum der emittierten Strahlung verschiebt sich nach dem WIENschen Verschiebungsgesetz (Gl. (9.31)) mit steigender Temperatur zu kürzeren Wellenlängen. Bei Raumtemperatur liegt das Maximum bei etwa 10 μm.

Medizinische Anwendung: Wärmeregulation an der Haut durch Konvektion und Strahlung (vgl. Kap. 6.6.1)

6.4.2. Diffusion

Die BROWNsche Bewegung sorgt in einem Gas oder einer Flüssigkeit auch für eine gleichmäßige Verteilung der Moleküle eines Gases im zur Verfügung stehenden Raum. Konzentrationsunterschiede werden dadurch ebenso ausgeglichen wie Temperaturunterschiede. Den Konzentrationsausgleich nennt man **Diffusion**. Der wichtigste Fall ist der, dass eine Substanz (z.B. Zucker) in einem Lösungsmittel (Wasser) gelöst ist (Abb. 6.5a). Bei

n_S mol Teilchen gelöster Substanz in einem Gesamtvolumen (Lösungsmittel mit gelöster Substanz) V_L ist die Stoffmengenkonzentration $c = n_S/V_L$ (vgl. Gl. (4.5)). Wie bei der Wärmeleitung definiert man anhand einer gedachten Fläche die Teilchenstromdichte:

$$j_D = \frac{1}{A} \cdot \frac{dn}{dt} \tag{6.28}$$

Wenn die Konzentration c_n entlang der Strecke x abnimmt, fordert das **Diffusionsgesetz (1. FICKsches Gesetz)**, dass die Teilchenstromdichte proportional zum Konzentrationsgefälle dc/dx ist:

$$j_D = -D \frac{dc_n}{dx} \qquad D \text{ Diffusionskoeffizient, Einheit: } [D] = 1\,\mathrm{m}^2 \cdot \mathrm{s}^{-1} \tag{6.29}$$

Die Diffusion ist größer bei höherer Temperatur und für Teilchen mit kleineren Massen. Es gilt:

$$D \sim T \qquad \text{und} \qquad D \sim \frac{1}{\sqrt{M}} \qquad M\text{: molare Masse}$$

Wenn die Diffusion durch eine trennende Membran (wie eine Zellmembran) erfolgt, dann muss die Permeabilität der Membran berücksichtigt werden. Diffusion ist für den Stoffwechsel von größter Bedeutung.

Medizinische Anwendung:

- Stoffwechsel: Austausch gelöster Nährstoffe und Abfallstoffe, z.B. in Niere
- Gasaustausch von im Blut gelöstem O_2 und N_2 in den Alveolen der Lunge

6.4.3. Osmose

Bei der Osmose wird die Diffusion gelöster Teilchen zwischen zwei Bereichen mit unterschiedlicher Konzentration durch eine Membran behindert (Abb. 6.5b). Eine **selektiv permeable** (auch: semipermeable) **Membran** lässt nur die kleineren Moleküle des Lösungsmittels durch, jedoch nicht die gelöste Substanz. Dann ist im Bereich mit der hohen Konzentration eine Verringerung der Konzentration nur möglich, indem Lösungsmittel von der anderen Seite (hier: von links nach rechts) eindringt. Dadurch baut sich ein osmotischer Druck auf, der dem Massenstrom schließlich entgegen wirkt. Nach dem Gesetz von VAN'T HOFF ist der osmotische Druck p_{osm} abhängig von der Stoffmengenkonzentration c_n der gelösten Substanz und der Temperatur T:

$$p_{osm} = c_n \cdot R \cdot T \tag{6.30}$$

Schreibt man $c_n = \frac{n}{V_L}$, so hat die Gleichung die gleiche Form wie die allgemeine Gasgleichung (6.4). Die gelösten Moleküle verhalten sich also wie ein ideales Gas. (Allerdings beschreibt sie etwas ganz anderes, da n und V_L sich auf verschiedene Substanzen beziehen.) Da die Dichten von gelösten Molekülen wesentlich höher als Gasdichten unter Normalbedingungen sein können, sind osmotische Drücke selbst bei kleinen Konzentrationen typischer Weise groß (kPa bis MPa).

Bei mehreren gelösten Substanzen $i = 1,2,\ldots$ gehen nur die Konzentrationen der osmotisch wirksamen, also von der Membran zurückgehaltenen Substanzen ein. Die einzelnen Konzentrationen addieren sich:

$$\text{Osmolarität} = \frac{\sum n_i}{V_L} \tag{6.31}$$

Bei einem in Kation und Anion dissoziierten Salz wie NaCl ist die Osmolarität deshalb das Doppelte der Konzentration von NaCl.

(a) 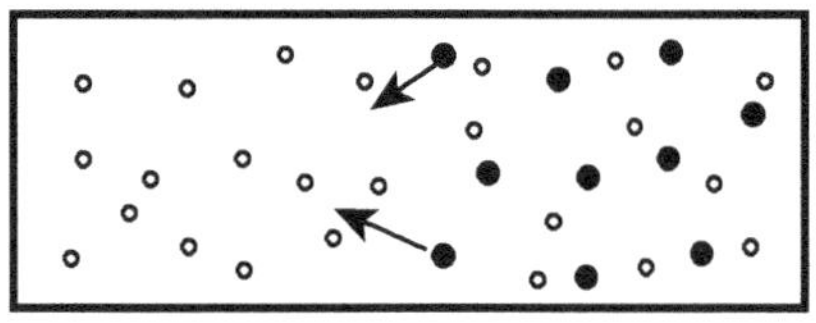

(b) 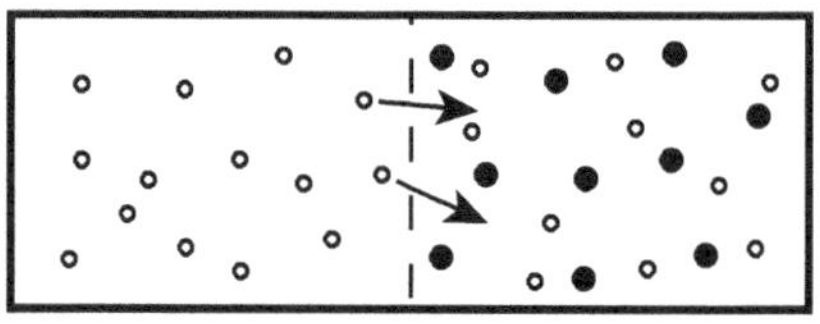

Abb. 6.5.: Modellvorstellung von Diffusion (a) und Osmose (b). Offene Kreise: Lösungsmittel, gefüllte Kreise: gelöste Substanz. (a) Diffusion der gelösten Substanz. (b) Behinderung durch selektiv permeable Membran, Diffusion des Lösungsmittels

Osmotischer Druck im biologischen Organismus

In biologischen Organismen liegen für die Transportvorgänge durch Membranen kompliziertere Verhältnisse vor (aufgrund passiver und aktiver Transportvorgänge). Bei einer Zelle in einer umgebenden Lösung mit größerem osmotischen Druck spricht man von einer **hypertonischen**, bei kleinerem osmotischen Druck von einer **hypotonischen** Umgebung. Lösungen mit gleichem osmotischem Druck werden **isotonisch** genannt.

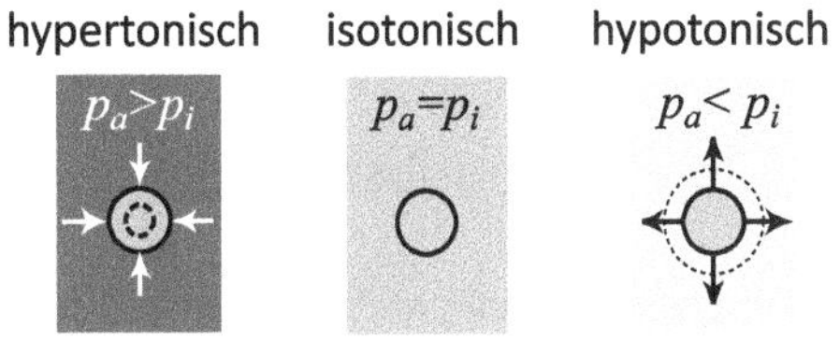

Abb. 6.6.: Erythrozyten in einer NaCl-Lösung

Medizinische Anwendung:

- Verhalten von Erythrozyten in NaCl-Lösung (Abb. 6.6). Eine isotonische Lösung von Kochsalz hat eine Konzentration von $0{,}154\ \mathrm{mol\ L^{-1}}$.
- In den Glomeruli der Niere werden gelöste Stoffwechselprodukte gegen den osmotischen Druck durch selektiv permeable Membranen abfiltriert. Wichtig ist hier der kolloidosmotischer Druck von Proteinen (ca.70 $\mathrm{g\ L^{-1}}$). Technisch entspricht dem die Ultrafiltration, die auch in der Hämodialyse genutzt wird.

6.5. Phasen und Phasenübergänge

Die drei Aggregatzustände eines Stoffes werden ebenso wie unterschiedliche Kristallisationsformen als **Phasen** bezeichnet. Stoffe können bei Änderung von Temperatur oder Druck durch **Phasenübergänge** ineinander übergehen. Auf den Grenzen können zwei Phasen eines Stoffes gleichzeitig vorliegen (koexistieren).

Welche Phase einer Substanz vorliegt, hängt vom Druck und von der Temperatur ab. Durch Auftragen beider Größen in einem **Phasendiagramm** lässt sich dieser Sachverhalt darstellen. An den Grenzen zwischen den Phasen koexistieren zwei Phasen. So sind bei Bedingungen auf der Dampfdruckkurve flüssige und gasförmige Phase vorhanden. Sie heißen **Dampfdruckkurve**, **Schmelzkurve** und **Sublimationskurve**. Die drei Kurven treffen sich im **Tripelpunkt** (Abb. 6.7a). Hier koexistieren alle drei Aggregatzustände. Bei Wasser liegt er bei der Temperatur des Gefrierpunkts, $T = 273{,}16$ K, jedoch einem sehr niedrigen Druck: $p = 6{,}1$ hPa. Beim kritischen Punkt endet die Dampfdruckkurve, hier können die Phasen nicht mehr getrennt werden.

Ein solches Phasendiagramm existiert für alle Stoffe. Bei Raumtemperatur als Gas vorliegende Stoffe wie Stickstoff (N_2) werde unter hohem Druck oder bei niedriger Temperatur flüssig. Bei Normaldruck liegt beispielsweise der Siedepunkt von N_2 bei 77 K.

Medizinische Anwendungen: örtliche Betäubung durch Vereisen, Kryochirurgie

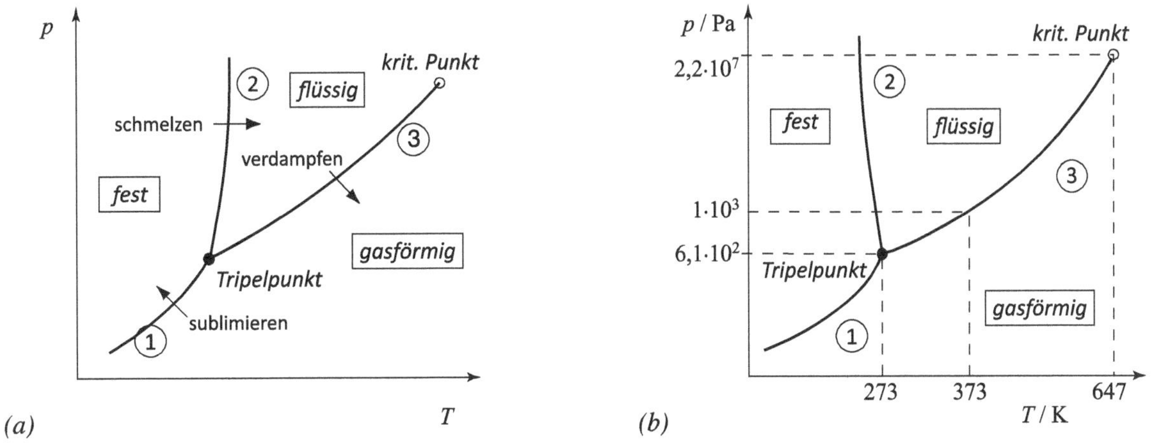

Abb. 6.7.: (a) Schematisches Phasendiagramm der meisten Stoffe. (1) Sublimationskurve, (2) Schmelzkurve, (3) Dampfdruckkurve. (b) Phasendiagramm von Wasser (schematisch). Siedepunkt bei 373 K

Anomalie von Wasser: Bei Wasser verläuft die Schmelzkurve bei steigendem Druck zu kleineren Temperaturen hin (Abb. 6.7b). Wasser am Gefrierpunkt schmilzt daher im Gegensatz zu anderen Stoffen unter Druck. Diese Anomalie steht im Zusammenhang mit der Dichteanomalie (vgl. S. 51).

6.5.1. Phasenübergänge

Während eines Phasenübergangs wird entweder Wärme frei oder Wärmezufuhr benötigt (Abb. 6.8a). Diese **Umwandlungswärmen** (Wärmetönungen) beruhen auf Änderungen des Energieinhaltes des Systems und werden kalorimetrisch bestimmt. Umwandlungswärmen c_u werden wie der Brennwert bezogen auf die umzuwandelnde Masse angegeben. Die für die Umwandlung einer Masse m des Stoffes benötigte Wärme ist

$$\Delta Q_u = c_u \cdot m \qquad c_u \text{ Umwandlungswärme, Einheit: } [c_u] = 1\,\text{J}\cdot\text{kg}^{-1} \tag{6.32}$$

Schmelzwärme, Verdampfungswärme Beim Übergang vom festen zum flüssigen Aggregatzustand muss Energie zugeführt werden. Die benötigte Energie pro Masse ist die **spezifische Schmelzwärme** c_s. Die gleiche Wärmemenge wird bei der Erstarrung frei.

Bei der Verdampfung wird zusätzlich zur eigentlichen Umwandlungswärme auch Volumenarbeit verrichtet. Daher muss exakt von Verdampfungsenthalpie gesprochen werden:

$$\text{Enthalpie } \Delta H = \text{Umwandlungswärme } c_v \cdot m + p \cdot V$$

c_v ist dabei die **spezifische Verdampfungswärme**. Die Verdampfungsenthalpie hängt vom Dampfdruck und damit von der Temperatur ab (s.u.). Beim Übergang von der gasförmigen zum flüssigen Phase wird umgekehrt **Kondensationswärme** frei. Für Wasser bei Normaldruck (101,3 kPa) betragen diese Größen:

$$\begin{aligned} &\text{spez. Schmelzwärme} && c_s = 334\,\text{kJ kg}^{-1} \\ &\text{spez. Verdampfungswärme bei 373 K} && c_v = 2255\,\text{kJ kg}^{-1} \end{aligned} \tag{6.33}$$

Sublimationswärme wird beim Übergang zwischen fester und gasförmiger Phase aufgenommen beziehungsweise frei. Trotz Energiezufuhr bleibt beim Schmelzen und beim Verdampfen die Temperatur konstant (Abb. 6.8b). Die gesamte Energie kommt der Umwandlung zugute.

Neben den Umwandlungswärmen von Phasenübergängen gibt es noch einige andere, verwandte Wärmen:

Lösungswärme, Solvationsenergie Auch wenn die Lösung von festen Stoffen oder Gasen in einer Flüssigkeit kein Phasenübergang im engeren Sinne ist, wird Energie zur Beseitigung der Bindungskräfte im Kristallgitter benötigt. Daher wird Lösungswärme aufgenommen, und die Lösung kühlt sich ab. Wenn jedoch bei

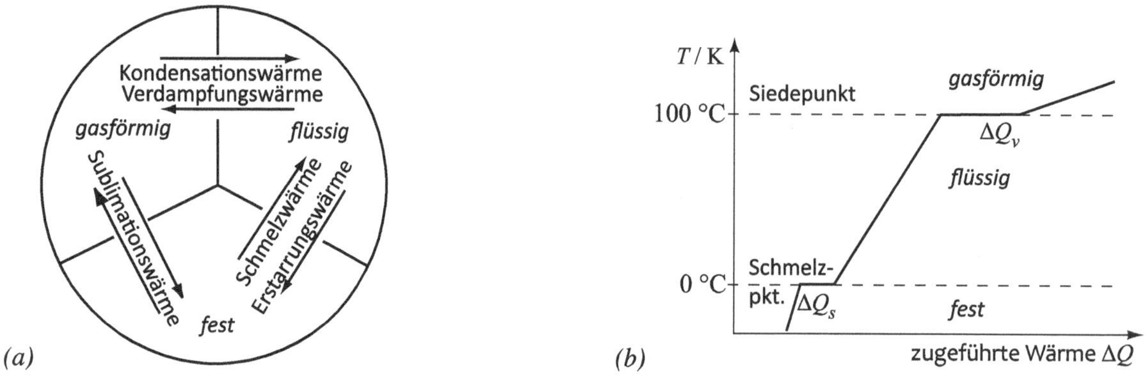

Abb. 6.8.: (a) Umwandlungswärmen. (b) Bei konstanter Wärmezufuhr stagniert die Temperatur während einer Phasenumwandlung und steigt erst nach vollständiger Umwandlung weiter.

der Lösung eine Anlagerung von Molekülen des Lösungsmittels an die gelösten Teilchen (Solvation, Hydratation) erfolgt, wird Solvationsenergie frei. Ist die freigesetzte Solvationsenergie größer als die aufzubringende „Gitterenergie“ , tritt Erwärmung ein.

Reaktionswärme Bei allen spontan ablaufenden chemische Reaktionen wird Reakionswärme frei (**exotherme** Reaktionen). Andere Reaktionen erfordern zum Ablaufen die Zufuhr von Energie (**endotherme** Reaktionen). Auch hier ist, wenn eine gasförmige Phase beteiligt ist, präzise von einer Enthalpie zu sprechen.

6.5.2. Dampfdruck

Bei einem flüssigen System tritt auch im rein flüssigen Bereich des p-T-Phasendiagramms eine Gasphase auf, die man als **Dampf** bezeichnet. Dabei treten Moleküle von der Flüssigkeitsphase in die Gasphase über (Verdunsten). Ebenso kehren andere Moleküle in die Flüssigkeit zurück. In einem begrenzten Volumen stellt sich ein thermodynamisches Gleichgewicht beider Vorgänge ein. Dann treten aus der Flüssigkeit ebenso viele Moleküle in den Gasraum über, wie aus diesem kondensieren. Die Gasphase trägt einen Partialdruck zum Druck gesamten vorhandenen Gas bei, den **Dampfdruck**. Er trägt nach dem Gesetz con DALTON (6.9) zum Luftdruck bei. Beim Verdunsten müssen Moleküle, die in die Gasphase übertreten, die Kohäsionskräfte der Flüssigkeit überwinden. Es entkommen also vor allem die schnellsten Moleküle. Damit sinkt die mittlere kinetische Energie der Moleküle in der Flüssigkeit, also die Temperatur. Deshalb führt Verdunstung zur Kühlung.

Der dann vorliegende Dampfdruck ist der **Sättigungsdampfdruck**. Er hängt nur von der Temperatur ab, nicht vom Umgebungsdruck oder dem Volumen. Für jede Flüssigkeit existiert eine charakteristische Dampfdruckkurve im Phasendiagramm. (Im Gesetz von VAN DER WAALS (6.10) sind das die Isothermen unterhalb der kritischen Temperatur). Sie hat nach der Gleichung von CLAUSIUS und CLAPEYRON einen ungefähr exponentiellen Verlauf (Kurve (3) in Abb. 6.7). Für Wasser beträgt der Dampfdruck bei 20 °C) 23,4 hPa, bei 37 °C) 62,8 hPa und bei 100 °C) 1013 hPa. Wenn der Sättigungsdampfdruck den Druck des Gases über der Flüssigkeit erreicht, siedet die Flüssigkeit. Die Siedetemperatur hängt damit vom Außendruck (z.B. Luftdruck) ab.

Technische Anwendung: Schnellkochtopf; *Medizinische Anwendungen:* Verbrennungen durch Dampf, Gefriertrocknung

6.5.3. Luftfeuchtigkeit

Absolute Luftfeuchtigkeit: Nur in kleinen Gefäßen kann sich in der Gasphase der Sättigungsdampfdruck einstellen. In der Atmosphäre liegt gewöhnlich ein Wasserdampf-Partialdruck vor, der geringer als der Sättigungsdampfdruck für die jeweilige Temperatur ist. Die **absolute Luftfeuchtigkeit** gibt die Massenkonzentration des Wasserdampfes in der Luft an:

$$f_{abs} = \frac{m(\text{Wasserdampf})}{V} \qquad \text{Einheit: } [f_{abs}] = 1\,\text{kg}\cdot\text{m}^{-3}\ (\text{gebräuchlich: } 1\,\text{g}\cdot\text{m}^{-3}) \tag{6.34}$$

Sie hat die Einheit einer Dichte und heißt daher allgemeiner auch Dampfdichte. Sie kann bei einer gegebenen Temperatur höchstens den dem Sättigungsdampfdruck entsprechenden Wert erreichen (**Sättigungsdampfdichte** $f_{abs,max}$). Nur kurzfristig kann sie diesen Wert übersteigen (übersättigte Luft.) Die

Relative Luftfeuchtigkeit gibt die aktuelle Dampfdichte in Prozent der Sättigungsdampfdichte an:

$$f_{rel} = 100\% \cdot \frac{f_{abs}}{f_{abs,max}} \tag{6.35}$$

Wie der Dampfdruck hängt auch die Sättigungsdampfdichte von der Temperatur ab: Kalte Luft kann weniger Wasserdampf aufnehmen als warme. Fällt die Temperatur von Luft plötzlich unter den „Taupunkt“, so ist die Luft wasserdampfübersättigt, und es bildet sich Kondensat (Nebel). Die Messung der Luftfeuchtigkeit erfolgt mit Hygrometern (Haarhygrometer für relative, Taupunkthygrometer für absolute Luftfeuchtigkeit). An Büroarbeitsplätzen beispielsweise sollte die relative Luftfeuchtigkeit 40% bis 70% betragen.

6.5.4. Dampfdruckerniedrigung bei Lösungen

Ist in einem flüssigen Lösungsmittel L eine Substanz S wie ein Salz gelöst, so erniedrigt sich sein Dampfdruck. Für geringe Konzentrationen der Substanz ist nach dem Gesetz von RAOULT die relative Absenkung des Dampfdrucks beim äußeren Druck p_o proportional zur Konzentration, unabhängig von der Art der Substanz:

$$\frac{\Delta p_D}{p_o} = \frac{n_S}{n_L + n_S} \tag{6.36}$$

Wie das Phasendiagramm zeigt, folgt daraus eine **Erhöhung des Siedepunkts**. In ähnlicher Weise erniedrigt sich der Gefrierpunkt (*Anwendung*: Streusalz). Bei dissoziierenden Stoffen wirken die Ionen wie einzeln gelöste Substanzen (vgl. Osmose, Kap. 6.4.3).

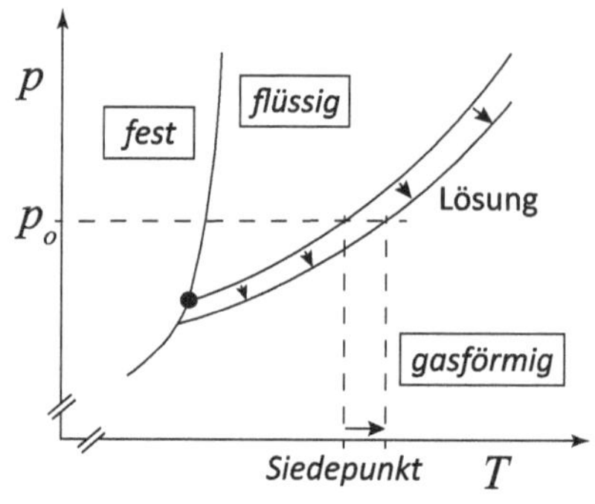

Abb. 6.9.: Dampfdruckkurve einer Lösung im Vergleich zum reinen Lösungsmittel, vgl. Abb. 6.7a

6.5.5. Absorption von Gasen

Die Lösung von Gasen in Flüssigkeiten wird als **Absorption** bezeichnet. Die **Löslichkeit**, also das Aufnahmevermögen der Flüssigkeit für das Gas ist begrenzt und nimmt mit steigender Temperatur ab. Es gilt das HENRY-DALTONsche Gesetz: Der Partialdruck p_G des Gases über der Lösung ist bei einer bestimmten Temperatur der in der Flüssigkeit gelösten Stoffmengenkonzentration c_n proportional:

$$c_n = p_G \cdot K(T) \tag{6.37}$$

$K(T)$ ist eine empirisch zu ermittelnde Funktion, die mit steigender Temperatur fällt: Bei höheren Temperaturen löst sich weniger Gas in der Flüssigkeit.

Medizinische Anwendung: Sporttauchen: Bei hohem Umgebungsdruck (in der Tiefe) nimmt das Blut aus der Atemluft Gas in hoher Konzentration auf. Bei zu schnellem Auftauchen fällt der Gesamtdruck, damit der Partialdruck und die lösliche Gaskonzentration. Das Blut ist also mit Gas übersättigt, es bilden sich Gasblasen (Dekompressionskrankheit).

6.6. Einige Anwendungen in der Medizin

6.6.1. Zur Wärmebilanz des Körpers

Die mit der Nahrung aufgenommene chemische Energie wird fast vollständig in Wärme umgewandelt. Nur ein geringer Teil dient zur Erneuerung von Körperzellen, zum Zellmetabolismus und zur Muskelarbeit.

Um die Körperkerntemperatur konstant zu halten, muss überschüssige Wärme abgeführt werden. Zusätzlich zu den oben erläuterten Wärmetransportprozessen kommt die Kühlung durch Verdunstung (Entzug von Kondensationswärme) hinzu. Bei niedrigen Umgebungstemperaturen geschieht die Wärmeabfuhr vor allem durch Strahlung; Verdunstung und Konvektion werden durch die Kleidung verringert. Bei hohen Umgebungstemperaturen spielt die Verdunstung eine immer größere Rolle (Transpiration). Wärmeleitung trägt generell bei allen Temperaturen nur vernachlässigbar bei.

6.6.2. Gasvolumina in der Lungenfunktionsdiagnostik

Das Atemvolumen wird bestimmt, in dem der Patient in ein Spirometer atmet. Das Volumen ist bei Körpertemperatur natürlich höher als bei Raumtemperatur und als bei 0 °C. Außerdem ist die ausgeatmete Luft wasserdampfgesättigt. Der Druck der trockenen Anteile unterscheidet sich also gemäß dem Gesetz von DALTON (6.9)

	ATPS *Ambient Temperature, Pressure, Saturated*	*BTPS* *Body Temperature, Pressure, Saturated*	*STPD* *Standard Temperature, Pressure, Dry*
Temperatur T	akt. Raumtemperatur T_R	Körpertemperatur T_K	273,15 K (0 °C)
Luftdruck p_L	aktuell	aktuell	1013 hPa
rel. Lufteuchtigkeit	100% (gesättigt bei T_R)	100% (gesättigt bei T_K)	100% (trocken)

Tab. 6.3.: Gebräuchliche Messbedingungen in der Spirometrie

zu trockenen Standardbedingungen um den Wasserdampf-Partialdruck (Dampfdruck), der bei 37 °C p_{H_2O} = 628 Pa beträgt. In der Spirometrie sind drei verschiedene Normbedingungen sind gebräuchlich (Tab. 6.3):

Die Umrechung zwischen verschiedenen Bedingungen geschieht mit der Zustandsgleichung idealer Gase:

$$\frac{p_1 \cdot V_1}{T_1} = \frac{p_2 \cdot V_2}{T_2} \qquad \text{oder} \qquad \frac{V_1}{V_2} = \frac{T_1 \cdot p_2}{T_2 \cdot p_1}$$

Bei einer Umrechnung der Volumina auf Standardbedingungen (STPD) muss auch der Wasserdampfdruck subtrahiert werden, beim Umrechnen von ATPS zu BTPS die beiden unterschiedlichen Dampfdrücke. Als Beispiel ist das Verhältnis der Volumina bei BTPS und bei STPD:

$$\frac{V_1(STPD)}{V_2(BTPS)} = \frac{273\,\text{K} \cdot (p_L - 62{,}8\,\text{hPa})}{310\,\text{K} \cdot 1013} = \frac{p_L - 62{,}8\,\text{hPa}}{1150\,\text{hPa}}$$

$$\frac{V_1(ATPS)}{V_2(BTPS)} = \frac{T_R \cdot (p_L - 62{,}8\,\text{hPa})}{310\,\text{K} \cdot (p_L - p_{\text{H2O}})}$$

6.6.3. Wirkung tiefer Temperaturen auf biologisches Gewebe

Die Erzeugung tiefer Temperaturen ist heute technisch nicht mehr problematisch. Sehr häufig wird flüssiger Stickstoff verwendet, dessen Siedepunkt für Normaldruck bei 77,35 K = −195,8 °C liegt. Tiefe Temperaturen finden in Biologie und Medizin eine wesentliche Anwendung bei der Gefriertrocknung, der Kryo-Gewebekonservierung und der Kryochirurgie einschließlich der Tieftemperaturbiopsie.

Gefriertrocknung: Beim Einfrieren von Gewebe entstehen langsam wachsende Eiskristalle. Da Eis ein größeres Volumen als flüssiges Wasser einnimmt, zerstören die Kristalle die Zellwände. Daher muss ein schonender Prozess schnell vorgehen. Bei tiefen Temperaturen und kleinen Drücken (unterhalb des Tripelpunktes von Wasser bei $T < 273$ K, $p < 612$ Pa) sublimiert Eis. Auf diesem Wege lässt sich das Wasser in Vakuumkammern aus tiefgekühltem Gefriergut schnell entfernen.

Notizen:

7. Elektrizitätslehre

Elektrische Vorgänge bestimmen die Signalkommunikation des Nervensystems und die Muskelaktivität. In Klinik und medizinischer Forschung spielen sie vor allem in der Physiologie eine große Rolle. Auch technisch ist Elektrizität das Grundprinzip beinahe jeder Messung, Kommunikation und Steuerung.

7.1. Elektrostatik

Die Elektrostatik beschäftigt sich mit ruhenden elektrischen Ladungen. Die **elektrische Ladung** mit dem Symbol Q (oft auch q) hat die Einheit Coulomb: $[Q] = 1$ C. Es gibt positive und negative elektrische Ladungen. Die kleinste mögliche Teilung ist die **Elementarladung**, die Ladung atomarer Teilchen; ein Elektron trägt genau eine negative, ein Proton eine positive Elementarladung. Die Elementarladung beträgt

$$e_o = 1{,}602 \cdot 10^{-19}\ \mathrm{C}$$

7.1.1. Elektrisches Feld

Die Kraft F_q, die zwei punktförmige Ladungen Q_1 und Q_2 aufeinander ausüben, wird vom COULOMBschen Gesetz beschrieben. Wenn die Ladungen einen Abstand r haben, gilt:

$$\vec{F_q} = \frac{1}{4\pi \cdot \varepsilon_o \cdot \varepsilon} \cdot \frac{Q_1 \cdot Q_2}{r^2} \tag{7.1}$$

Die Naturkonstante $\varepsilon_o = 8{,}85 \cdot 10^{-12}\ \mathrm{A\,s\,V^{-1}\,m^{-1}}$ heißt **elektrische Feldkonstante**. Die Dielektrizitätszahl ε berücksichtigt das Material zwischen den Ladungen. Im Vakuum ist $\epsilon = 1$, in Luft ungefähr auch.

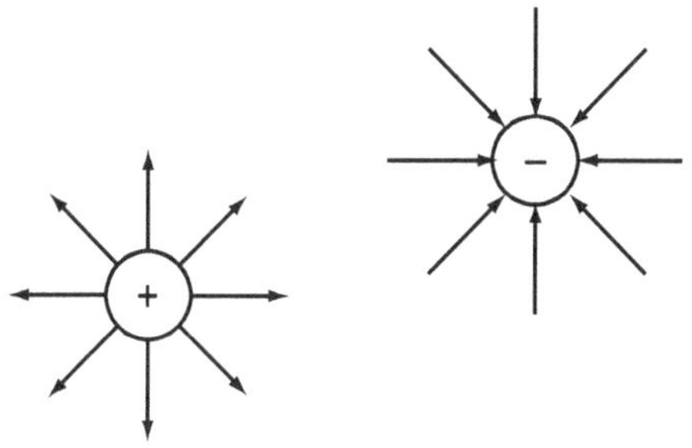

Abb. 7.1.: Elektrische Feldlinien einer positiven (links) und einer negativen Ladung (rechts).

- Wenn Q_1 und Q_2 gleiches Vorzeichen haben, ist F positiv (abstoßend)
- Wenn Q_1 und Q_2 verschiedene Vorzeichen haben, ist F negativ (anziehend)

Das Gesetz entspricht in der Form dem Gravitationsgesetz (3.22) mit dem Unterschied, dass sich dort zwei gleich Massen anziehen.

Eine elektrische Ladung Q bewirkt eine Veränderung des sie umgebenden Raumes. Das lässt sich mit dem COULOMBschen Gesetz untersuchen, wenn man eine „Probeladung" q in die Nähe bringt, denn sie erfährt von Q eine Kraft $F \sim q$. Mit dem Vektor $\vec{E}$, der in Richtung $+ \rightarrow -$ zeigt, kann man das COULOMBsche Gesetz so umformulieren:

$$\vec{E} = \frac{1}{4\pi\, \varepsilon_o\, \varepsilon} \cdot \frac{Q}{r^2} \quad \Rightarrow \quad \vec{F} = \vec{E} \cdot q \qquad \text{Einheit: } [E] = 1\,\mathrm{V \cdot m^{-1}} = 1\,\mathrm{N \cdot C^{-1}} \tag{7.2}$$

Die elektrische **Feldstärke** $\vec{E}$ der Punktladung Q nimmt mit dem Abstand $\sim 1/r^2$ ab. Den räumlichen Verlauf der Feldstärke zeigen **Feldlinien** an. Sie verbinden die zu einer Ladungsverteilung gehörenden Vektoren $\vec{E}$ zu einer Linie. Von einer positiven punktförmigen Ladung zeigen die Feldlinien radial fort, auf eine negative Ladung zeigen sie radial zu (Abb. 7.1). Je dichter sie liegen, desto größer ist die auf eine andere Ladung ausgeübte Kraft. Vor geladenen Metallspitzen entsteht eine hohe Feldliniendichte, also eine hohe Feldstärke. Wenn keine Ströme fließen, stehen Feldlinien auf elektrisch leitenden Oberflächen *grundsätzlich senkrecht*.

7.1.2. Potential und Spannung

Zur Verschiebung der Probeladung q um eine Strecke ds im Feld E ist eine Kraft $F = -F_q$ gegen die COULOMBsche Anziehung notwendig. Bei der Verschiebung wird die Arbeit $W = \int F \cdot ds$ aufgebracht (Gl. (3.29)). Die Arbeit für die Bewegung eine Ladung im elektrischen Feld ist mit Gl. (7.2) dann [1]:

$$W = -q \cdot \int E \cdot ds$$

Wie in der Mechanik hängt die Arbeit im elektrischen Feld nur vom Abstand zwischen Anfang und Ende der Verschiebung, jedoch nicht vom Weg ab. Beim Verschieben hat man die Arbeit in potentielle Energie umgesetzt. Unabängig von der Probeladung definiert man damit das **elektrische Potential** φ:

$$\varphi = -\frac{W_{pot}}{q} \qquad \text{Einheit: } [\varphi] = 1\,\mathrm{J} \cdot \mathrm{C}^{-1} = 1\,\mathrm{V} \tag{7.3}$$

Orte, die das gleiche Potential besitzen (d.h. an denen eine Probeladung die gleiche Kraft verspürt), werden durch **Äquipotentiallinien** verbunden. Die Feldstärke zeigt in Richtung der größten Potentialänderung. Die Wahl des Nullpunktes für die potentielle Energie ist wie in der Mechanik willkürlich, man kann als Bezugspunkt beispielsweise die Erdoberfläche wählen (Messung gegen „Erde“). Im dreidimensionalen Raum werden aus Äquipotentiallinien Flächen. *Wichtig ist:* Feldlinien stehen *immer senkrecht* auf Äquipotentialflächen!

Die **elektrische Spannung** U zwischen zwei beliebigen Punkten 1 und 2 ist definiert als die Differenz der elektrischen Potentiale:

$$U = \Delta\varphi = \varphi_2 - \varphi_1 = \frac{W_2 - W_1}{q} \qquad \text{Einheit: } [U] = 1\,\mathrm{V} \tag{7.4}$$

Medizinische Anwendung: Im Elektrokardiogramm und Elektroenzephalogramm werden elektrische Potentiale, die durch die Aktivität von Nerven- und Muskelzellen entstehen, als Spannungen gemessen. Das Elektrokardiogramm lässt sich außerhalb des Körpers durch Ableitungen nach EINTHOVEN oder GOLDBERGER messen. Bei der Elektroenzephalographie wird die hirnelektrische Spontanaktivität durch Elektroden an der Schädeloberfläche gemessen. Dabei kann man als Nullpunkt irgendeinen Referenzpunkt, zum Beispiel auf der Stirn, wählen.

Die potentielle Energie eines Elektrons in einem elektrischen Potential ist nach Gl. (7.4)

$$W_e = e_o \cdot U \tag{7.5}$$

In der medizinischen Radiologie bietet es sich an, die Energie elektromagnetischer Strahlung nicht in Joule, sondern in Elektronenvolt (eV) anzugeben. Es gilt:

$$1\,\mathrm{eV} = 1{,}602 \cdot 10^{-19}\,\mathrm{J} \tag{7.6}$$

7.1.3. Dipol

Ein elektrischer Dipol besteht aus zwei aneinander gekoppelten, gleich großen Ladungen mit entgegen gesetztem Vorzeichen Q_+, $Q-$ im Abstand l. Das von ihm erzeugte Feld ist komplizierter als das einer einzelnen Punktladung (Abb. 7.2a).

Wird ein Dipol selbst in ein homogenes (d.h. überall gleiches) elektrisches Feld einer anderen Ladung eingebracht, so wird seine negative Ladung zur äußeren Ladung hingezogen (also den Feldlinien entgegen), seine positive Ladung jedoch mit in Richtung der Feldlinien abgestoßen. In einem elektrischen Feld erfährt ein Dipol deshalb ein Drehmoment (vgl. Gl. (3.40))

$$\begin{aligned} \vec{M} &= \vec{l} \times \vec{F} = Q \cdot \vec{l} \times \vec{E} \\ \vec{M} &= \vec{p} \times \vec{E} \qquad \text{mit } \vec{p} = Q \cdot \vec{l} \end{aligned} \tag{7.7}$$

[1] W ist positiv, wenn z.B. zwei entgegen gesetzte Ladungen auseinander gezogen werden.

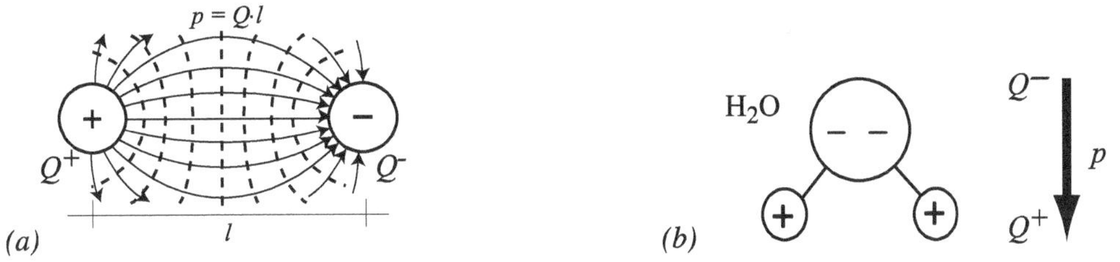

Abb. 7.2.: (a) Elektrischer Dipol mit Feldlinien (durchgezogen) und Äquipotentiallinien (gestrichelt).
(b) Molekül des Wassers als Dipol

$\vec{p}$ heißt Dipolmoment, die Einheit ist $[p] = \mathrm{C} \cdot \mathrm{m}$. Durch ihre räumliche Ladungsverteilung zeigen viele Moleküle Eigenschaften eines Dipols. Besonders Wasser besitzt ein großes Dipolmoment ($6 \cdot 10^{-30}$ C m), was einen Teil seiner oft seltsamen physikalischen und chemischen Eigenschaften erklärt (Abb. 7.2b).

Medizinische Anwendung: Das Herz stellt einen elektrischen Dipol dar, dessen Richtung während des Schlagzyklus rotiert.

7.1.4. Geladener Kondensator

Ein Kondensator wird benutzt, um mit Hilfe des elektrischen Feldes elektrische Ladung zu speichern. Im einfachsten Fall stehen sich zwei gegen einander isolierte Metallplatten parallel gegenüber (**Plattenkondensator**). Werden die beiden Platten an eine Spannung U angeschlossen, so laden sie sich auf. Das elektrische Feld im Innern ist homogen, d.h. es hat überall gleiche Richtung und Stärke, und die Feldlinien verlaufen parallel (Abb. 7.3).

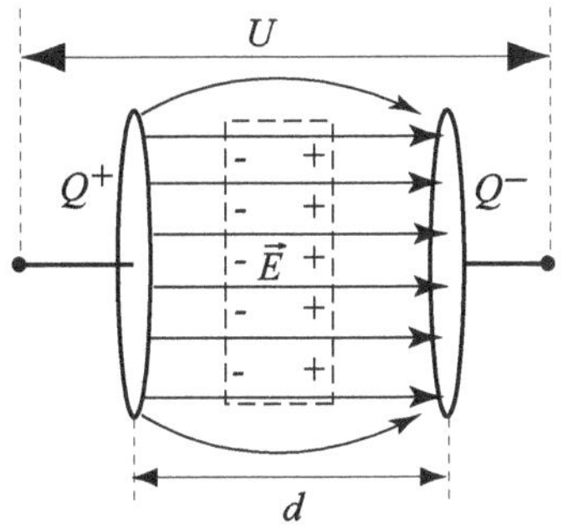

Abb. 7.3.: Plattenkondensator

Nach Trennung von der Spannungsquelle speichert der Kondensator die Ladung. Die Ladungsmenge Q auf dem (hinreichend lange aufgeladenen) Kondensator ist proportional zur angelegten Spannung, die Proportionalitätskonstante C heißt **Kapazität**:

$$Q = C \cdot U \qquad \text{Einheit: } [C] = 1\,\mathrm{C} \cdot \mathrm{V}^{-1} = 1\,\mathrm{F}\ \text{(Farad)} \tag{7.8}$$

In einem auf die Spannung U geladenen Kondensator der Kapazität C ist elektrische Energie W_{el} gespeichert:

$$W_{el} = \frac{1}{2} \cdot Q \cdot U = \frac{1}{2} \cdot C \cdot U^2 \tag{7.9}$$

Die Kapazität C selbst in Gl. (7.8) ist unabhängig von U. Beim Plattenkondensator ist sie aber proportional zur Fläche A der Platten und umgekehrt proportional zu deren Abstand d:

$$C = \varepsilon_o \cdot \varepsilon \cdot \frac{A}{d} \qquad (\varepsilon \text{ s. folgende Seite}) \tag{7.10}$$

Typische Kapazitäten technischer Kondensatoren in elektrischen Bauteilen sind klein, im Bereich μF … pF. Meistens haben sie nicht die Geometrie paralleler Platten. Werden Kondensatoren parallel geschaltet, so addieren sich ihre Kapazitäten zur Gesamtkapazität (Abb. 7.4a):

$$C_{ges} = C_1 + C_2 + C_3 = \sum_i C_i \tag{7.11}$$

Abb. 7.4.: (a) Parallelschaltung und (b) Reihenschaltung von Kondensatoren

Das ist verständlich, weil sich so die Plattenfläche addiert. Schaltet man Kondensatoren hingegen in Reihe, so addieren sich die Plattenabstände. Folglich ist der Kehrwert der Gesamtkapazität die Summe der reziproken Werte der einzelnen Kapazitäten (Abb. 7.4b); die Gesamtkapazität ist daher auf jeden Fall kleiner als jede einzelne Kapazität:

$$\frac{1}{C_{ges}} = \frac{1}{C_1} + \frac{1}{C_2} + \frac{1}{C_3} = \sum_i \frac{1}{C_i} \qquad (7.12)$$

7.1.5. Polarisation und Influenz

Befindet sich ein nicht leitendes Material (**Isolator**) in einem äußeren elektrischen Feld $\vec{E}_{ext}$, so können sich die Ladungen darin nicht so frei bewegen wie die oben untersuchten Punktladungen. Dennoch verschiebt sich die Ladungsverteilung in ihren Molekülen. Negative Ladungen bewegen sich dem äußeren Feld entgegen, positive in Richtung des Feldes. Dadurch baut sich innerhalb des Materials ein dem äußeren Feld entgegen gerichtetes Feld auf. Diese Ladungsverschiebung in der Materie durch ein äußeres elektrisches Feld wird als **Polarisation** bezeichnet. Das Gegenfeld wird beschrieben durch die dielektrische Verschiebungsdichte

$$D = \varepsilon_o \cdot \varepsilon \cdot E_{ext} \qquad \text{Einheit: } [D] = 1\,\mathrm{A \cdot s \cdot m^{-2}} \qquad (7.13)$$

Die Dielektrizitätszahl ε beschreibt, wie sehr ein Material polarisiert wird. Im Vakuum ist $\varepsilon = 1$, ansonsten stets > 1. (Wasser: $\varepsilon \approx 80$, Luft: $\varepsilon \approx 1$). In Gl. 7.10 sieht man, dass sich die Kapazität eines Plattenkondensators durch Einführen eines Dielektrikums, also eines Materials mit der Dielektrizitätszahl $\varepsilon > 1$ zwischen den Platten erhöhen lässt. Technische Kondensatoren bestehen z.B. aus dünnen Aluminiumfolien, die durch Papier- oder Kunststoff-Folien voneinander isoliert sind.

In Leitern (Metallen) können sich die die Ladung tragenden Elektronen frei bewegen. Befindet sich ein Leiter im Feld, so sammelt sich die negative Ladung an seiner Oberfläche gegenüber der positiven Ladung des äußeren Felds, und ebenso die negative Ladung gegenüber der positiven Ladung des äußeren Felds (**Influenz**). Im Inneren des Leiters herrscht *nie* ein elektrisches Feld. Das gilt auch für Orte, die vollständig von einem metallischen Leiter umgeben sind, jedoch nicht mit ihm in Kontakt stehen (FARADAY-Käfig).

7.1.6. Auf- und Entladung von Kondensatoren

Die Aufladung eines Kondensators auf die volle anliegende Spannung und ebenso die Entladung benötigen eine gewisse Zeit, da sie gewöhnlich über einen dazwischen geschalteten Widerstand R erfolgen (Abb. 7.5). Verbindet man die Platten eines auf U_o geladenen Kondensators miteinander, fallen Ladung und Spannung zeitlich exponentiell auf Null:

$$U_C(t) = U_o \cdot e^{-\frac{t}{\tau}} \qquad (7.14)$$

Die Geschwindigkeit der Entladung wird bestimmt durch die **Zeitkonstante** τ:

$$\tau = R \cdot C \qquad \text{Einheit: } 1\,\mathrm{s} \qquad (7.15)$$

In der Zeit $t = \tau$ fällt die Spannung auf $\frac{1}{e} \cdot U_o = 0{,}37 \cdot U_o$. Je kürzer die Zeitkonstante ist, umso schneller erfolgt die Entladung. Bei der Aufladung steigt die Spannung entsprechend mit der Zeit bis auf U_o an:

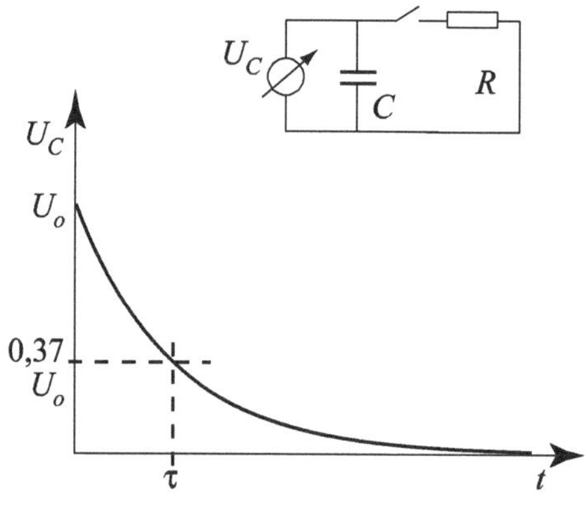

Abb. 7.5.: Entladung eines auf U_o aufgeladenen Kondensators C über einen Widerstand R, Zeitkonstante τ

$$U_C(t) = U_o \cdot (1 - e^{-\frac{t}{\tau}})$$

Medizinische Anwendung: Kapazität von Zellmembranen, Erregungsleitung von Nervenimpulsen

7.2. Membranpotentiale

Bei der Osmose (Kap. 6.4.3) wurde dargestellt, wie ein Konzentrationsunterschied zwischen beiden Seiten einer selektiv permeablen Membran zu einem Druck führt. Werden von der Membran Ionen zurückgehalten, hat ein Konzentrationsunterschied auch elektrische Konsequenzen.

7.2.1. Nernst-Gleichung

Eine Membran soll zwei Elektrolyte gleicher Zusammensetzung so trennen, dass alle Stoffe mit Ausnahme von Wasser sowie einer Ionensorte (z.B. das Kation K^+) sie nicht durchqueren können. Die Konzentrationen von K^+ in beiden Kompartimenten seien verschieden (Abb. 7.6). Da die abstoßenden COULOMB-Kräfte und Diffusion gegeneinander gerichtet sind, stellt sich über der Membran ein Gleichgewicht mit den Konzentrationen c_1 und c_2 ein. Der Ladungsunterschied bewirkt eine Potentialdifferenz, also eine Spannung. Dieses **Diffusionspotential** wird durch die **NERNST-Gleichung** beschrieben:

$$U_d = \frac{k \cdot T}{z \cdot e_o} \ln\left(\frac{c_1}{c_2}\right) \approx \frac{1}{z} \cdot 61\,\mathrm{mV} \cdot \lg\left(\frac{c_1}{c_2}\right) \qquad (7.16)$$

T ist die Temperatur, k die BOLTZMANN-Konstante, e_o die Elementarladung und z die Wertigkeit des Ions. Bei Körpertemperatur $T = 310$ K erhält man durch Zusammenfassung mit k und e_o sowie Ersetzen von $\ln(x)$ durch $\lg(x)$ die rechte, einfachere Formel für die Praxis.

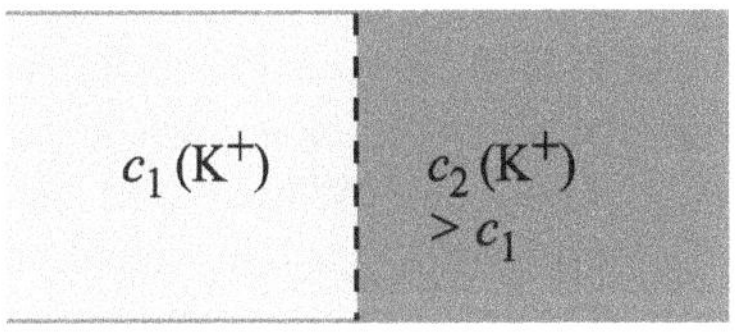

Abb. 7.6.: Entstehung des Diffusionspotentials an einer Membran

7.2.2. Membranpotential an Zellen

Die wenige nm dicke doppelte Lipidschicht der Zellmembran isoliert das intrazelluläre vom extrazellulären Milieu (Abb. 7.7a). Im Gleichgewicht hat K^+ intrazellulär etwa die 40-fache Konzentration wie extrazellulär. Dagegen sind Na^+ (etwa 12-fach) und Cl^- (etwa 30-fach) extrazellulär höher konzentriert. Über der Zellmembran herrscht an ruhenden Muskelzellen ein Ruhepotential von etwa 90 mV. Allerdings sind die tatsächlichen Verhältnisse aus verschiedenen Gründen komplizierter:

- In der isolierenden Doppellipidschicht der Membran befinden sich selektive Ionenkanäle (Abb. 7.7b), die die verschiedenen Ionensorten mit unterschiedlicher Permeabilität durchlassen.
- Die Kanäle können auch gesteuert geöffnet werden, und aktive Transportprozesse stellen die Konzentrationsverteilung wieder her.

Deshalb muss an einer Zellmembran die NERNST-Gleichung verallgemeinert werden. Das Potential einer Membran ausgehend von den Konzentrationen von Na^+, K^+ und CL^- (c_{in} intrazellulär, c_{ex} extrazellulär) und den Membranpermeabilitäten P für die verschiedenen Ionensorten lässt sich berechnen mit der GOLDMAN-HODGKIN-KATZ-Gleichung, die nur passiven Ionentransport berücksichtigt:

$$U_m = \frac{kT}{e} \cdot \ln \frac{P_K \cdot c_{K,a} + P_{Na} \cdot c_{Na,a} + P_{Cl} \cdot c_{Cl,i}}{P_K \cdot c_{K,i} + P_{Na} \cdot c_{Na,i} + P_{Cl} \cdot c_{Cl,a}} \qquad (7.17)$$

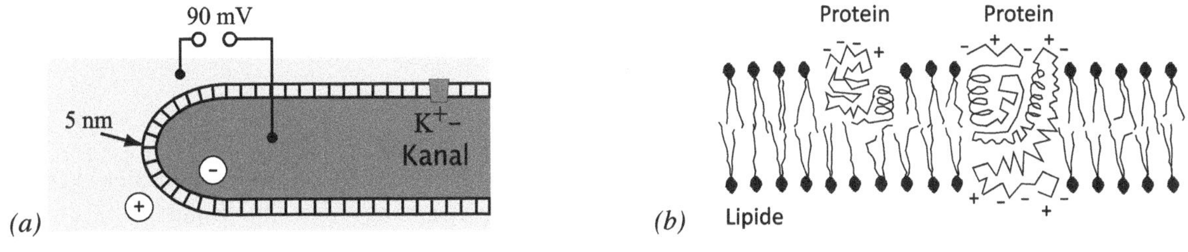

Abb. 7.7.: *(a)* Membranspannung zwischen Intra- und Extrazellularraum. *(b)* Aufbau einer biologischen Membran mit Lipid-Doppelschicht und eingelagerten Proteinmolekülen

Messung von Membranpotentialen

Alle elektrischen Messungen an biologischen Objekten erfordern eine leitfähige Verbindung zwischen Metall (Elektrode) und Elektrolyt (Zellmilieu). An der Kontaktstelle entsteht eine Polarisationsspannung, die sich der Messspannung überlagert.

Eine nicht polarisierbare Elektrode besteht aus einem Metall, das von einem schwerlöslichen Salz dieses Metalls umgeben wird (z.B. Ag, AgCl, vgl. Bezugselektroden). Beim Stromdurchgang werden damit Änderungen an der Elektrode vermieden. Als Bezugselektroden werden Elektroden bezeichnet, die vom pH-Wert der Messflüssigkeit unabhängig sind (z.B. Kalomel-Elektroden).

7.3. Gleichstromkreis

7.3.1. Elektrische Leitung, Widerstand

Elektrischer Strom entsteht durch gerichtete Bewegung von Ladungsträgern (Elektronen oder Ionen). Durch Stöße mit den Atomen des Leitermaterials treten „Reibungsverluste“ auf. Daher entsteht bei Stromfluss durch einen Leiter auch Wärme, und zur Aufrechterhaltung ist Energiezufuhr nötig. Dazu muss zwischen den Enden des Leiters eine Spannung herrschen.

Leiter sind Stoffe mit frei beweglichen Ladungsträgern, **Isolatoren** haben weitgehend unbewegliche Ladungsträger, z.B. Glas, Porzellan, viele Kunststoffe und (trockene) Gase. In Metallen, typischen Leitern, sind Leitungselektronen nicht mehr an ein Atom gebunden, sondern im Kristallgitter frei beweglich. In Halbleitern (Silizium, Germanium) findet eine Leitung sowohl durch die (negativen) Elektronen als auch (positive) Elektronen-Fehlstellen („Löcher“) statt (s. Kap. 7.6.3). Elektrolyten sind Leiter. Hier dissoziiert ein Salz in Wasser (oder einem anderen Lösungsmittel) in positiv geladene Kationen und negativ geladene Anionen. Bei Stromfluss bewegen sich die ganzen Ionen zwischen Anode und Kathode.

Die **elektrische Stromstärke** I ist die SI-Basisgröße der Elektrizitätslehre. Sie wird in der Einheit Ampere angegeben: $[I] = 1\ \mathrm{A}$. Sie wird über die magnetische Anziehung (s. Kap. 7.5.3) definiert: Wenn eine Stromstärke von $1\ \mathrm{A}$ fließt, ziehen sich zwei lange Leiter in einem Abstand von $1\ \mathrm{m}$ mit einer Kraft $F = 2 \cdot 10^{-7}\ \mathrm{N}$ an.

Die Stromstärke beschreibt, wieviel Ladung pro Zeit bewegt wird. Das Vorzeichen für I folgt der konventionellen Stromrichtung: I ist positiv, wenn der Strom vom positiven zum negativen Pol der Spannungsquelle fließt. (Die Bewegung negativ geladener Ladungsträger ist von $-$ nach $+$!) **Elektrische Ladung** kann über die über eine Zeit fließende Stromstärke definiert werden:

$$I = \frac{dQ}{dt} \quad \Leftrightarrow \quad Q = \int I \cdot dt \approx I \cdot \Delta t \tag{7.18}$$

Fließt bei Anliegen einer Spannung $U = 1\ \mathrm{V}$ eine Stromstärke $I = 1\ \mathrm{A}$, so wird eine **Leistung** $P = 1\ \mathrm{W}$ (Watt) umgesetzt. Für die **elektrische Leistung** gilt:

$$P = I \cdot U \tag{7.19}$$

Elektrische Leistung ist wie mechanische Leistung in Gl. (3.34) als Arbeit pro Zeit definiert. Elektrische Energie wird in daher Joule ($1\ \mathrm{J} = 1\ \mathrm{Ws}$) oder in Kilowattstunden ($1\ \mathrm{kWh} = 60\ \mathrm{kJ}$) angegeben. Es gilt:

$$W = P \cdot \Delta t = U \cdot I \cdot \Delta t \tag{7.20}$$

Ohmsches Gesetz

Wie bereits bei Strömungen eingeführt (vgl. Kap. 4.5.4), fordert das OHMsche Gesetz, dass die erhaltene Stromstärke durch einen ohmschen Leiter proportional ist zur angelegten Spannung (Abb. 7.8). Es gilt:

$$\begin{aligned} U &= R \cdot I \quad \text{Einheit: } [R] = 1\ \mathrm{V\,A^{-1}} = 1\ \Omega\ \text{(Ohm)} \\ I &= G \cdot U \quad \text{Einheit: } [G] = 1\ \mathrm{A\,V^{-1}} = 1\ \mathrm{S}\ \text{(Siemens)} \end{aligned} \tag{7.21}$$

R heißt **elektrischer Widerstand**. Er hängt bei ohmschen Leitern *nicht* von Spannung und Stromstärke ab. Das selbe gilt für seinen Kehrwert, den **Leitwert** $G = 1/R$. Beide hängen von der Geometrie des Leiters ab: Der Widerstand wächst proportional zur Länge l des Leiters; er sinkt bei größerer Querschnittsfläche A. Für den Leitwert gilt dies genau umgekehrt, es gilt:

$$R = \varrho \cdot \frac{l}{A} \quad \text{und} \quad G = \sigma \cdot \frac{A}{l} \tag{7.22}$$

Der **spezifische Widerstand** ϱ ($[\varrho] = 1\ \Omega\ \mathrm{m}$) und sein Kehrwert, die **Leitfähigkeit** σ ($[\sigma] = 1\ \mathrm{S\ m^{-1}}$) sind Materialkonstanten (Tab. 7.1). Die Werte von Widerständen können nach dem OHMschen Gesetz durch die Messung von Stromstärke und Spannung, genauer mit einer Brückenschaltung bestimmt werden. Kombiniert man das OHMsche Gesetz mit der Gleichung für die elektrische Leistung, findet man, dass bei einem Ohmschen Leiter die Leistung von der Spannung oder der Stromstärke quadratisch abhängt:

$$P = R \cdot I^2 \quad \text{oder} \quad P = \frac{1}{R} \cdot U^2 \tag{7.23}$$

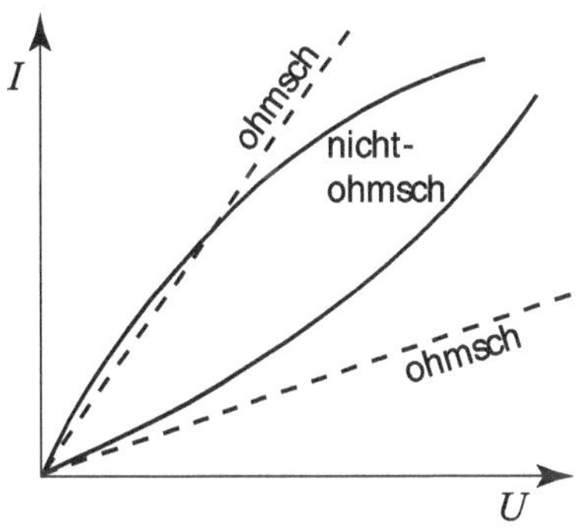

Abb. 7.8.: Ohmscher und nicht-ohmscher Leiter, Strom-Spannungs-Kennlinie

Temperaturabhängigkeit: Bei vielen Materialien hängt die Leitfähigkeit von der Temperatur ab. Da beim Stromfluss JOULEsche Wärme gemäß Gl. (7.20) entsteht, sind sie im Allgemeinen keine ohmschen Leiter, d.h. U und I sind nicht proportional (s. Abb. 7.8). Materialien, bei denen sie mit steigender Temperatur sinkt, nennt man **Kaltleiter**. Das gilt für die meisten Metalle. Bei **Heißleitern**, z.B. vielen Halbleitern, steigt die Leitfähigkeit mit der Temperatur. Das ist vor allem bei Elektrolyten der Fall, denn mit der Temperatur steigt dort die Ionenbeweglichkeit. Für kleine Temperaturänderungen ΔT gilt:

$$\varrho = \varrho_o(1 + \alpha \cdot \Delta T) \qquad \alpha \text{ Temperaturkoeffizient, Einheit: } [\alpha] = 1\,\mathrm{K^{-1}}$$

Technische Anwendung: Widerstandsthermometer, Thermostat, Dehnungsfugen bei Bahngleisen

Supraleitung: In der Nähe des absoluten Nullpunktes verschwindet für einige Metalle und Legierungen bei einer Sprungtemperatur (für Blei bei 7,3 K) der elektrische Widerstand plötzlich vollkommen. Beim Stromfluss in Supraleitung treten keine Verluste infolge von Stromwärme auf.

Technische Anwendung: Erzeugung großer Magnetfelder für die Kernresonanz-Tomographie, Messung extrem kleiner Magnetfelder mit Magnetenzephalographie.

Material	Ag	Cu	Al	Fe	Hg	H_2O	Kunststoffe
$\varrho/1\,\Omega\,\mathrm{m}$	$1{,}6 \cdot 10^{-8}$	$1{,}7 \cdot 10^{-8}$	$2{,}7 \cdot 10^{-8}$	$(9\ldots15) \cdot 10^{-8}$	$95{,}8 \cdot 10^{-8}$	10^5	$> \cdot 10^{13}$

Tab. 7.1.: Spezifische Widerstände verschiedene Materialien (bei 20 °C)

7.3.2. Kirchhoffsche Gesetze, Reihen und Parallelschaltung

Die Kirchhoffschen Gesetze (Regeln) bestimmen die Aufteilung von Spannungen und Stromstärken bei Kombinationen in elektrischen Schaltungen. :

1. **Knotenregel**: An einem Knoten (Abb. 7.9a), an dem sich mehrere Leitungen treffen, ist die Summe der zufließenden gleich der Summe der abfließenden Ströme:

$$\sum_k I_k = 0 \qquad (7.24)$$

2. **Maschenregel**: In jedem geschlossenen Leiterkreis (Masche, Abb. 7.9b) ist die Summe aller Spannungen der enthaltenen Spannungsquellen U_Q gleich der Summe aller Spannungsabfälle U_R über den Widerständen:

$$\sum_j U_{Q,j} = \sum_k U_{R,k} \quad \left(= \sum_k R_k \cdot I_k \right) \qquad (7.25)$$

   Wenn in der betreffenden Masche keine Spannungsquelle enthalten ist, ist $\sum U_{R,k} = \sum R_k \cdot I_k = 0$.
   Achtung: Für die Vorzeichen der Spannungen ist die „Laufrichtung“ (Uhrzeigersinn) wichtig!

Netzwerke aus mehreren Bauteilen und verzweigten Leitern werden durch Schaltbilder dargestellt. Striche symbolisieren elektrisch leitende Verbindungen (**Leitungen**), Punkte eine leitende Verbindung (**Knoten**).

Reihen- oder Serienschaltung von Widerständen: (Abb. 7.10a) Durch alle Widerstände R_1, R_2, R_3, ... fließt die *gleiche Stromstärke* I_o. Nach der 2. KIRCHHOFFschen Regel teilt sich die Gesamtspannung U_o auf in die Summe der Spannungen über den einzelnen Widerständen. Die Widerstände addieren sich:

$$\begin{aligned} U_o &= U_1 + U_2 + U_3 + \dots &= \sum_n U_n \\ R_{ges} &= R_1 + R_2 + R_3 + \dots &= \sum_n R_n \end{aligned} \qquad (7.26)$$

Parallelschaltung von Widerständen: (Abb. 7.10b) Über allen Widerständen R_1, R_2, R_3, ... wird die *gleiche Spannung* gemessen. Die Stromstärke I_o teilt sich nach der 1. KIRCHHOFFschen Regel auf in die Summe der Ströme durch die einzelnen Zweige. Hier addieren sich die Kehrwerte der Widerstände:

$$\begin{aligned} I_o &= I_1 + I_2 + I_3 + \dots &= \sum_n I_n \\ \frac{1}{R_{ges}} &= \tfrac{1}{R_1} + \tfrac{1}{R_2} + \tfrac{1}{R_3} + \dots &= \sum_n \frac{1}{R_n} \end{aligned} \qquad (7.27)$$

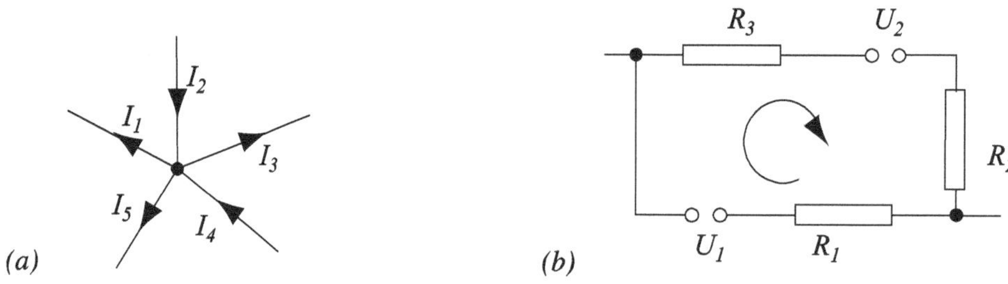

Abb. 7.9.: (a) Knotenregel für Ströme, (b) Maschenregel für Spannungen

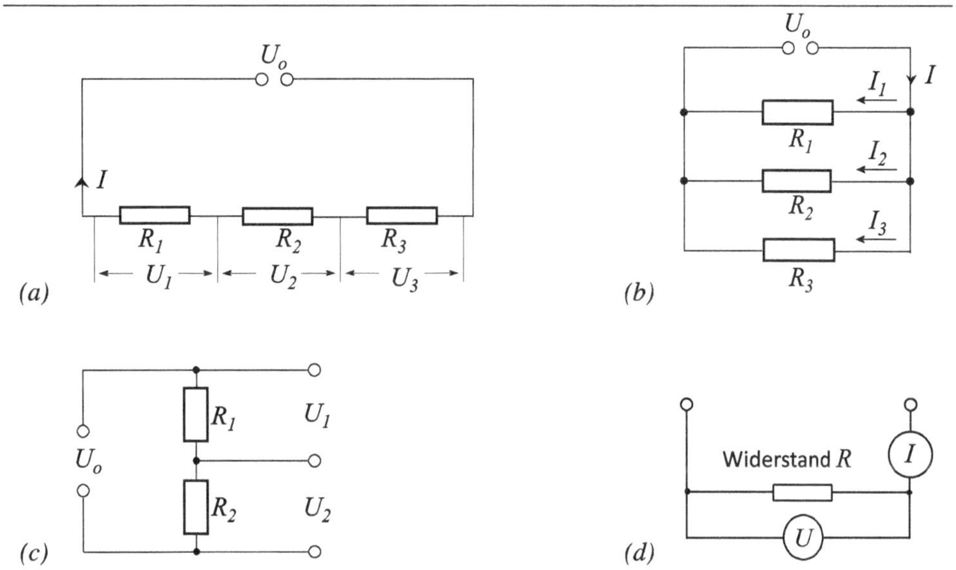

Abb. 7.10.: (a) Reihenschaltung und (b) Parallelschaltung von Widerständen, (c) Spannungsteiler, (d) Schaltung von Voltmeter (U, parallel) und Amperemeter (I, in Reihe zum Widerstand)

Spannungsteiler (Potentiometerschaltung): Mit der Reihenschaltung aus zwei Widerständen lässt sich eine Eingangsspannung U_o aufteilen (Abb. 7.10c). Am geringeren Widerstand fällt auch die geringere Spannung ab. Für das verhältnis der Spannung am Widerstand R_1 zur Gesamtspannung gilt:

$$\frac{U_1}{U_o} = \frac{R_1}{R_1 + R_2} \quad \text{und} \quad \frac{U_1}{U_2} = \frac{R_1}{R_2} \tag{7.28}$$

Schaltung von Messgeräten: Auch Volt- und Amperemeter besitzen einen gewissen Widerstand (Innenwiderstand) und sind als ohmsche Widerstände zu betrachten.

- **Amperemeter** werden *in Reihe* zum interessierenden Bauteil geschaltet (Abb. 7.10d). Auch am Amperemeter fällt eine Spannung ab. Um die Messung möglichst wenig zu beeinträchtigen, muss sein *Innenwiderstand sehr klein* sein.

- **Voltmeter** werden *parallel* zum interessierenden Bauteil geschaltet. Damit durch das Voltmeter ein möglichst kleiner Strom fließt, muss sein *Innenwiderstand sehr groß* sein.

Spannungsquellen, Verbraucher (Widerstände), Kondensatoren und andere Bauteile werden mit bestimmten Symbolen dargestellt (Abb. 7.11). So lassen sich auch bioelektrischer Vorgänge im Nervensystem mit Ersatzschaltbildern beschreiben.

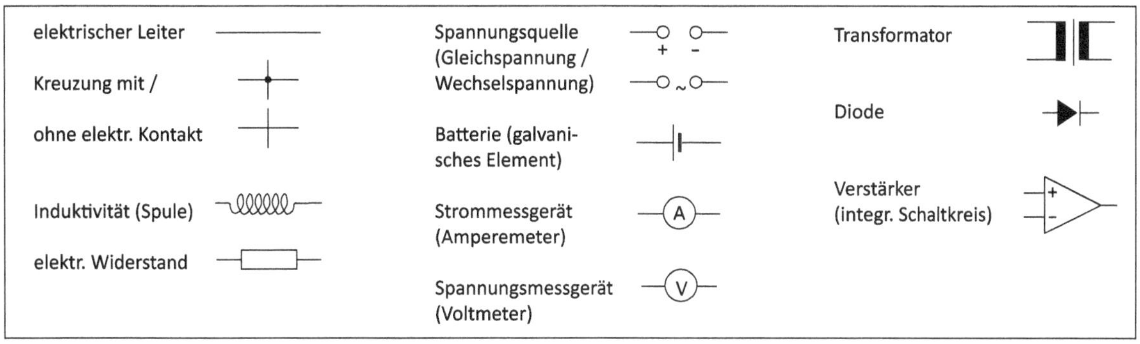

Abb. 7.11.: Verschiedene Symbole wichtiger elektrischer Bauelemente

7.3.3. Innenwiderstand von Spannungsquellen

Auch eine Spannungsquelle besitzt slbst einen gewissen inneren Widerstand R_i, den man sich zur eigentlichen Nennspannung U_o (Elektromotorische Kraft, EMK) in Reihe geschaltet denken muss (Abb 7.12). Dadurch ist die tatsächlich abgenommene „Klemmspannung" U_k geringer und abhängig vom fließenden Strom. Über R_i fällt ein Spannung ab, die umso größer ist, je mehr Strom fließt. Die Klemmspannung ist:

$$U_k = U_o - I \cdot R_i \tag{7.29}$$

Nur für den uninteressanten Fall, dass kein Strom fließt, erhält man als Klemmspannung U_k auch die Nennspannung U_o.Wird an die Spannungsquelle ein Gerät, also ein Verbraucher (Belastungswiderstand) R_a angeschlossen, so fällt die Spannung auf

$$I = \frac{U_o}{R_a + R_i} \qquad \Rightarrow \qquad U_k = U_o - I \cdot R_i = \frac{U_o \cdot R_a}{R_a + R_i}$$

Wird die Quelle ohne Widerstand kurzgeschlossen, so bricht die Spannung ein auf $U_k = 0$ V. Maximale Leistung ($P = U\ I$) erhält man, wenn die Belastung genauso groß ist wie der Innenwiderstand ($R_a = R_i$, Leistungsanpassung).

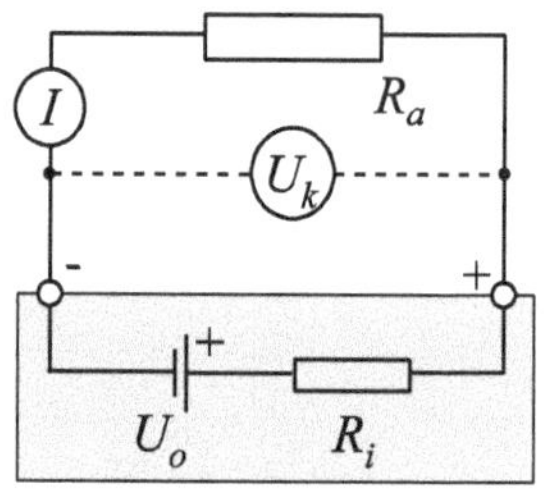

Abb. 7.12.: Spannungsquelle mit Innenwiderstand und Belastungswiderstand R_a

7.4. Wechselstromkreis

7.4.1. Wechselspannung

Gleichspannungen haben zu jedem Zeitpunkt den gleichen Spannungswert. Als **Wechselspannung** bezeichnet man alle zeitlich veränderten Spannungen, spezieller aber Spannungen mit einem periodischen Verlauf. Die Netzspannung in Deutschland schwankt mit einer Effektivspannung von 230 V und einer Frequenz von 50 Hz, in den USA mit 120 V und 60 Hz. Die zeitabhängige Spannung ist eine harmonische Schwingung mit der Frequenz f (s. Schwingungsgl. (5.1)):

$$I = I_o \cdot \sin(2\pi\, f \cdot t) \qquad\qquad U = U_o \cdot \cos(2\pi\, f \cdot t)$$

U_o und I_o sind die Amplituden (Scheitelwerte). Der Nullphasenwinkel φ entfällt, wenn man den Zeitpunkt $t = 0$ auf die maximale Auslenkung legt. Für die Periodendauer gilt $T = 1/f$. Nicht sinusförmige (anharmonische) Wechselspannungen besitzen in der Technik und in der Medizin eine große Bedeutung (EKG, EEG) können in einzelne sinusförmige (harmonische) Komponenten zerlegt werden durch FOURIER-Analyse (s. S. 40).

An einem ohmschen Widerstand, verläuft die Stromstärke synchron zur Spannung (Abb. 7.13). Kondensatoren oder Spulen führen jedoch zu Phasenverschiebungen.

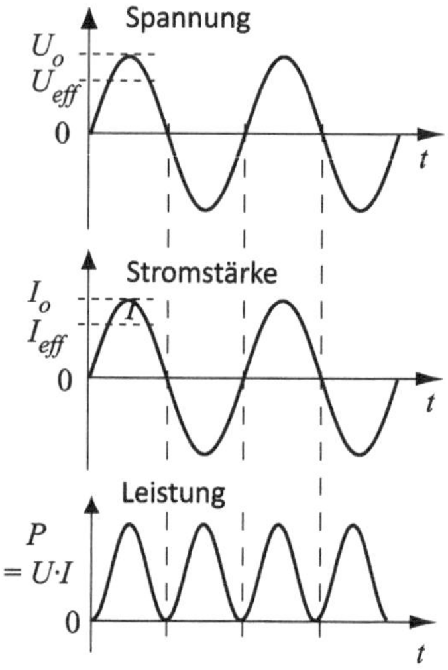

Abb. 7.13.: Zeitverlauf von Spannung, Stromstärke und Leistung an einem ohmschen Widerstand

Leistung, Effektivwerte

Berechnet man die Leistung $P = U \cdot I = U^2/R$ an einem ohmschen Widerstand, sieht man, dass diese mit der Frequenz $2f$ schwankt (Abb. 7.13 unten). Außerdem ist die *mittlere* Leistung einer Wechselspannung mit der Amplitude U_o nur halb so groß wie die einer Gleichspannung mit U_o. Anders ausgedrückt hat eine

Gleichspannung mit U_o die selbe Leistung wie eine Wechselspannung mit $U_o/\sqrt{2}$. Man bezeichnet diesen Wert als **Effektivspannung** und die entsprechende Stromstärke als **Effektivstromstärke**:

$$U_{eff} = \frac{1}{\sqrt{2}} \cdot U_o \approx 0{,}707 \cdot U_o \qquad I_{eff} = \frac{1}{\sqrt{2}} \cdot I_o \approx 0{,}707 \cdot I_o \tag{7.30}$$

Zur Messung der Effektivwerte (s.u.) von Spannung und Stromstärke müssen Wechselstrommessintrumente eingesetzt werden. Auf Vielfachinstrumenten, sogenannten Multimetern, ist die Wechselspannungsfunktion als „**AC**“ (alternating current) gekennzeichnet, im Gegensatz zu „**DC**“ (direct current) für die Gleichspannungsmessung. Die Darstellung des zeitlichen Verlaufs ist auf **Oszillographen** (Oszilloskopen) möglich.

7.4.2. Widerstand bei Wechselstrom

An einem ohmschen Widerstand R verhalten sich die Momentan- und Effektivwerte von Spannung und Stromstärke genau wie eine Gleichspannung, sie laufen exakt phasensynchron:

$$U_{eff} = R \cdot I_{eff} \quad \text{und zu jedem Zeitpunkt:} \quad U(t) = R \cdot I(t)$$

Wenn im Wechselstromkreis Induktivitäten (Spulen) und Kapazitäten (Kondensatoren) vorhanden sind, stimmt das nicht mehr. Beide besitzen im Wechselstromkreis Widerstandswerte, die von der Frequenz der Spannung abhängen und nicht mit dem Gleichstromfall übereinstimmen.

Ein Kondensator wirkt im Gleichstromkreis isolierend, hat also einen Widerstand $R = \infty$. Bei Wechselstrom lädt er sich während des Ansteigens der Spannung auf, so dass ein Strom fließt. Beim Entladen kehrt der Strom sein Vorzeichen um. Der Cosinus der Stromstärke läuft am Kondensator der Spannung voraus, es entsteht eine Phasenverschiebung φ. Der Wechselstromwiderstand einer Kapazität C ist groß bei kleinen Frequenzen und wird kleiner zu größeren Frequenzen, er berechnet sich zu:

$$R_C = \frac{U_{eff}}{I_{eff}} = \frac{1}{2\pi f C} \tag{7.31}$$

In einem Wechselstromkreis aus einem ohmschen und einem kapazitive Widerstand ergibt sich ein komplexwertiger Wechselstromwiderstand Z, dessen Betrag auch als **Impedanz** bezeichnet wird:

$$Z = \sqrt{R^2 + (R_C)^2} = \sqrt{R^2 + \left(\frac{1}{2\pi\, f\, C}\right)^2} \qquad \text{Einheit: } [Z] = 1\,\Omega \tag{7.32}$$

Die komplexe Natur führt zu Phasenverschiebungen, die dem Strom entgegen wirken, jedoch im Gegensatz am ohmschen Widerstand (Wirkwiderstand) keine Arbeit verrichten. Trotzdem fordern sie der Spannungsquelle eine „Blindleistung“ ab. Als Konsequenz ist die nutzbare (**Wirkleistung**) kleiner als die von der Spannungsquelle abgeforderte **Scheinleistung**:

$$\text{Wirkleistung:} \quad P_W = U_{eff} \cdot I_{eff} \cdot \cos(\varphi) \qquad \text{Scheinleistung:} \quad P_S = U_{eff} \cdot I_{eff}$$

7.4.3. Elektrische Filter

Die frequenzabhängige Impedanz eines Kondensators erlaubt die Konstruktion elektrischer Filter, die aus einem elektrischen Signal, das viele Frequenzen enthält, gezielt hohe oder niedrige Frequenzen entfernen. Ein RC-Glied basiert prinzipiell auf dem Spannungsteiler (Abb. 7.10b), wobei einer der Widerstände durch einen Kondensator ersetzt wird. Wird die Spannung über dem Kondensator abgegriffen, so werden in der Eingangsspannung enthaltene hohe Frequenzen unterdrückt (**Tiefpassfilter**, Abb. 7.14a), wird die Spannung über dem Widerstand abgegriffen, werden tiefe Frequenzen unterdrückt (**Hochpassfilter**). Die Grenzfrequenz eines Filters wird durch R und C bestimmt:

$$f_g = \frac{1}{2\pi RC} \tag{7.33}$$

Neben der frequenzabhängigen Beeinflussung der Amplituden beeinflussen solche Filter auch die Phase der Wechselspannung. Kombinationen von Hoch- und Tiefpassfilter können bestimmte Frequenzbereiche durchlassen (Bandpass) oder sperren (Bandsperre, Abb. 7.14b rechts). Heute werden Filter gewöhnlich durch digitale Signalprozessoren realisiert. Das Dämpfungsmaß ist das logarithmierte Verhältnis (in dB, vgl. S. 43) der Eingangsspannung U_e zur Ausgangsspannung U_a bei einer bestimmten Frequenz:

$$\beta = 20\,\mathrm{dB}\,\lg\left(\frac{U_e}{U_a}\right)$$

Medizinische Anwendung: Bei der Verstärkung von Biosignalen (EEG) werden Störsignale wie hochfrequentes Rauschen durch geeignet gewählte Filter unterdrückt. Falsch dimensionierte RC-Glieder können die Signalform jedoch erheblich verfälschen!

7.5. Magnetismus

7.5.1. Magnetisches Feld

Magnetische Erscheinungen lassen sich besonders einfach an Permanentmagneten und an stromdurchflossenen Spulen demonstrieren. Prinzipiell gelten analoge Gesetzmäßigkeiten zur Elektrostatik, jedoch mit einem wichtigen Unterschied: **Magnetische Nordpole** (N) und **Südpole** (S) können nur gemeinsam als Dipol auftreten, nie einzeln. Die magnetischen Feldlinien treten am magnetischen Nordpol aus und am magnetischen Südpol in den Magneten ein (vgl. Magnetfeld der Erde). Da sie geschlossene Kurven sind, verlaufen sie innerhalb des Magneten vom Süd- zum Nordpol. An den Polen ist die Feldliniendichte und damit die magnetische Feldstärke am größten. Gleichnamige Pole stoßen sich ab, ungleichnamige ziehen sich an.

Analog zum elektrischen Feld definiert man die **magnetische Feldstärke** $\vec{H}$. Sie ist wie $\vec{E}$ ein Vektor. In Analogie zur Verschiebungsdichte D (vgl. Gl. (7.13)) und zur Ladung Q werden die **magnetische Flussdichte** (Induktion) B und der magnetische Fluss Φ definiert:

$$\vec{B} = \mu_o \cdot \mu \cdot \vec{H} \qquad \Phi = \vec{B} \cdot \vec{A} = B \cdot A \cdot \cos(\vec{B}, \vec{A}) \tag{7.34}$$

$$\text{Einheiten: } [B] = 1\,\mathrm{V\,s\,m^{-2}} = 1\,\mathrm{T}\ \text{(Tesla)} \qquad [\Phi] = 1\,\mathrm{T \cdot m^2}$$

Die wenig gebräuchliche Feldstärke hat die Einheit $[H] = 1\ \mathrm{A \cdot m^{-1}}$ (Zum Vergleich: elektrische Feldstärke $[E] = 1\ \mathrm{V \cdot m^{-1}}$). Für die Beschreibung der Stärke eines Magnetfeldes wird gewöhnlich $\vec{B}$ verwendet. $\mu_o = 1{,}26 \cdot 10^{-6}\ \mathrm{V\,s\,A^{-1}m^{-1}}$ heißt magnetische Feldkonstante, μ ist die Permeabilitätszahl, (eine reine Zahl wie

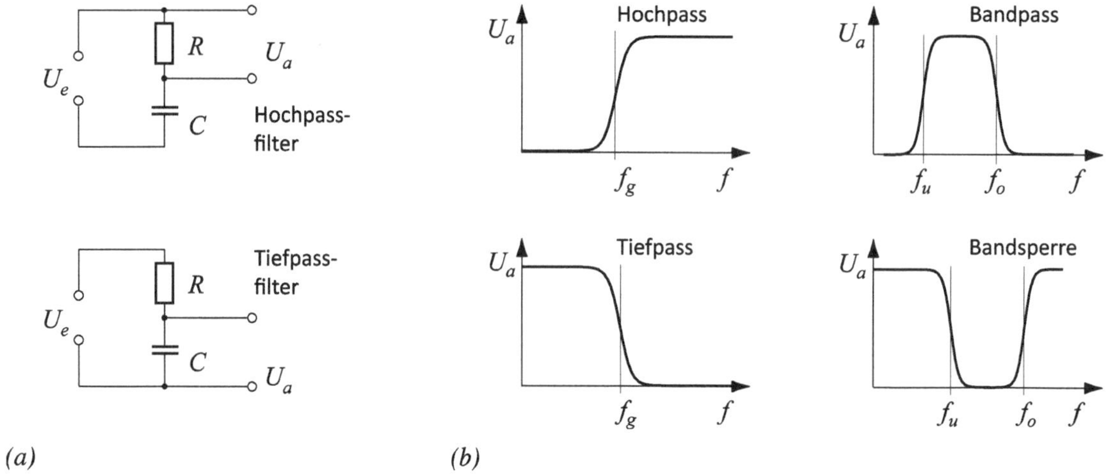

Abb. 7.14.: (a) Schaltung von Hoch- und Tiefpassfiltern mit RC-Gliedern. (b) Übertragungsfunktion verschiedener Filter abhängig von der Frequenz (f_g Grenzfrequenz, f_u untere, f_o obere Grenzfrequenz)

ε). Gewöhnlich gibt man Magnetfelder nicht in der Feldstärke, sondern der Flussdichte an: Das Erdfeld beträgt etwa: 10^{-4} T (horizontal), große Elektromagnete für die Kernspintomographie erreichen $1 \ldots 7$ T. Auf eine Magnetnadel mit magnetischem Moment m übt ein Magnetfeld ein Drehmoment $\vec{M}$ aus:

$$\vec{M} = \vec{m} \times \vec{B} \qquad M = m \cdot B \cdot \sin(\vec{m}, \vec{B})$$

Materie im magnetischen Feld

Das magnetische Feld (genauer: die Flussdichte B) wird in Materie verstärkt oder geschwächt. Diese Wirkung wird durch die Permeabilitätszahl μ beschrieben. Sie gibt an, um wieviel der betreffende Stoff die magnetische Flussdichte B gegenüber dem Vakuum erhöht. Im Vakuum und ungefähr auch in Luft ist $\mu = 1$. In **diamagnetischen** Stoffen ist $\mu < 1$, dort ist das Magnetfeld erniedrigt. Diamagnetisch sind z.B.Wasser, Kupfer, Gold. **Paramagnetische** Stoffe haben $\mu > 1$, das Magnetfeld ist verstärkt. Dazu zählen Platin, Aluminium und Sauerstoff als Gas. Ferromagnetische Stoffe wie Eisen, Kobalt und Nickel haben ein besonders großes μ und besitzen selbst ein „remanentes“ Magnetfeld.

Diese magnetischen Eigenschaften sind mit der Bahnbewegung der Elektronen um den Atomkern nach dem BOHRschen Atommodell und dem Elektronenspin verbunden (vgl. Kap. 10.1.2). Für den Ferromagnetismus ist der kristalline Aufbau entscheidend. Im äußeren Magnetfeld erfolgt eine Ausrichtung größerer Bereiche von gleichgerichteten Elektronenspins (WEISSsche Bezirke). Dem wirkt die thermische Bewegung entgegen. Für Temperaturen oberhalb einer CURIE-Temperatur bricht der Ferromagnetismus deshalb zusammen.

7.5.2. Lorentz-Kraft

Jede Ladung Q, die sich mit einer Geschwindigkeit $\vec{v}$ durch ein Magnetfeld mit $\vec{B}$ bewegt, erfährt eine LORENTZ-Kraft (Abb. 7.15a):

$$\vec{F} = Q \cdot \vec{v} \times \vec{B} \qquad F = Q \cdot v \cdot B \cdot \sin(\vec{v}, \vec{B}) \tag{7.35}$$
$$\text{wenn } \vec{v} \perp \vec{B}: \quad F = Q \cdot v \cdot B$$

Wegen des Vektorprodukts steht die Kraft senkrecht auf $\vec{v}$ und auf $\vec{B}$ („Rechte-Hand-Regel“, Abb. 7.15b). Auf *ruhende* Ladungen wirkt im Magnetfeld *keine Kraft*! In einem von Strom durchflossenen Leiterstück spürt alle bewegten Ladungsträger diese Kraft. Daher wird es senkrecht zum Magnetfeld bewegt (Abb. 7.15c).

Technische Anwendung: Elektromotor

Induktion

Anstatt im Magnetfeld einen Strom durch einen Leiter fließen zu lassen, kann man auch einen Draht quer zum äußeren Magnetfeld bewegen. Dann führt die LORENTZ-Kraft auf die Elektronen im Draht zu einem Stromfluss.

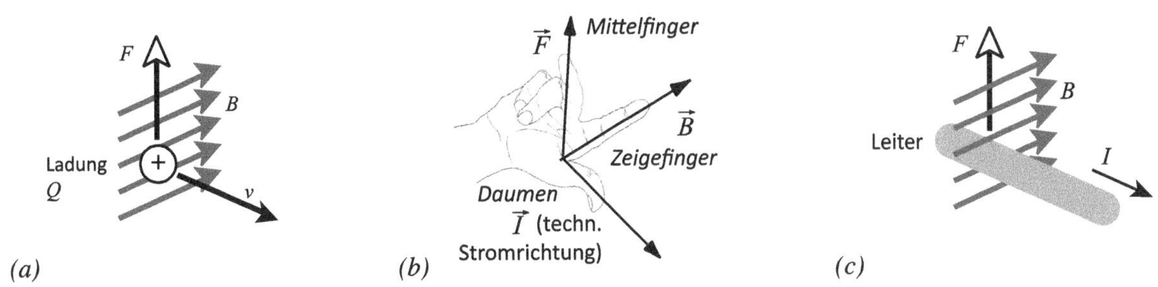

Abb. 7.15.: (a) Ablenkung einer bewegten positiven Ladung im Magnetfeld durch die LORENTZ-Kraft. (b) Rechte-Hand-Regel für die LORENTZ-Kraft. (c) Kraft auf einen stromdurchflossenen Leiter.

Durch diese **Induktion** entsteht zwischen den Enden des Drahtes eine Spannung. Dreht man den Draht zu einer Schleife, die die Fläche A umschließt, ergibt sich die Induktionsspannung U_{ind} gemäß dem **Induktionsgesetz**:

$$U_{ind} = -\frac{d\Phi}{dt} = -\frac{d}{dt}\int B \cdot dA \tag{7.36}$$

Das bedeutet: In einem Leiter wird eine Spannung U_{ind} induziert, wenn sich der magnetische Fluss $\Phi = \int B{\cdot}dA$ zeitlich ändert. Dazu kann man entweder das Magnetfeld (also B) oder die Fläche der Leiterschleife (A) ändern, oder auch den Winkel, in dem A zu B steht. Man kann also die Leiterschleife einfach im Magnetfeld drehen.

Technische Anwendung: Dynamo

Lenzsche Regel: Der durch die induzierte Spannung entstehende Strom ist so gerichtet, dass er der Änderung des magnetischen Flusses entgegenwirkt. (Das zeigt das negative Vorzeichen im Induktionsgesetz!).

Technische Anwendung: Wirbelstrombremse. Ein starker Magnet induziert einen Stromfluss in einer Leiterschleife am Rad eines Eisenbahnwaggons. Nach der LENZschen Regel wirkt er der Ursache entgegen und bremst das Rad.

Medizinische Anwendungen: Magnetenzephalographie, Magnetokardiographie, Fahrradergometer

7.5.3. Stromdurchflossene Leiter

Bei der Definition der Stromstärke (S. 70) wurde deren magnetische Wirkung herangezogen. Tatsächlich erzeugt ein Stromfluss in Umkehrung der LORENTZ-Kraft auch ein Magnetfeld. Um einen gestreckten, von einem Strom I durchflossenen Leiter bilden sich konzentrische ringförmige magnetische Feldlinien. Die Richtung folgt wieder der „Rechte-Hand-Regel". Die Feldstärke H ist der Stromstärke proportional. Wickelt man einen Draht zu einer **Spule** auf, hat man viele parallele Leiter. Das verstärkt den Effekt enorm, so dass eine Spule wie ein Stabmagnet wirkt. Die magnetische Feldstärke H in ihrem Inneren ist unabhängig vom Querschnitt und vom Medium in der Spule. Sie ist bei n Wicklungen und einer Länge l (der Spule, nicht des Drahtes):

$$H = \frac{n \cdot I}{l} \tag{7.37}$$

7.5.4. Selbstinduktion, Induktivität

Wenn durch eine Spule ein Strom fließt, so entsteht ein Magnetfeld nach Gl. (7.37). Beim Einschalten induziert das zeitlich anwachsende Feld (d.h. die Flussdichte B) eine Spannung U_{ind}, die nach der LENZschen Regel dem Strom entgegen wirkt. Der Anstieg des Stroms wird durch diese **Selbstinduktion** verzögert und wächst asymptotisch an. Ebenso behindert beim Abschalten ein Induktionsstrom die Abnahme des magnetischen Feldes. Den Zeitverlauf für beides zeigt Abb. 7.16a. Die durch Selbstinduktion hervorgerufene Induktionsspannung

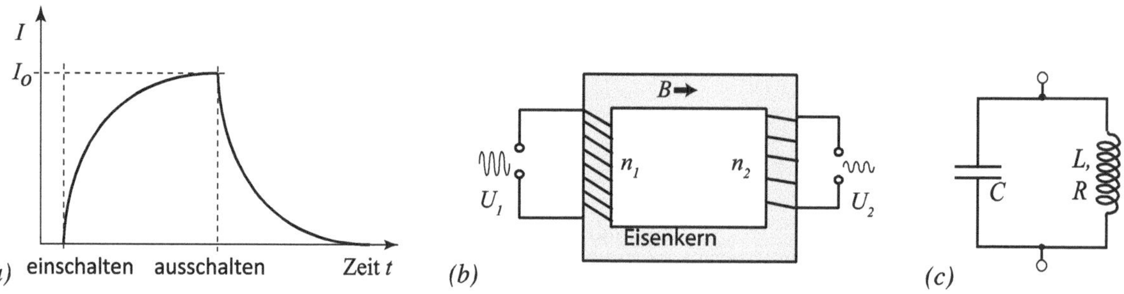

Abb. 7.16.: (a) Selbstinduktion verzögert den Strom beim Ein- und Ausschalten einer Spule, (b) Transformator mit Primärspannung U_1 und Sekundärspannung U_2, (c) Elektrischer Schwingkreis

U_{ind} ist der Änderung des magnetischen Flusses und damit der zeitlichen Änderung des Stromes I in der Spule proportional:

$$U_{ind} = -L \cdot \frac{dI}{dt} \qquad L\text{: \textbf{Induktivität}, Einheit: } [L] = 1\,\mathrm{V} \cdot \mathrm{s} \cdot \mathrm{A}^{-1} = 1\,\mathrm{H}\,(\text{Henry})$$

Typische Spulen haben Induktivitäten im Bereich von $10^{-3} \ldots 10$ mH. Die Induktivität einer Spule wird bestimmt von ihrer Geometrie (Windungszahl n, Länge l, Querschnittsfläche A) und der Permeabilität μ des Materials in der Spule ab:

$$L = \mu_o \cdot \mu \cdot n^2 \cdot \frac{A}{l}$$

Die Induktivität L bestimmt auch den Wechselstromwiderstand der Spule. Durch Selbstinduktion setzt diese einem fließenden Strom einen Widerstand entgegen. Deshalb folgt – anders als beim Kondensator – die Stromstärke der Spannung nach. Der Wechselstromwiderstand einer Spule mit der Induktivität L wird daher um so größer, je höher die Frequenz ist:

$$R_L = 2\pi f \cdot L \tag{7.38}$$

In einem Wechselstromkreis, der ohmsche, kapazitive und induktive Bauelemente enthält, ergibt sich durch die Phasenlage zwischen Spannung und Strom insgesamt eine Impedanz (vgl. Gl.(7.32)):

$$Z = \sqrt{R^2 + (R_L - R_C)^2} = \sqrt{R^2 + \left(\omega \cdot L - \frac{1}{\omega \cdot C}\right)^2} \tag{7.39}$$

7.5.5. Transformator

Die vielleicht wichtigste technische Anwendung der Induktion ist ein Transformator (Abb. 7.16b). Hier erzeugt eine Wechselspannung U_1 in einer Primärspule ein Magnetfeld B. Dieses Magnetfeld induziert in einer – elektrisch mit der Primärspule nicht verbundenen – Sekundärspule wieder eine Wechselspannung U_2. Zur Übertragung des Magnetfelds sitzen beide Spulen z.B. auf einem gemeinsamen Eisenring. Die Frequenz des Wechselstroms bleibt unbeeinflusst, das Spannungsverhältnis hängt, wie sich aus dem Induktionsgesetz ergibt, ab von den Anzahlen der Windungen der beiden Spulen, n_1 und n_2. Beim verlustfreien Transformator gilt:

$$\frac{U_1}{U_2} = \frac{n_1}{n_2} \tag{7.40}$$

Mit dem Transformator lässt sich, wenn $n_1 < n_2$, auch eine kleinere Spannung in eine größere transformieren (anders als beim Spannungsteiler, Abb. 7.10b). Allerdings lässt sich dadurch nicht mehr Leistung entnehmen. Zur Spannungsanpassung befindet sich ein Transformator in fast allen Geräten, die an Netzspannung (230 V) angeschlossen sind.

Medizinische Anwendung: Trenntransformator. Primär- und Sekundärseite sind galvanisch getrennt. Ein Transformator mit $n_1 = n_2$ ändert die Spannung nicht, schützt dabei aber den Patienten vor Überspannungen im Netz. Weitere medizinische Anwendungen sind Diathermie und Elektrochirurgie.

7.5.6. Elektromagnetische Schwingungen

Ein elektrischer **Schwingkreis** besteht aus einer Parallelschaltung einer Induktivität L (Spule) und einer Kapazität C (Kondensator). Er kann wie ein mechanisches Pendel zu Schwingungen angeregt werden und dient daher zur Erzeugung elektrischer Schwingungen (Abb. 7.16c). Setzt man die Impedanz $Z = 0$, folgt aus Gl. (7.39) unter Vernachlässigung des ohmschen Widerstands der Spule:

$$2\pi\, f_R \cdot L - \frac{1}{2\pi\, f_R \cdot C} = 0 \quad \Rightarrow \quad f_R = \frac{1}{2\pi}\sqrt{\frac{1}{L \cdot C}} \tag{7.41}$$

Diese **Resonanzfrequenz** f_R eines elektrischen Schwingkreises ist um so höher, je kleiner die Induktivität L und die Kapazität C sind.

Technische Anwendung: Antenne zur Erzeugung und Empfang elektromagnetischer Wellen

7.6. Elektrische Leitung in Festkörpern, Gasen, Flüssigkeiten

7.6.1. Austrittsarbeit in Metallen

Innerhalb von Metallen können sich Elektronen frei bewegen. Um ein Metall durch die Oberfläche zu verlassen, wird jedoch Arbeit benötigt, die **Austrittsarbeit** W_{Aus} (Abb. 7.17a). Sie berträgt einige Elektronenvolt (s. S. 66) (z.B. für Wolfram 4,5 eV) und kann von außen zugeführt werden, oder die energiereichsten Elektronen können sie von selbst aufbringen. Bei höherer Temperatur wird sie von mehr Elektronen erreicht. Auf diesem Prinzip basieren Thermostrom, Halbleiterdioden, Photoeffekt und Glühemission.

7.6.2. Glühemission und Photoeffekt

Je höher die Temperatur ist, desto mehr Elektronen besitzen genügend kinetische Energie, um aus einem Metall z.B. in umgebendes Vakuum auszutreten. Durch **Glühemission** lassen sich an einer **Kathode** im Vakuum Ladungsträger bereitstellen. Bringt man in einiger Entfernung eine Metallanode an und eine Spannung zwischen beiden, so dass die **Anode** gegenüber der geheizten Kathode positives Potential hat, so kann durchs Vakuum ein Strom transportiert werden, der um so größer ist, je mehr Elektronen aus der Kathode austreten. Auf diesem Prinzip basiert die Vielfalt der Elektronenröhren. Noch vor den Transistoren wurden sie zur Verstärkung eingesetzt. Früher arbeiteetn viele Bildschirme mit BRAUNschen Röhren (Kathodenstrahlröhre, Fernsehbildröhre), heute basiert allerdings noch das Elektronenmikroskop (S. 101) und die Röntgenröhre (S. 113) auf diesem Prinzip.

Die Austrittsarbeit kann auch durch Einstrahlung von Licht bereit gestellt werden. Lichtteilchen (Quanten) besitzen eine Energie proportional zur Frequenz des Lichts ($W = h \cdot f$, s. Kap. 10.1.1). Nach dem Austreten aus dem Metall haben die durch Licht ausgelösten Elektronen eine verbleibende kinetische Energie, bewegen sich also fort:

$$W_{el} = h \cdot f - W_{aus}$$

Technische Anwendungen: Photozelle, CCD-Chip, Restlichtverstärker, Röntgen-Halbleiterdetektoren

7.6.3. Metalle und Halbleiter

In Metallen wird elektrische Ladung durch die Valenzelektronen transportiert, die nicht einzelnen Atomen zugehörig sind. Sie besitzen gemeinsame Energieniveaus (Energiebänder), in denen sie frei beweglich sind, wie Atome in einem idealen Gas. In einem elektrischen Feld driften sie in Richtung des positiven Pols (den Feldlinien entgegen). Da die temperaturabhängige Schwingung der Gitteratome den Transport der Elektronen behindert, nimmt die Leitfähigkeit von Metallen mit wachsender Temperatur im Allgemeinen ab. Anders als Metalle sind Halbleiter wie Silizium oder Germanium also Heißleiter. Damit ist Temperaturmessung über den Widerstand möglich (**Thermistor**).

Halbleiter weisen zwei getrennte Energiebänder auf: ein energetisch hohes Leitungsband mit wenigen Elektronen, in dem der Transport dem Metall entspricht, und ein niedriges, dicht besetztes Valenzband. In diesem verhalten sich Elektronen-Fehlstellen („Löcher“) so wie positive frei bewegliche Ladungen. An einem Kontakt zweier Halbleiter führen die unterschiedlichen Austrittsarbeiten zu einem Übertritt von Elektronen in das

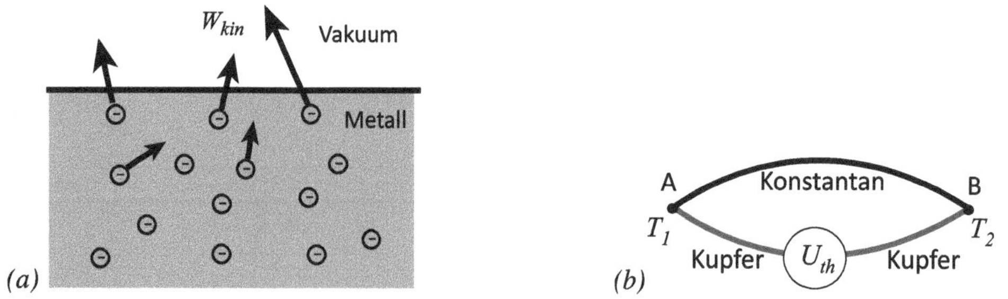

Abb. 7.17.: (a) Austrittsarbeit von Elektronen aus einem Metall. (b) Aufbau eines Thermoelements

andere Material und Löchern in umgekehrter Richtung. Durch „n-Dotierung“ mit einem Element aus der V. Hauptgruppe (Arsen) lässt sich ein Elektronenüberschuss herstellen, durch „p-Dotierung“ mit einem Element aus der III. Hauptgruppe ein Löcherüberschuss. An einem Kontakt unterschiedlich dotierter Halbleiter treten Elektronen aus dem n-dotierten Material über und Löcher aus dem p-dotierten Material. Es entsteht eine enge Übergangszone, die durch Rekombination an Ladungsträgern verarmt ist. Transportiert ein Strom Elektronen in Richtung n>p, so wird die Zone breiter und sperrt den Stromfluss, in umgekehrter Richtung wird sie kleiner und es kann Strom fließen. So lässt sich aus p- und n-dotierten Halbleitern eine **Diode** konstruieren, die Strom nur in einer Richtung leitet, in der anderen jedoch sperrt und z.B. Wechselspannungen gleichrichten kann.

Eine Erweiterung ist der Transistor, dessen Leitfähigkeit durch eine Spannung an einem dritten Kontakt veränderbar ist. Er kann als Spannungsverstärker eingesetzt werden und ist die Grundlage der modernen elektronischen Schaltkreise.

Thermoelektrischer Effekt

Die Austrittsarbeit ist für die verschiedenen Metalle unterschiedlich. Werden zwei Metalle in Kontakt gebracht, dann treten vom Metall mit kleinerer Austrittsarbeit netto mehr Elektronen in das Metall mit der größeren Austrittsarbeit über. Das die Elektronen abgebende Metall wird positiv gegenüber dem anderen, das die Elektronen aufnehmende wird negativ. Damit entsteht eine **Kontaktspannung**.

Mit der Austrittsarbeit ist auch die Kontaktspannung von der Temperatur abhängig. Werden zwei Drähte aus verschiedenem Material an beiden Enden zu einem geschlossenen Stromkreis verbunden (Abb. 7.17b), sind die Spannungen an den Kontakten zunächst gleich und heben sich auf. Bei unterschiedlichen Temperaturen der beiden Kontaktstellen aber treten an der erwärmten Kontaktstelle mehr Elektronen über als an der kälteren. Weil sich die Kontaktspanung verschiebt, setzt ein Thermostrom ein, der näherungsweise der Temperaturdifferenz proportional ist:

$$U_{th} \sim (T_1 - T_2)$$

Auf diese Weise lassen sich mit einem **Thermoelement** einfach Temperaturen messen. Auch die Umkehrung des Prinzips funktioniert (Peltiereffekt): Bei einem Stromfluss durch zwei verbundene Metalle erwärmt sich je nach Stromrichtung und Größe der Austrittsarbeiten die eine Kontaktstelle die andere kühlt sich ab. Peltierelement lassen sich zur Kühlung einsetzen.

7.6.4. Gasentladung

Auch ein Gas kann leitfähig werden, wenn eine hohe Spannung angelegt wird. Durch Stöße von Elektronen, die im elektrischen Feld beschleunigt werden, mit Molekülen eines (verdünnten) Gases, können diese Moleküle ionisiert (Stoßionisation) und damit das Gas leitfähig werden. Es entsteht ein Plasma (ein eigener Aggregatzustand). Durch die bei der Ionisation freigesetzten und ebenfalls im elektrischen Feld beschleunigten Ladungsträger erfolgen zusätzliche Ionisationen und damit weitere Ladungsträger. Infolge dieses „Lawineneffektes“ wächst die Stromstärke ständig an, selbst bei Absenken der Spannung („negativ differentieller Widerstand“). Der Strom muss daher durch einen äußeren Widerstand begrenzt werden.

Technische Anwendung: UV-Lampe (Quecksilberdampflampe), Ionisationskammer, Geiger-Müller-Zählrohr, Leuchtstofflampe, Glimmlampe usw.

7.6.5. Elektrolyte

Flüssigkeiten können Strom leiten, wenn sie bewegliche **Ionen**, also geladene Atome, enthalten. Sie werden als **Elektrolyte** bezeichnet. Legt man durch eine Spannung zwischen positiver **Anode** und negativer **Kathode** ein elektrisches Feld an, bewegen sich die Ionen mit einer Geschwindigkeit proportional zur Feldstärke: die positiven Ionen (Kationen) driften zur Kathode, die negativen Ionen (Anionen) zur Anode. Die elektrische Leitfähigkeit von Elektrolyten ist abhängig:

- Konzentration und Dissoziationsgrad der gelösten Elektrolyte sowie Wertigkeit der Ionen
- und Ionenbeweglichkeit (Driftgeschwindigkeit der Ionen in Feldrichtung)

Man unterscheidet zwischen starken und schwachen Elektrolyten. Bei starken Elektrolyten ist nahezu die gesamte Ausgangskonzentration des gelösten Salzes in Kationen und Anionen dissoziiert, bei schwachen Elektrolyten nur ein Bruchteil. Der **Dissoziationsgrad** ist definiert als das Verhältnis der Stoffmengendichte dissozierter Moleküle zur Stoffmengendichte aller Moleküle:

$$x_D = \frac{n_d}{n_o} = \frac{n_o - n_m}{n_o} \qquad n_m : \text{Stoffmengendichte nicht dissoziierter Moleküle} \qquad (7.42)$$

Bei starken Elektrolyten ist $x_D = 1$. Die elektrische Leitfähigkeit σ nimmt bei Elektrolyten stark mit der Temperatur zu (Heißleiter), weil die Ionenbeweglichkeit und (bei schwachen Elektrolyten) der Dissoziationsgrad ansteigen. Für die Stromleitung in einer Elektrolytlösung gilt das Ohmsche Gesetz (Gl. (7.21)) also i.A: nur in einem kleinen Bereich.

Elektrophorese findet die wichtigste *medizinische Anwendung* bei der DNA-Analyse. Aufgrund ihrer Ladung driften auch Proteine im elektrischen Feld. Sie erfahren im elektrischen Feld eine COULOMB-Kraft proportional zu ihrer Ladung nach Gl. (7.2): $F_{el} = Q \cdot E$

Der Bewegung entgegen wirkt eine Reibungskraft nach STOKES (s. Kap. 4.5.3). Wie beim Sinken einer Kugel stellt sich eine konstante Geschwindigkeit ein, die um so größer ist, je größer die Ladung ist, und je kleiner das Molekulargewicht des Proteins ist. Bei der Gel-Elektrophorese verhindert ein Gel Strömungen und wirkt zudem selektiv auf verschieden große Moleküle. Die Driftgeschwindigkeit wird als Laufstrecke in einer bestimmten Zeit dargestellt, gleiche Moleküle schaffen gleiche Strecken, die durch Fluoreszenz oder radioaktive Markierung visualisiert werden („Banden").

Elektrolyse entsteht, wenn eine Spannung an einen Elektrolyten angelegt wird. Dann werden die Ionen an den Elektroden abgeschieden. Im Gegensatz zur Leitung in Metallen oder Halbleitern wird hierbei Masse transportiert. Die Masse, die durch Elektrolyse an einer Elektrode abgeschieden wird, wird beschrieben durch die Gesetze von FARADAY:

- **Erstes Gesetz**: Die an den Elektroden abgeschiedene Masse ist proportional zur Stromstärke und der Zeit.
- **Zweites Gesetz**: Bei gleicher transportierter Ladung ist die abgeschiedene Masse proportional zur molaren Masse M und umgekehrt proportional zur Wertigkeit der Ionen z.

Wenn man bedenkt, dass $Q = I \cdot t$, lassen sich beide Gesetze wie folgt zusammenfassen:

$$m = \frac{1}{F} \cdot \frac{M}{z} \cdot Q = \frac{1}{F} \cdot \frac{M}{z} \cdot I \cdot t \qquad \text{FARADAY-Konstante } F = 96485\,\mathrm{A\,s\,mol^{-1}}$$

7.6.6. Galvanische Elemente

Wie schon an der Austrittsarbeit gezeigt, erfolgt an Grenzflächen zwischen elektrischen Leitern ein Austausch beweglicher Ladungsträger. Bei unterschiedlicher Beweglichkeit oder Konzentration der Ladungsträger entsteht eine elektrische Kontaktspannung. Auch beim Eintauchen einer Metallelektrode in eine elektrolytische Lösung entsteht eine solche Kontaktspannung. Positive Metallionen treten in den Elektrolyten über, wo sich eine dünne positiv geladene Grenzschicht bildet. Die Metallelektrode wird ihr gegenüber positiv (Abb. 7.18a).

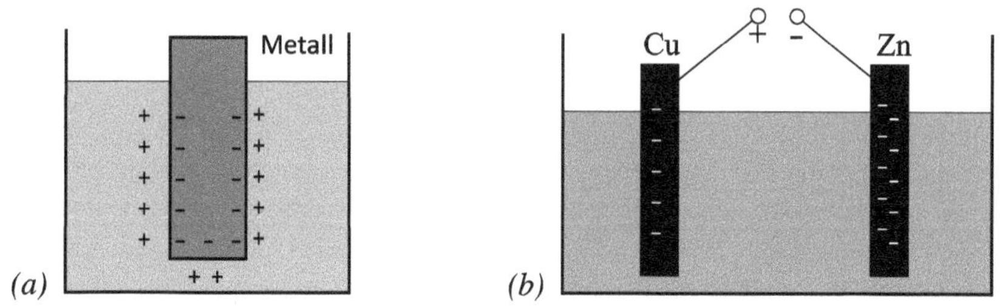

Abb. 7.18.: (a) Ladungsverteilung an in eine Lösung getauchtem Metall. (b) Galvanisches Element

Die Kontaktspannung hängt vom Metall ab. Eine Zinkelektrode gibt wesentlich mehr Ionen ab als eine Kupferelektrode. Zwischen einer Kupferelektrode und einer in die selbe Lösung (z.B. Schwefelsäure) eingetauchten Zinkelektrode lässt sich eine GALVANIsche Spannung abgreifen (Abb. 7.18b). Basierend auf dem entstehenden Potential werden Metalle in eine elektrochemische Spannungsreihe relativ zu Wasserstoff angeordnet:

$$\mathrm{Al} \quad \mathrm{Zn} \quad \mathrm{Fe} \quad \mathrm{Cd} \quad \mathrm{Ni} \quad \mathrm{Pb} \quad \boxed{\mathrm{H}} \quad \mathrm{Cu} \quad \mathrm{Ag} \quad \mathrm{Hg} \quad \mathrm{Pt} \quad \mathrm{Au}$$

Anwendung: Elektroden zur Konzentrationsmessung, Wasserstoffelektrode als Referenzelektrode

7.7. Organische Wirkung und Gefährdung

Effekte statischer Magnetfelder auf den Organismus sind vernachlässigbar. Bisher konnten keine biologischen Wirkungen selbst großer Magnetfelder wie von Kernspin-Tomographen nachgewiesen werden. Kräfte auf metallische Implantate können diese jedoch verlagern. Magnetische Wechselfelder können durch Induktion größere Ströme im Gewebe und damit Schädigungen hervorrufen.

Die Wirkung elektrischer Felder ist nicht so einfach zu beschreiben. Elektromagnetische Wellen wirken im Gewebe als elektrisches Wechselfeld. (Das wechselnde magnetische Feld spielt keine Rolle.) Die durch Absorption der Energie elektromagnetischer Wellen hervorgerufene Erwärmung des Gewebes auch im Körperinneren lässt sich zu therapeutischen Zwecken einsetzen. Achtung: Da sich die Thermorezeptoren in der Haut und Schleimhaut befinden, werden gefährliche Temperaturerhöhungen innerhalb des Körpers nicht wahrgenommen!

Unfallgefahren durch elektrischen Strom

Eine besondere Gefährdung des Menschen ist durch Wechselstrom wie den Netzstrom gegeben. Zum einen wird bei Stromkontakt die elektrische Energie $W = U \cdot I \cdot t$ in JOULEsche Wärme umgesetzt und das Gewebe erhitzt. Besonders Gleichströme können so zu Verbrennungen und Koagulation führen.

Die zweite große Gefahr besteht in der Beeinträchtigung der Herzfunktion durch starke äußere Wechselfelder, da die Herzkontraktion durch elektrische Erregung gesteuert ist. Wenn sich die Herzerregung vom den Sinusknoten abkoppelt, das Herz kann einen autonomen, chaotischen Rhythmus annehmen (Kammerflimmern), der schnell zum Tode führt. Unverzüglich ist Defibrillation mit einer extern verabreichten großen Stromstärke notwendig. Für die Störung ist besonders die ansteigende T-Welle des EKG vulnerabel. Wegen der zunehmenden Wahrscheinlichkeit diese zu treffen sind Wechselströme um so gefährlicher, je höher ihre Frequenz ist. Gleichströme können nur beim Ein- und Ausschalten Kammerflimmern auslösen können.

Feldstärken ab 50 V cm^{-1} gelten als gefährlich. Lebensgefahr besteht schon bei Spannungen ab etwa 50 V und Stromfluss über das Herz, erst recht aber bei der Netzspannung von 230 V (50 Hz). Der Hautwiderstand spielt dabei eine große Rolle, weil sich mit ihm die Stromstärke verändert: Bei Berührung mit trockener Haut ($R \approx 100 \text{ k}\Omega$) im Vergleich mit feuchter Haut ($R \approx 3 \text{ k}\Omega$) beträgt die Stromstärke überschlagsweise:

$$\text{trocken:}\quad I = \frac{U}{R} = \frac{230\text{ V}}{100\text{ k}\Omega} = 2{,}3\text{ mA} \qquad \text{feucht:}\quad I = \frac{U}{R} = \frac{230\text{ V}}{3\text{ k}\Omega} = 80\text{ mA}\,!$$

Stromstärke (1 mA)	Wirkung bei Einwirkungsdauer 1 s
1 mA	Empfindungsschwelle
< 5 mA	keine bleibende Wirkung
10 ... 20 mA	schmerzhafte Muskelkontraktion
> 50 mA	Schmerz, Bewusstlosigkeit möglich
> 100 mA	Herzkammerflimmern, tödlich

Tab. 7.2.: Physiologische Wirkung von Wechselspannung mit 230 V, 50 Hz.

Als Sicherheitsgrenze für eine längere Durchströmung (> 1 s) gilt eine Stromstärke von $I_{eff} = 40$ mA. Für kurze Ströme ($< 0{,}1$ s) werden 400 mA als sicher angenommen. Wichtig ist zudem, dass bei hohen Spannungen der Loslassreflex verloren geht. Tab. 7.2 fasst die Wirkungen zusammen.

Schutzmaßnahmen

Alle spannungsführenden Teile von Stromkreisen und von elektrischen Geräten müssen daher gegen unbeabsichtigte Berührung gesichert werden (Isolation). Zusätzlich verringern geerdete Schutzleiter und Fehlerstrom-Schutzschaltungen die Gefahr durch Stromunfälle aufgrund fehlerhafter Leitungen in Geräten. Schutzkontaktleitungen sind einheitlich farblich gekennzeichnet: Schutzleiter gelb–grün, Nullleiter blau; stromführender Phasenleiter schwarz/braun.

Medizinische Systeme, die mit dem Patienten in Verbindung stehen (EEG-, EKG-Messung, Elektrotherapie) unterliegen besonderen Vorschriften. Sie müssen durch Trenntransformatoren oder optoelektronische Signalleitungen vom Stromnetz entkoppelt sein. Eingriffe am Herzen unterliegen höchsten Sicherheitsbestimmungen.

Notizen:

8. Mess- und Regelprozesse

Die heute weit fortgeschrittene Automatisierung in der Technik und auch der Medizin basiert darauf, dass interessierende Messgrößen elektronisch von Sensoren erfasst und aufbereitet werden und dass mit geeigneten Rechenvorschriften (**Algorithmen**) aus den Ergebnissen Konsequenzen gezogen werden. Ein **Stellglied** führt dann die Beeinflussung der jeweiligen Größe aus.

Die Entwicklung eines automatischen Verfahrens setzt immer eine genaue Vorstellung voraus, was es leisten und unter welchen Bedingungen es wie reagieren soll. Das „unscharfe"Reaktionsvermögen, mit denen der Mensch in unerwarteten Situationen „sinnvoll"reagieren kann, ist durch Automatisierung nur unvollkommen zu realisieren. Das folgende Kapitel beschreibt, wie physikalische Größen von Sensoren registriert und verarbeitet werden, und wie ein Regelkreis aus den Messwerten Aktionen ableitet. Viele physiologische Vorgänge, die auf Sinneswahrnehmungen basieren und zu automatischer, z.B. motorischer Reaktion des Körpers führen, sind letztlich als eben solche Regelkreise zu verstehen.

8.1. Messwertaufnahme und -verarbeitung

Zur medizinischen Messwertverarbeitung zählen alle Verfahren und Methoden der Analyse von Funktionsparametern, die am lebenden Organismus abgeleitet werden. Es wird der zeitliche Verlauf von physikalischen Größen registriert und analysiert. Diese Zeitfunktion wird als **Signal** bezeichnet. Die Verfahren variieren abhängig von den Signaleigenschaften der jeweils zu analysierenden Größe und der Zielstellung der Analyse. Hauptaufgaben der Messwertverarbeitung in der Medizin sind:

- Kennwertermittlung für medizinisch-diagnostische Zwecke (z.B. EKG-und EEG-Analyse)
- Überwachung des Funktionszustandes (z.B. Patientenüberwachung in Krisensituationen)
- Ableitung von Steuergrößen aus Messprozessen am Organismus (z.B. Insulinpumpe)

8.1.1. Messwertaufnehmer (Sensoren)

Sensoren setzen nicht-elektrische, zum Beispiel physiologische Größen in elektrische Signale um, die elektronisch verarbeitet werden können. Sie benutzen dabei elektrische Effekte, die von nicht-elektrischen Größen abhängen. Eine Auswahl zeigt Tab. 8.1.

Zum Erreichen spezifischer Eigenschaften lassen sich die einzelnen Wirkprinzipien von Sensoren zum Teil auch kombinieren. Im menschlichen Organismus gibt es eine Unmenge spezifischer Sensoren (**Rezeptoren**), die in

Sensoren	physikalisch	chemisch	biochemisch
messen:	Distanz, Geschwindigkeit, Beschleunigung, Kraft, Temperatur, Druck, Lichtmenge	Konzentration v. Ionen, Gas, Alkohol	Konzentration v. Glukose, Stärke, Cholesterin, Enzymen
basieren auf:	zeitl. Verlauf, Photoeffekt, Piezoelektr. Effekt, Thermospannung, Hall-Effekt	Chemisorption an Oberflächen, Leitfähigkeit, Spektrometrie	Temperaturanstieg von Enzymreaktionen, Ladungsverteilung an Randschichten

Tab. 8.1.: Klassifizierung von Sensoren

der Physiologie ausführlich behandelt werden. In der Physik werden das Hörsystem und das Sehsystem gesondert behandelt (vgl. Kap. 5.4, 9.6). Das Leistungsvermögen elektrischer Sensoren lässt sich mit verschiedenen Parametern quantitativ angeben. Dazu zählen vor allem folgende Größen:

- **Empfindlichkeit**: Verhältnis der Ausgangsgröße zur Eingangsgröße
- **Auflösungsvermögen**: kleinster messbarer Zuwachs
- **Dynamik**: Verhältnis vom größten zum kleinsten Wert
- **Zeitverhalten**, spektrale Eigenschaften, z.B. Frequenzgang
- **Stabilität** (zeitlich und thermisch), Resistenz gegenüber Umgebungseinflüssen, ...

8.1.2. Signal und Information

Signale können zeitlich und wertemäßig kontinuierlich (**analog**) gemessen werden. Typische analoge Signale sind der Blutdruck, die Körpertemperatur, das EKG und das EEG. Computer können jedoch nur digitale Signale verarbeiten. Ein digitales Zeitsignal

- wird zu separaten festen Zeiten gemessen (**Abtastung**): $t = n \cdot \Delta t$ und
- kann nur Werte in bestimmten Stufen annehmen (**Quantisierung**). Die Werte werden als binäre Zahlen, also Potenzen von 2 dargestellt, z.B.:

$$19 = 1 \cdot 2^4 + 0 \cdot 2^3 + 0 \cdot 2^2 + 1 \cdot 2^1 + 1 \cdot 2^0 \quad \text{geschrieben als: } \texttt{10011}$$

Die kleinste Einheit für Information ist eine Stelle einer binären Zahl, genannt 1 bit. Sie kann nur den Wert 0 oder 1 (ja oder nein) annehmen. 8 bit werden als 1 byte zusammengefasst, es kann Werte zwischen 0 und $2^8 - 1 = 255$ annehmen. Der Informationsfluss in 1 bit/s ist ein Maß für die pro Zeiteinheit übertragene Informationsmenge.

Um ein analoges Signal (z.B. den Verlauf des EEG) mit einem Computer verarbeiten zu können, muss es in einen digitalen Code umgesetzt werden. Dazu muss zu diskreten Zeiten der Wert abgetastet werden und in eine binäre Zahl quantisiert werden (**Sampling**, Abb. 8.1a). Technisch wird die Digitalisierung mit Hilfe eines so genannten Analog-Digital-Wandlers (A/D-Wandler, ADC) vorgenommen. Hauptkennwerte eines A/D-Wandlers sind Auflösung (Anzahl der maximalen Quantisierungsschritte) und Abtastfrequenz f_A, d.h. die Häufigkeit, mit der pro Sekunde ein Wert registriert wird. Soll aus einem digitalen Signal ein analoges erzeugt werden (wie Schall aus einer Audiodatei), muss man den umgekehrten Weg gehen (DAC).

Wegen der Abtastung zu festen Momenten spielen die im Signal enthaltenen Frequenzen eine große Rolle. Nach dem Theorem von Fourier lässt sich jedes Zeitsignal in verschiedene Frequenzen zerlegen (s. S. 40). Es muss dabei gewährleistet sein, dass auch die größte Frequenz wenigstens zwei Mal pro Periode abgetastet wird. Das fordert das in der Signalverarbeitung wichtige

Nyquist-Theorem (Sampling-Theorem): Bei einer Digitalisierung muss die Abtastfrequenz f_S mehr als doppelt so groß sein wie die höchste im zu digitalisierenden Signal vorkommende Frequenz f_{max}:

$$f_S > 2 f_{max} \tag{8.1}$$

Ist die Abtastfrequenz geringer als das Doppelte der größten Frequenz, entstehen Alias- oder Scheinfrequenzen mit völlig anderen Werten als die des gemessenen Signals (Abb. 8.1b). Scheinfrequenzen machen das digitalisierte Signal uninterpretierbar: Der ursprüngliche Signalverlauf lässt sich nicht mehr fehlerfrei rekonstruieren. Es ist immer *vor* dem Digitalisieren dafür zu sorgen, dass das Signal keine zu hohen Frequenzen enthält (Einsatz von Tiefpass-Filtern, Kap. 7.4.3). Das NYQUIST-Theorem gilt nicht nur für Zeitsignale: Bei der zweidimensionalen Digitalisierung eines Bildes muss räumlich ebenfalls gefiltert werden.

Je nach Interesse können die digitalen Signale im Computer verschiedenen Rechenvorgängen unterzogen werden: Bestimmung von Maxima und Minima, Korrelation, Frequenzanalyse, Mittelung. Schließlich lassen sich die Signale auch auf verschiedenste Weisen am Bildschirm visualisieren.

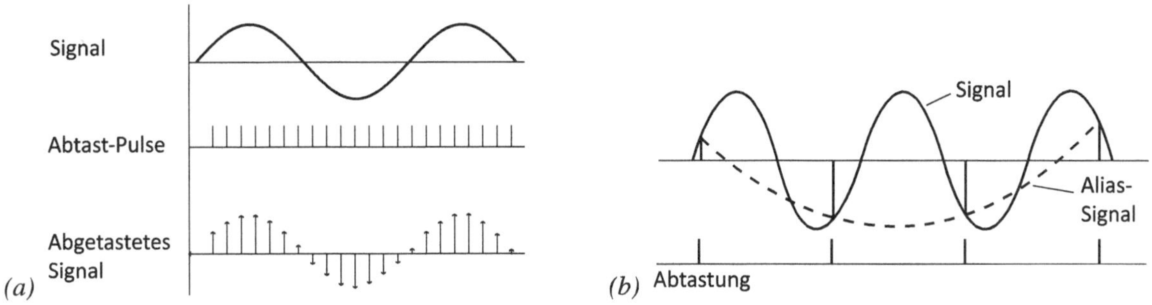

Abb. 8.1.: (a) Digitale Abtastung eines analogen Signals. (b) Entstehung einer Alias-Frequenz bei zu geringer Abtastung

8.2. Regelprozesse

Medizinische Geräte sollen häufig nicht nur Messwerte aufnehmen und darstellen, sondern auch aktiv Werte regeln (zum Beispiel die O_2-Konzentration im Atemgas eines Beatmungsgerätes). Dazu muss der Wert der zu regelnden Größe festgestellt werden und bei Bedarf auf einen Soll-Wert korrigiert werden. In der Physiologie spielen körpereigene Regelprozesse (der Kerntemperatur, der Sauerstoffsättigung des Blutes, des Elektrolythaushalts) eine große Rolle; auch hier sind Sensoren und aktive Stellglieder vorhanden.

8.2.1. Steuerung und Regelung

Eine **Steuerung** ist gekennzeichnet durch einen linearen, direkten Wirkungsablauf. Ein bestimmtes Eingangssignal S_E hat ein festgelegtes, dazu proportionales Ausgangssignal S_A zur Folge:

$$S_A = c \cdot S_E$$

esentlich häufiger sind in der Natur „intelligente"Wirkweisen wie die **Regelung**. Sie zeichnet sich durch einen geschlossenen Wirkungsablauf (Regelkreis) mit einer Rückkopplung der Ausgangsgröße auf den Eingang („Feedback") aus. Damit kann flexibel auf zu große oder zu kleine Werte reagiert werden.

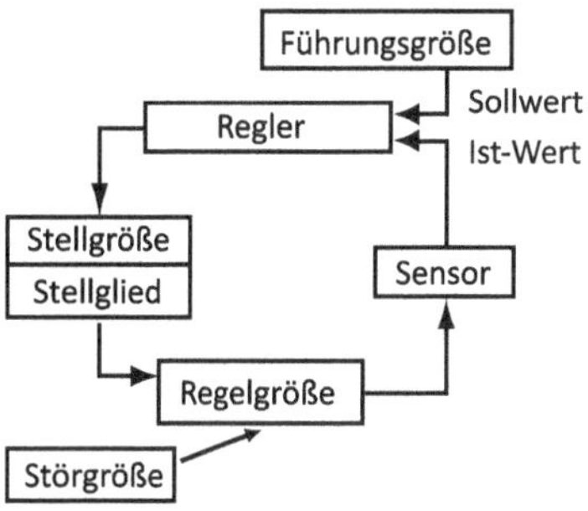

Abb. 8.2.: Schema eines Regelkreises

Bei einem Regelkreis (Abb. 8.2) gibt eine **Führungsgröße** einen Soll-Wert vor (z.B. für die Kerntemperatur des Körpers). Ein Sensor misst den tatsächlichen „Ist"-Wert der **Regelgröße** (Kerntemperatur), ein Regler vergleicht sie mit dem Soll-Wert. Wenn die Werte nicht übereinstimmen, greifen Stellglieder ein, die auf die Regelgröße wirken (Wärmeabfuhr durch Schwitzen, Wärmezufuhr durch Erhöhung des Energieumsatzes). Der Regler hat die Aufgabe, den Ist-Wert in der Regelstrecke konstant zu halten (Halteregler) oder nach einem vorgegebenen Programm zu variieren (Programmregler). Wichtig ist die *invertierende* Rückkopplung (Gegenkopplung) im Kreis, die die Messgröße stabilisiert.

8.2.2. Biologische Regelkreise

Der menschliche Organismus verfügt für alle lebenswichtigen Körperfunktionen (z.B. Körperkerntemperatur, Blutdruck, Blutmenge, Herzminutenvolumen usw.) über Regelmöglichkeiten, die innerhalb des Regelbereiches endogene und exogene Störungen kompensieren können. Dazu besitzt der Körper Sensoren, die die jeweilige Messgröße feststellen und an entsprechende Regler weitergeben. Die Informationsleitung geschieht auf neuronalem Wege und biochemisch über Hormone in der Blutbahn.

Eine optimale Korrekturmöglichkeit erlaubt der hierarchische Aufbau der Regelprozesse. Die entwicklungsgeschichtlich älteren Strukturen (Zellen) sind dabei den jüngeren Strukturen (Organe und Organsysteme) untergeordnet. Zwischen allen Systemen besteht die Möglichkeit, Informationen in beiden Richtungen auszutauschen. Je nach Art und Ort der Störeinwirkung können so globale und lokale Regulationen vorgenommen werden.

Die Art der Regelung ist von der hierarchischen Ebene abhängig. Während auf niederen Ebenen Fließgleichgewichte chemischer Reaktionen die Regelung übernehmen, erfolgt sie auf der Organebene lokal durch physikalische oder chemische Gleichgewichte. Auf der Ebene der Organsysteme wirken Regelkreise wie Abb. 8.2. Ein gutes Beispiel ist die Schließung der Pupille bei Lichteinfall. Komplizierte automatische Reflexe schließen Bereiche des Gehirns mit ein, psychisch gesteuerte Reaktionen schließlich sind teilweise durch Lernen beeinflussbar.

Notizen:

9. Optik

Licht wird vom Menschen über das visuelle System als eine Sinnesmodalität wahrgenommen. Viele technische, auch medizinische Instrumente benutzen optische Baugruppen, und zunehmend wächst die Bedeutung der Optik für die Signalübermittlung durch Lichtleitung.

9.1. Natur von Licht

Sichtbares Licht ist ein Teilbereich des großen Spektrums **elektromagnetischer Wellen**. Dabei schwingen ein elektrisches ($\vec{E}$) und ein magnetisches Feld ($\vec{H}$) so, dass zu jedem Zeitpunkt $\vec{E}$ und $\vec{H}$ senkrecht aufeinander stehen. Außerdem schwingen beide Felder senkrecht zur Ausbreitungsrichtung. Daher ist Licht eine **Transversalwelle** (Abb. 9.1). Für die Wellenoptik genügt es aber, allein den elektrischen Feldvektor zu betrachten. Wie bei allen Wellen sind Frequenz und Wellenlänge über die Wellengeschwindigkeit fest verkoppelt (s. Gl. (5.8)). Im Vakuum gilt für alle elektromagnetischen Wellen:

$$c_o = \lambda \cdot f \qquad c_o = 2{,}9979 \cdot 10^8 \text{ m s}^{-1} \qquad (9.1)$$

Lichtgeschwindigkeit im Vakuum

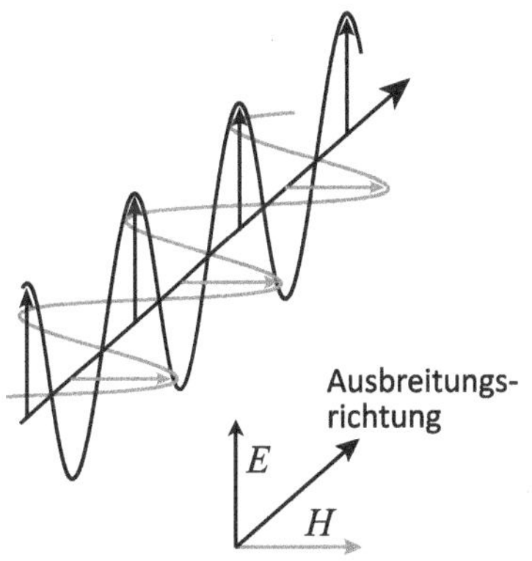

Abb. 9.1.: Licht als elektromagnetische Transversalwelle

Die Lichtgeschwindigkeit in Luft ist nur unwesentlich kleiner. Sie ist dort fast eine Million mal so groß wie die Schallgeschwindigkeit!

Als elektromagnetisches **Spektrum** bezeichnet man eine Auftragung der Intensität über der Frequenz (oder Wellenlänge, Energie) der Strahlung. Der Frequenzbereich (und der Wellenlängenbereich) elektromagnetischer Wellen umfasst über 18 Zehnerpotenzen. In Abb. 9.2 sind die verschiedenen Bereiche des elektromagnetischen Spektrums mit den entsprechenden Frequenzen und Wellenlängen dargestellt. Der vom Menschen als Licht registrierte Bereich ist darin sehr klein, er weist Frequenzen zwischen 4 und $7{,}5 \cdot 10^{14}$ Hz, das heißt Wellenlängen von etwa 400 ... 750 nm, auf. Die Wellenlänge des Lichts wird vom visuellen System als Farbe registriert; Licht mit großer Wellenlänge (kleiner Frequenz) erscheint rot, Licht mit kleiner Wellenlänge erscheint violett. Licht mit einer einzigen Wellenlänge heißt **monochromatisch**.

Dualismus des Lichts: Schon früh in der Geschichte der Physik stand zur Diskussion, ob Licht sich als Welle oder als Strom kleinster Teilchen („Korpuskel") ausbreitet. Die meisten Erscheinungen wie Reflexion, Brechung, Polarisation, Beugung und Interferenz lassen sich mit der *Wellennatur* des Lichts erklären. Zu Beginn

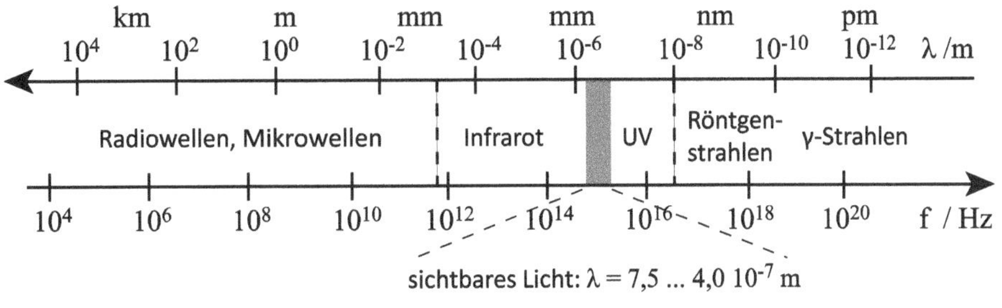

Abb. 9.2.: Spektrum elektromagnetischer Strahlung abhängig von Wellenlänge λ (oben) und Frequenz f (unten)

des 20. Jahrhunderts jedoch zeigte sich, dass unter anderem der äußere Photoeffekt und der Comptoneffekt damit nicht vereinbar sind. Diese Erkenntnis katalysierte schließlich den großen Umbruch durch die Quantenphysik. Heute muss Licht – wie überhaupt jede elektromagnetische Strahlung – je nach physikalischer Situation als Welle oder als Strom von Teilchen beschrieben werden, der sich mit Lichtgeschwindigkeit im Raum ausbreitet. Beide Eigenschaften des Lichts sind gleichberechtigte physikalische Erscheinungen.

Der *Teilchencharakter* wird in der Atomphysik und Radiologie wichtig. Als Korpuskel beschrieben, besitzt Licht eine Energie, die proportional zur Frequenz (der entsprechenden Welle) ist. Als Quant bezeichnet man das Korpuskel als Energiepaket

$$W = h \cdot f \qquad h = 6{,}6 \cdot 10^{-34}\,\mathrm{Js} \quad \text{PLANCKsches Wirkungsquantum} \tag{9.2}$$

9.2. Brechung und Reflexion

9.2.1. Lichtstrahlen

Wegen der geringen Wellenlänge des Lichts können seine Welleneigenschaften oft vernachlässigt und die Ausbreitung als Strahlen nach den Gesetzen der geometrischen Optik beschrieben werden. Erst wenn der Wellencharakter berücksichtigt werden muss, sind die Gesetze der Wellenoptik anzuwenden.

Die von einer Lichtquelle ausgehende Strahlung breitet sich nach allen Richtungen geradlinig aus, wenn die Materie homogen ist. Lichtundurchlässige Hindernisse (**Blenden**) im Lichtweg können die Ausbreitung eines von einer punktförmigen Lichtquelle ausgehenden Strahlenbündels einschränken. Durch mehrfache Verwendung von Blenden kann der Durchmesser des Lichtbündels auf einen vernachlässigbar kleinen Durchmesser verringert werden, ein Lichtstrahl entsteht. (An sehr engen Blenden treten jedoch Welleneffekte auf wie Beugung, s. Kap. 5.2.2). Lichtstrahlen mit extrem kleinem Durchmesser lassen sich am besten mit dem Laser erzeugen.

Für punktförmige Lichtquellen erfolgt hinter Hindernissen eine Schattenbildung (Berechnungen über Strahlensätze). Bei flächenhaften Lichtquellen bilden sich durch die Überlagerung der Schattenkegel von den Rändern der Lichtquelle Kernschatten und Halbschatten. Bei der geometrischen Beschreibung als Strahlen sind prinzipiell *alle Lichtwege umkehrbar*.

9.2.2. Reflexion

Trifft Licht auf eine Grenzfläche zu einem anderen Medium, so erfährt es

- **Reflexion**: ein Teil wird zurückgeworfen
- **Brechung**: ein Teil geht unter Richtungsänderung ins andere Medium über

Schließlich ist das Licht auf seinem Weg durch das Medium **Absorption** durch Umsetzung in andere Energieformen unterworfen (Kap. 9.7.3).

Bei der Reflexion des Lichts an einer Grenzfläche ist die Richtung des ausfallenden Strahls durch die des einfallenden Strahls gegeben gemäß dem Reflexionsgesetz (Abb. 9.3):

$$\begin{aligned} \text{Einfallswinkel} &= \text{Ausfallswinkel} \\ \alpha &= \alpha' \end{aligned} \tag{9.3}$$

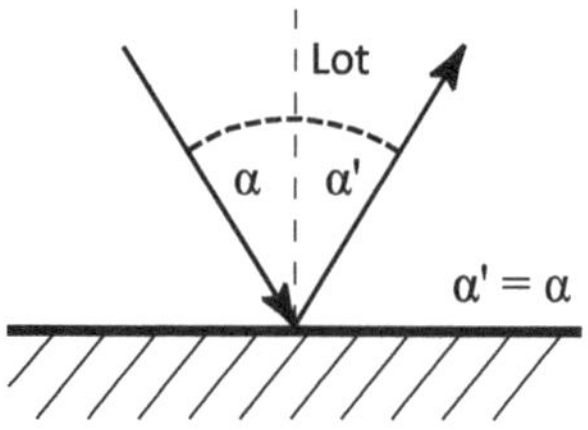

Abb. 9.3.: Reflexionsgesetz

Beide Winkel werden zum **Einfallslot** hin gemessen. Der geometrische Weg gilt genauso umgekehrt. Divergent einfallende Lichtbündel behalten bei Reflexion am ebenen Spiegel ihre Öffnungswinkel bei, da alle Einfallslote parallel stehen. Bei der Reflexion entsteht ein seitenverkehrtes Bild. Dieses Bild ist **virtuell**, es entsteht an der wahrgenommenen Stelle nur durch die Mitwirkung unseres zentralen visuellen Systems. Auf einem Beobachtungsschirm lässt es sich nicht auffangen.

g	b	Bild	
$> 2f$	$f < b < 2f$	reell, umgekehrt	verkleinert
$= 2f$	$2f$	reell, umgekehrt	gleich groß
$f < g < 2f$	$> 2f$	reell, umgekehrt	vergrößert
$= f$		kein Bild!	—
$< f$	hinter Spiegel	virtuell, aufrecht	vergrößert

Tab. 9.1.: Abbildung mit Konkavspiegeln

An rauen Oberflächen erfolgt eine diffuse Reflexion. Das Reflexionsvermögen von Oberflächen wird mit Hilfe des Reflexionskoeffizienten R beschrieben:

$$R = \frac{\text{reflektierte Strahlungsleistung}}{\text{einfallende Strahlungsleistung}} \tag{9.4}$$

Sphärische Spiegel

In der Optik kommen neben ebenen Spiegeln (Planspiegel) auch sphärische Spiegel (gekrümmte Spiegel) zum Einsatz. Dann stehen die Einfallslote nicht mehr parallel nebeneinander. Beim Wölb- oder **Konvexspiegel** wird das Licht an der verspiegelten Außenseite einer Kugelfläche (sphärische Fläche) reflektiert. Das Bild ist immer verkleinert und virtuell. (*Technische Anwendung:* Auto-Rückspiegel)

Beim sphärischen Hohl- oder **Konkavspiegel** wird das Licht an der Innenseite der Kugelfläche reflektiert. Eine besondere Bedeutung in der Astronomie besitzen Spiegel mit nicht-sphärischer, parabelförmiger Oberfläche (Parabolspiegel). Hohlspiegel besitzen einen Brennpunkt, in dem sich alle parallel zur Symmetrieachse einfallenden Strahlen sammeln (Abb. 9.4). Diese Symmetrieachse wird als **optische Achse** bezeichnet.

Das Bild eines Gegenstandes G wird konstruiert, indem von ihm aus ein Strahl parallel zur optischen Achse (*I*) gezeichnet wird. Dieser wird durch den Brennpunkt F reflektiert. Umgekehrt wird ein Strahl durch den Brennpunkt (*II*) zu einem achsenparallelen Strahl. Ein dritter Strahl, der senkrecht auf die Spiegeloberfläche fällt (*III*), wird in sich selber reflektiert. Das Bild B entsteht am Schnittpunkt dieser Strahlen. Der Abstand g des Gegenstandes zum Spiegelmittelpunkt heißt Gegenstandsweite, der Abstand b des Bildes zum Spiegelmittelpunkt Bildweite. Der Brennpunkt befindet sich in der Brennweite f. Je nachdem, wie weit der Gegenstand vom Spiegel entfernt ist, ist das Bild verkleinert oder vergrößert und **reell** (auf der Gegenstandsseite des Spiegels nachzuweisen) oder virtuell (hinter dem Spiegels erscheinend). Das ist in Tab. 9.1 zusammengefasst.

Technische Anwendung: Vergrößerung (Kosmetikspiegel, Spiegelteleskop in der Astronomie) und Beleuchtung (Autoscheinwerfer), *medizinisch:* Ohren- und Augenspiegel, OP-Feld-Beleuchtung

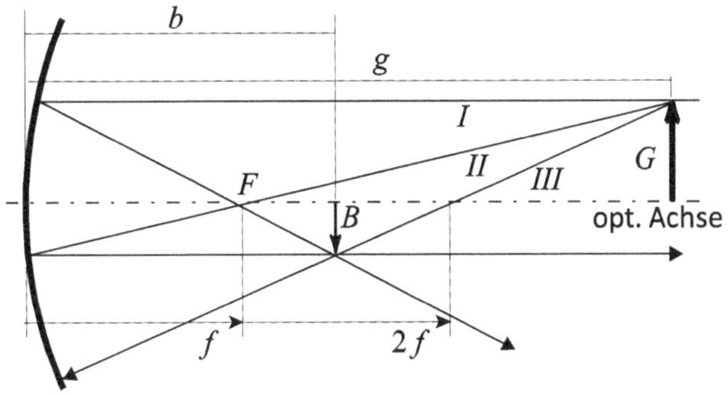

Abb. 9.4.: Entstehung des Bildes beim Konkavspiegel

Stoff	Luft (Vakuum)	Eis	Wasser	Glycerin	Flintglas	Quarzglas	Diamant
n	1,0	1,31	1,333	1,469	1,613	1,459	2,417

Tab. 9.2.: Brechzahlen n verschiedener optischer Medien

9.2.3. Optische Dichte, Brechung

Beim Übergang in ein anderes optisches Medium ändert sich die Ausbreitungsgeschwindigkeit des Lichts. In Materie ist die Lichtgeschwindigkeit kleiner als im Vakuum. Der Quotient aus der Lichtgeschwindigkeit im Vakuum c_o und der Lichtgeschwindigkeit in Materie c_M wird als **Brechzahl** n (Brechungsindex) bezeichnet:

$$n = \frac{c_o}{c_M} \tag{9.5}$$

Die Brechzahl nimmt also zu, wenn die Ausbreitungsgeschwindigkeit im Medium kleiner wird. Ein solcher Stoff heißt optisch dichter. Beim Übergang in ein optisch dichteres Medium verringert sich die Wellenlänge proportional zur Lichtgeschwindigkeit, die Frequenz bleibt konstant. Tab. 9.2 zeigt die Brechzahlen verschiedener Medien. Diamant hat die größte Brechzahl natürlich vorkommender Materialien.

Brechung

Trifft ein Lichtstrahl aus einem Medium mit der Brechzahl n_1 schräg auf eine Grenzfläche zu einem Medium mit n_2, so wird ein Teil reflektiert. Für den in das Medium eindringenden Teil jedoch ändert sich mit c (und λ) auch seine Richtung. Das folgt aus dem HUYGENSschen Prinzip der Wellenausbreitung (s. Kap. 5.2.2), wenn die Wellengeschwindigkeit sich ändert. Hat das zweite Medium eine größere optische Dichte ($n_2 > n_1$), wird das Licht zum Einfallslot hin gebrochen (Abb. 9.5). Beim Übergang vom optisch dichteren zum weniger dichten Medium mit $n_2 < n_1$ wird das Licht vom Einfallslot weg gebrochen. Für den Einfallswinkel α_1 und den Ausfallswinkel α_2 gilt das **Brechungsgesetz von SNELLIUS**:

$$n_1 \cdot \sin\alpha_1 = n_2 \cdot \sin\alpha_2 \tag{9.6}$$

Auch bei der Brechung sind die geometrischen Wege (Strahlengänge) umkehrbar. Wenn man den Strahl aus dem optisch dichteren Medium kommen lässt, also n_2 mit n_1 vertauscht und α_2 mit α_1, bleibt das Gesetz das selbe. Dass der Strahl dann vom Lot weg gebrochen wird, erlaubt bei flachem Einfall (α groß) eine besondere Situation: Bei einem Grenzwinkel $\alpha_1 = \alpha_{tr}$ wird der Ausfallswinkel $\alpha_2 = 90°$ und $\sin\alpha_2 = 1$. Wird α_1 noch größer, gibt es keinen Winkel α_2 mehr, der das Brechungsgesetz erfüllt. Dann gibt es keinen gebrochenen Strahl mehr, und das Licht wird mit der gesamten Intensität reflektiert. Dieser Vorgang heißt **Totalreflexion**, er kann nur aus dem optisch dichteren Medium erfolgen.

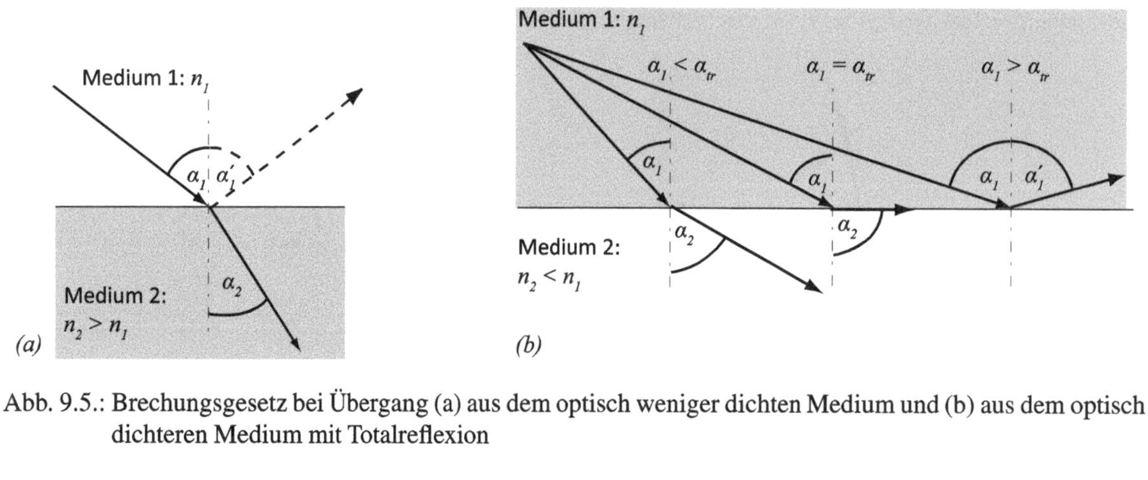

Abb. 9.5.: Brechungsgesetz bei Übergang (a) aus dem optisch weniger dichten Medium und (b) aus dem optisch dichteren Medium mit Totalreflexion

Weil beim Grenzwinkel α_{tr} des einfallenden Strahls für den Ausfallswinkel $\sin(90°) = 1$ wird, folgt aus dem Brechungsgesetz für den Grenzwinkel:

$$\sin\alpha_{tr} = \frac{n_2}{n_1} \quad \Rightarrow \quad \alpha_{tr} = \arcsin\frac{n_2}{n_1} \tag{9.7}$$

Der Grenzwinkel lässt sich also aus den beiden Brechzahlen errechnen. Bei Totalreflexion wird der Strahl ohne Energieverlust reflektiert. In einer Glasfaser lässt er sich so über große Strecken verlustfrei transportieren. Bei zu enger Biegung der Faser können an der Außenseite Verluste auftreten, wenn der Grenzwinkel unterschritten wird.

Medizinische Anwendung: Lichtleiter in der Endoskopie

9.2.4. Dispersion

Bisher wurde davon ausgegangen, dass die Lichtgeschwindigkeit im Medium c_M und damit auch die Brechzahl n nur vom Material abhängen. Tatsächlich zeigt sich häufig eine gewisse Abhängigkeit von der Wellenlänge. Dieser Effekt wird als **Dispersion** bezeichnet. Für viele Stoffe (z.B. die meisten Gläser) ist die Brechzahl n in Glas für Licht kürzerer Wellenlänge größer als für solches größerer Wellenlänge. Mit dem Brechungsgesetz heißt das, das violettes Licht beim selben Einfallswinkel stärker gebrochen wird als rotes (normale Dispersion). Es gibt auch die entgegen gesetzte Abhängigkeit (anomale Dispersion). Weißes Licht, das aus Licht aller Wellenlängen besteht, wird durch Dispersion in seine Farbkomponenten, die Spektralfarben, zerlegt (Prisma), Linsen aus Glas mit Dispersion zeigen Farbfehler (Chromatische Aberration, s. Kap. 9.3.5).

Technische Anwendung: Spektralanalyse mit Prismenspektralapparat

9.3. Optische Abbildungen

9.3.1. Brennweite und Brechkraft

Die optische Abbildung von Linsen lässt sich mit Hilfe des Brechungsgesetzes beschreiben. Dabei herrscht vor der Linse die Brechzahl n, in der Linse n_L und dahinter n'. Als optische Achse bezeichnet man die Symmetrieachse der Linse. Strahlen auf der optischen Achse durchqueren die Linse vom Gegenstands- zum Bildraum, ohne gebrochen zu werden. Konvexe Linsen sind **Sammellinsen**: Alle achsenparallel auf die Linse treffenden Strahlen versammeln sich hinter der Linse im **Brennpunkt** F' (aus der anderen Richtung: F).

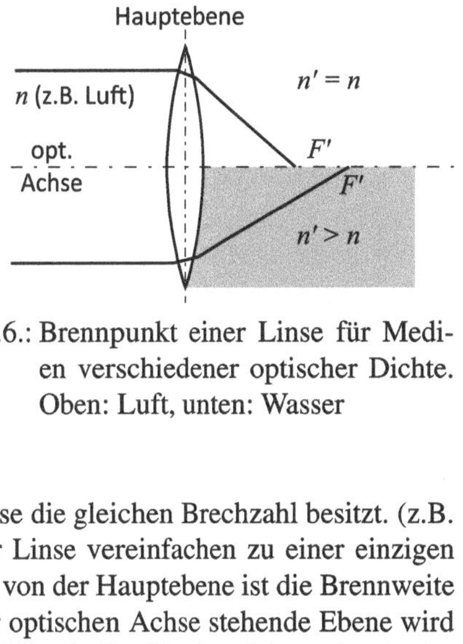

Abb. 9.6.: Brennpunkt einer Linse für Medien verschiedener optischer Dichte. Oben: Luft, unten: Wasser

Besonders einfach ist der Fall, dass das Medium vor und hinter der Linse die gleichen Brechzahl besitzt. (z.B. Luft: $n = 1$). Dann kann man die Brechung an den Oberflächen der Linse vereinfachen zu einer einzigen Brechung an der **Hauptebene** der Linse. Der Abstand des Brennpunkts von der Hauptebene ist die Brennweite f' (aus der anderen Richtung: f) Die im Brennpunkt senkrecht auf der optischen Achse stehende Ebene wird als Brennebene bezeichnet. Parallele, schräg zur optischen Achse einfallende Strahlenbündel werden in der Brennebene fokussiert.

Die **Brennpunkte** liegen in den Abständen der Brennweiten f und f'. Wenn das die Linse umgebende Medium eine höhere Brechzahl n hat, wächst die Brennweite proportional dazu; wenn insbesondere auf beiden Seiten der Linse unterschiedliche Brechzahlen n und n' herrschen, sind auch die Brennweiten f und f' unterschiedlich (Abb. 9.6):

$$\frac{n}{f} = \frac{n'}{f'} = D \quad \textbf{Brechkraft}^{1} \quad \text{Einheit: } [D] = 1\,\text{dpt} = 1\,\text{m}^{-1} \tag{9.8}$$

[1]Die Brechkraft ist *keine* SI-Standardgröße, aber wegen ihrer Unabhängigkeit vom umgebenden Medium extrem praktisch. Sie stimmt mit dem sogenannten Brechwert $1/f$ in Luft praktisch überein, aber nicht in Wasser. Der Brechwert wird hier nicht verwendet.

Sammellinsen haben eine positive Brechkraft. Konvexlinsen mit auf beiden Seiten gekrümmter Oberfläche werden als **bikonvex** bezeichnet, wenn eine Seite hingegen eben ist, als **plankonvex** (Abb. 9.7, links). Die Brennweite ist bei sphärischen Linsen ungefähr proportional zum Radius:

$$\text{plankonvex: } f = \frac{r}{n-1} \qquad \text{bikonvex: } f = \frac{r}{2(n-1)} \tag{9.9}$$

Konkav gekrümmte Linsen (Abb. 9.7, rechts) sind Streulinsen und erzeugen aus parallel einfallendem Licht ein divergierendes Lichtbündel, das scheinbar aus dem „Brennpunkt" auf der Einfallsseite der Linse kommt. Analog zu Konvexlinsen unterscheidet man **bikonkav** und **plankonkav**. Konkavlinsen besitzen eine *negative* Brechkraft D. Eine **konkavkonvexe** Linse ist auf einer Seite konkav, auf der anderen stärker konvex und damit sammelnd; eine **konvexkonkave** Linse ist entsprechend auf der konkaven Seite stärker gekrümmt als auf der konvexen Seite und ist daher eine Streulinse.

Medizinische Anwendung: Bestimmung von Sehhilfen (Brillen), deren Stärke wird mit D angegeben.

9.3.2. Abbildung an dünnen Linsen

Das Bild eines Gegenstandes an einer dünnen Linse lässt sich analog zum Spiegel grafisch konstruieren. Dazu benötigt man den parallel zur optischen Achse einfallende **Parallelstrahl** und den **Zentralstrahl** durch den Schnittpunkt von optischer Achse und Hauptebene. Alternativ lässt sich auch der durch den Brennpunkt laufende **Brennpunktstrahl** verwenden. Es gilt:

- Achsenparallele Strahlen werden an der Hauptebene zu Brennpunktstrahlen und umgekehrt.
- Zentralstrahlen (Mittelpunktstrahlen) durchqueren die Hauptebene im Hauptpunkt H ohne Brechung.
- Mit Hilfe der Hauptebene dürfen auch Strahlen außerhalb der Linsenfassung (ausgeblendetes Strahlenbündel) zur Konstruktion berücksichtigt werden.

Man konstruiert nun bei einem auf der optischen Achse stehenden Gegenstand G von dessen Spitze den Parallelstrahl und den Mittelpunktstrahl (oder Brennpunktstrahl). Wo diese sich schneiden, befindet sich die Spitze des Bildes B (Abb. 9.8a-c).

Befindet sich der Gegenstand außerhalb der Brennweite, so schneiden sich die Strahlen auf der anderen Seite. Es entsteht ein **reelles Bild**, das umgekehrt ist. Wenn der Gegenstand im Brennpunkt steht, entsteht gar kein Bild mehr. Befindet er sich jedoch innerhalb der Brennweite, divergieren die Strahlen hinter der Linse. Sie schneiden sich auf der Gegenstandsseite. Dort entsteht ein **virtuelles**, aufrechtes Bild. Es kann nicht auf einem Schirm aufgefangen werden, sondern entsteht nur für den Beobachter. Das ist bei einer Lupe und im Okular eines Mikroskops realisiert. Die unterschiedlichen Situationen sind in Tab. 9.3 zusammengefasst.

Die Position des Bildes lässt sich für achsennahe („paraxiale") Strahlen auch berechnen. Wenn der Gegenstand im Abstand g (**Gegenstandsweite**) von der Hauptebene steht, findet man das Bild bei der **Bildweite** (Abb. 9.8a). Sie lässt sich bei bekannter Brennweite berechnen mit der **Abbildungsgleichung**:

$$\frac{f}{g} + \frac{f'}{b} = 1 \tag{9.10}$$

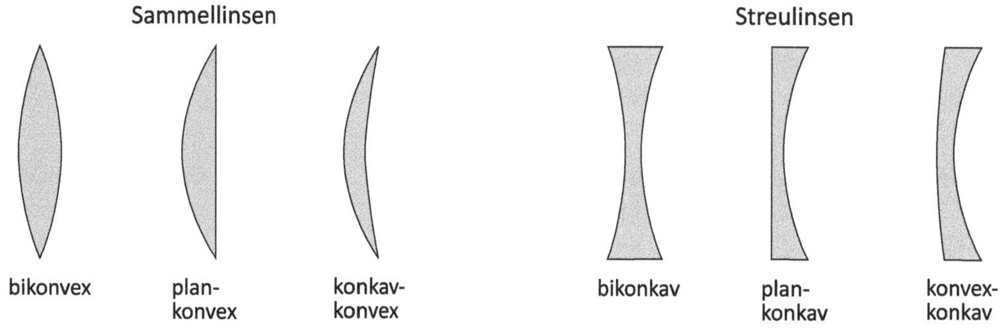

Abb. 9.7.: Typen von Sammellinsen mit positiver (links) und Streulinsen mit negativer Brechkraft (rechts)

Gegenstand	Bild	Bildort
$\infty > g > 2f$	reell, umgekehrt, verkleinert	$f < b < 2f$
$g = 2f$	reell, umgekehrt, gleich groß	$b = 2f$
$f < g < 2f$	reell, umgekehrt, vergrößert	$2f < b$
$(g = f)$	$\to \infty$ (vgl. Abbildungsgleichung)	∞
$0 < g < f$	virtuell, aufrecht, vergrößert	$-\infty < b < 0$

Tab. 9.3.: Abbildung bei Konvexlinsen

Setzt man die Brechkräfte im Gegenstandsraum (n) und im Bildraum (n') ein, erhält man:

$$\frac{n}{g} + \frac{n'}{b} = \frac{n}{f} \qquad \text{wenn } n = 1 \text{ (z.B. auf beiden Seiten Luft):} \quad \frac{1}{g} + \frac{1}{b} = \frac{1}{f} \tag{9.11}$$

Lupe: Bei der Lupe befindet sich der Gegenstand innerhalb und nahe an der einfachen Brennweite einer Konvexlinse. Er wird deshalb in ein stark vergrößertes, aufrechtes, virtuelles Bild abgebildet, das sich unterhalb der Lupe, etwa in der Entfernung des betrachteten Gegenstands, befindet.

Konkavlinsen (Streulinsen): Bei der Abbildung mit *Konkavlinsen* (Abb. 9.8d) entstehen stets virtuelle, aufrechte und verkleinerte Bilder (f und b sind negativ).

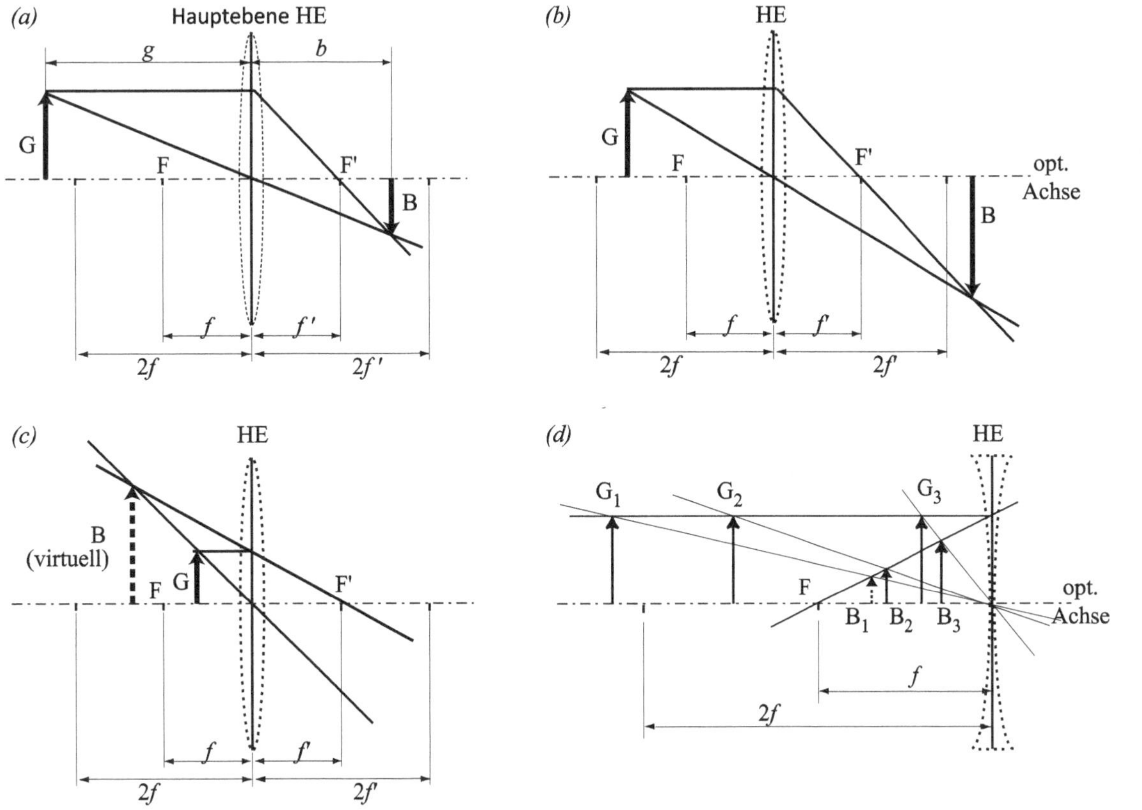

Abb. 9.8.: Bildkonstruktion an dünnen Konvexlinsen (a-c) und einer Konkavlinse (d).

9.3.3. Bildkonstruktion für dicke Linsen und Linsensysteme, Kardinalpunkte

Bei dicken Linsen (Objektive usw.) kann die Brechung beim Ein- und Austritt nicht mehr auf eine einzige Hauptebene vereinfacht werden. Man muss eine zweite Hauptebene einführen und einen zweiten **Hauptpunkt** H', den Schnittpunkt mit der optischen Achse (Abb. 9.9). Parallelstrahlen werden dann immer an der zweiten, Brennpunktstrahlen an der ersten Hauptebene gebrochen. Wenn die Medien im Gegenstands- und Bildraum auch noch unterschiedlich sind, müssen für den Mittelpunktstrahl zwei Knotenpunkte K und K' eingeführt werden mit dem selben Anstand wie die beiden Hauptebenen. Der Mittelpunktstrahl wird am Knotenpunkt K parallel versetzt zu K'. Die Hauptpunkte, Knotenpunkte und die Brennpunkte F und F' bilden die sechs **Kardinalpunkte** der Linse.

Die Kardinalelemente (optische Achse, Hauptebenen, Brenn- und Knotenpunkte) dienen lediglich zur Bildkonstruktion; die Brechungen und Reflexionen finden physikalisch an den Grenzflächen statt. Bei Linsen mit beidseitig gleicher Krümmung liegt die Hauptebene bei etwa ein Drittel der Dicke hinter dem Scheitel, die Knotenpunkte können auch außerhalb der Linse liegen.

Medizinische Anwendung: Bildkonstruktion an Auge, Immersionsobjektiv im Mikroskop

Linsensystem: Werden zwei dünne Linsen in Luft zu einem System zusammengesetzt, sind auch mehrere Hauptebenen vorhanden. Nun addieren sich die einzelnen Brechkräfte unter Berücksichtigung des Abstands d:

$$\frac{1}{f_{ges}} = \frac{1}{f_1} + \frac{1}{f_2} - \frac{d}{f_1 \cdot f_2} \tag{9.12}$$

$$\text{wenn } d \text{ vernachlässigbar:} \quad \frac{1}{f_{ges}} = \frac{1}{f_1} + \frac{1}{f_2} \quad \text{oder} \quad D_{ges} = D_1 + D_2$$

9.3.4. Optische Vergrößerung einer Linse

Optische Instrumente (Mikroskop oder Fotoapparat) sollen kleine Gegenstände vergrößert oder große Gegenstände verkleinert abbilden. Als **Lateralvergrößerung** V_a bezeichnet man das Verhältnis von Bildgröße B zu Gegenstandsgröße G. Vergrößerung heißt: $V_a > 1$, Verkleinerung: $0 < V_a < 1$. Für die Abbildung durch eine Linse verhalten sich B und G wie Bild- und Gegenstandsweite:

$$V_a = \frac{B}{G} = \frac{b}{g} \tag{9.13}$$

Bei der Betrachtung mit dem Auge ist nicht die Bildgröße, sondern der **Sehwinkel** der Abbildung auf der Netzhaut entscheidend. Die **Vergrößerung** V eines optischen Instrumentes wird daher definiert als:

$$V = \frac{\text{Sehwinkel mit Instrument}}{\text{Sehwinkel ohne Instrument}} \tag{9.14}$$

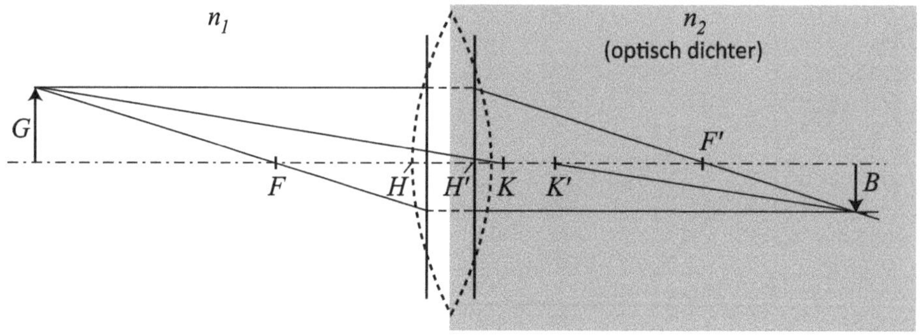

Abb. 9.9.: Bildkonstruktion an dicken Linsen mit Hilfe der Kardinalpunkte. Bei verschiedenen Medien auf beiden Seiten liegen die Knotenpunkte K und K im dichteren Medium.

Mit abnehmendem Abstand eines Gegenstandes vom Auge wird der Sehwinkel auf der Netzhaut größer. (Dem setzt jedoch die Akkomodationsfähigkeit des Auges Grenzen.) Die optimale „deutliche Sehweite“ ohne Instrument ist in der Optik (willkürlich) festgelegt auf $s_o = 25$ cm. Wenn man einen Gegenstand mit der Lupe betrachtet, wird der Gegenstand minimal innerhalb der Brennweite gehalten. Also ist die Vergrößerung der Lupe:

$$V = \frac{s_o}{g} \approx \frac{25\,\mathrm{cm}}{f_{\mathrm{Lupe}}}$$

9.3.5. Abbildungsfehler

Die Idealisierung dünner Linsen auf eine Hauptebene und einen Brennpunkt ist unvollkommen. Es können verschiedene Abbildungsfehler auftreten, die es unmöglich machen, eine exakt scharfe Abbildung zu erreichen:

- **Sphärische Aberration**: Parallelstrahlen werden von einer sphärischen Linse nicht exakt in einen Brennpunkt gebrochen: Weiter von der optischen Achse entfernte Strahlen sammeln sich etwas *vor* dem Brennpunkt. Für eine gute Abbildung müssen Randstrahlen daher ausgeblendet werden. Abhilfe schaffen auch asphärische Linsen.
- **Chromatische Aberration**: Aufgrund von Dispersion wird Licht kürzerer Wellenlänge stärker gebrochen. Bei Beleuchtung mit weißem Licht lassen sich so der blaue und der rote Anteil nicht gleichzeitig scharf stellen. Achromatisch korrigierte Objektive aus mehreren Linsen verschiedener Materialien verringern diesen Fehler. Einfacher ist oft eine Beleuchtung mit monochromatischem Licht einer Wellenlänge.
- Besonders Augenlinsen zeigen häufig **Astigmatismus**: Die horizontale Krümmung der Linse ist nicht exakt gleich der vertikalen Krümmung. Damit sind Gegenstände nur hinsichtlich der Horizontalen oder der Vertikalen scharf und in der anderen Richtung stäbchenförmig unscharf. Astigmatismus tritt auch auf, wenn Lichtbündel schräg auf die Linse fallen. Er lässt sich durch eine entsprechende, aber um 90° gedrehte Zylinderlinse korrigieren.
- Wenn die Abbildungsfäche nicht planar ist (**Bildfeldwölbung**), ist das Bild deformiert; tonnen- oder kissenförmige **Verzeichnung** (Verzerrung der Geometrie des Bildes) resultieren aus nicht optimal gewählter Geometrie von Blenden und Beleuchtung.

9.4. Wellenoptik

Eine Reihe von optischen Effekten sind nicht mit dem einfachen Strahlenmodell zu erklären, sie erfordern die Berücksichtigung der Welleneigenschaften. Dazu zählen Interferenz, Beugung und Polarisation.

9.4.1. Polarisation

Bei Licht als Transversalwelle schwingt der elektrische Feldvektor in jeder Richtung senkrecht zur Ausbreitungsrichtung (vgl. Abb. 9.1). In natürlichem, unpolarisiertem Licht sind die Schwingungsrichtungen zufällig verteilt (Abb. 9.10, links). Durch Polarisation kann aus diesen eine bestimmte Richtung, d.h. **linear polarisiertes** Licht ausgewählt werden. Ein Polarisationsfilter (**Polarisator**) hat eine Vorzugsrichtung und schwächt alle anderen Schwingungsrichtungen ab. Bereits polarisiertes Licht mit einer Schwingungsrichtung wird von einem Polarisationsfilter, dessen Vorzugsrichtung dazu senkrecht steht, gar nicht durchgelassen. Man kann also die Schwingungsrichtung von polarisiertem Licht feststellen, indem man ein Polarisationsfilter so weit dreht, dass kein Licht hindurch tritt (Abb. 9.10, rechts). Dann schwingt das polarisierte Licht senkrecht zur Richtung dieses als **Analysator** bezeichneten Filters. Bei **zirkular** (oder elliptisch) **polarisiertem** Licht sind zwei senkrecht zueinander polarisierte Wellen mit fester Phasenbeziehung überlagert. Polarisiertes Licht ist von unpolarisiertem Licht visuell nicht zu unterscheiden.

An einer Grenzfläche wird schräg einfallendes Licht zum Teil gebrochen, zum Teil reflektiert (vgl. Abb. 9.3). Dabei werden die beiden Strahlen zum Teil aber auch polarisiert, der reflektierte Strahl bevorzugt in Richtung parallel zur Glasoberfläche, der gebrochene Strahl dazu senkrecht[2]. Unter einem bestimmten Einfallswinkel laufen der reflektierte und der gebrochener Strahl senkrecht zueinander fort. Dann sind beide vollständig polarisiert. Dieser **BREWSTER-Winkel** ergibt sich aus

$$\tan \alpha_{Br} = \frac{n_2}{n_1} \quad \Rightarrow \quad \alpha_{Br} = \arctan\left(\frac{n_2}{n_1}\right) \tag{9.15}$$

Daneben kann Polarisation durch „Doppelbrechung“in Substanzen mit von der Richtung abhängiger (anisotroper) Lichtgeschwindigkeit auftreten. In dichroitischen Kristallen werden die verschiedenen Richtungen hingegen anisotrop absorbiert. Wichtiger jedoch ist, dass auch bei der Streuung von Licht an kleinen Teilchen Polarisation auftritt (s. S. 105). Daher ist auch das blaue Himmelslicht teilpolarisiert.

Optisch aktive Substanzen wie Fructose polarisieren Licht zwar nicht, drehen aber seine Polarisationsebene auf dem Weg l durch eine Lösung zunehmend. Die Drehung basiert auf einer „chiralen“, das heißt in sich nicht spiegelsymmetrischen Bauweise der Moleküle (Enantiomere). Der Drehwinkel ist proportional zur Konzentration der Substanz:

$$\alpha = \alpha_l \cdot l \cdot c \tag{9.16}$$

Die spezifische Drehung α_l ist für die Substanz spezifisch, hängt aber von der Wellenlänge des Lichts und dem Lösungsmittel ab.

Medizinische Anwendung: Konzentrationsmessung von Fructose oder Glukose durch Polarimetrie

9.4.2. Interferenz, Beugung, Kohärenz

Wellen mit fester Phasenbeziehung können sich bei Überlagerung durch **Interferenz** auslöschen oder maximal verstärken (vgl. Kap. 5.2.2). Bei entgegen gesetzter Ausbreitungsrichtung kann es zu stehenden Wellen kommen. Trifft Licht auf einen engen Doppelspalt oder ein Gitter mit sehr kleinem Abstand der Schlitze (wenig größer als die Wellenlänge), so besteht zwischen benachbarten Strahlen unter bestimmten Winkeln ein Phasenunterschied von π (Abb. 9.11a). Solche Wellen löschen sich aus, in dieser Richtung herrscht daher Dunkelheit. Unter einem größeren Winkel beträgt dieser Gangunterschied gerade 2π. Diese Wellen verstärken sich. Bei einem Gangunterschied von $\frac{3}{2}\pi$ schließlich kommt es wieder zu Auslöschung. Bei einem Gitter mit einem Abstand der Schlitze von a treten Helligkeitsmaxima auf unter den Winkeln mit

$$\sin \alpha = \frac{\lambda}{a}, \frac{2\,\lambda}{a}, \frac{3\,\lambda}{a}, \frac{4\,\lambda}{a}, \ldots \tag{9.17}$$

So entsteht ein streifenförmiges Beugungsbild. Rotes Licht mit größerem λ ergibt weiter auseinander liegende Streifen als violettes Licht.

Technische Anwendung: Spektralanalyse mit Gitterspektralapparat, Interferenzfilter

Ein ähnliches Beugungsbild entsteht bereits an einem einzelnen engen Spalt, weil schon zwischen linkem und rechtem Rand ein Gangunterschied besteht (Abb. 9.11b). Das Verständnis erfordert die Betrachtung der Wellen als HUYGENSsche Elementarwellen (s. S. 41). Schließlich lässt sich die Argumentation auch auf ein feines, beleuchtetes Loch übertragen. Das Beugungsbild eines solchen Lochs besteht aus konzentrischen Ringen

[2] Zur genaueren Erklärung der Entstehung von Polarisation s. Haas, Physik für Mediziner und Pharmazeuten, Stuttgart 2002, §37.1.

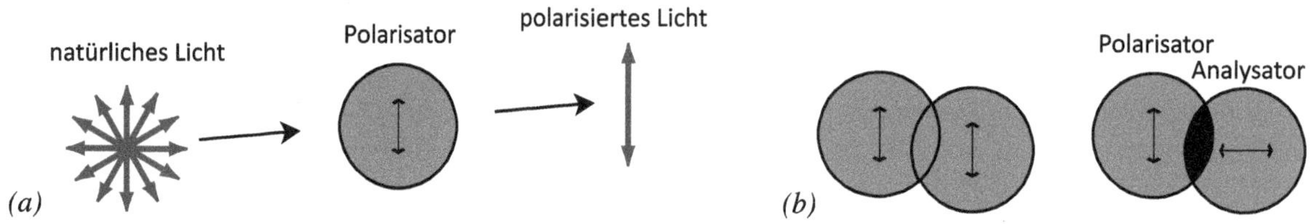

Abb. 9.10.: (a) Ein Polarisator wählt aus unpolarisiertem Licht eine einzelne Richtung aus. (b) Zwei Polarisatoren hintereinander lassen Licht durch, wenn ihre Richtungen übereinstimmen, jedoch nicht, wenn sie senkrecht zueinander stehen.

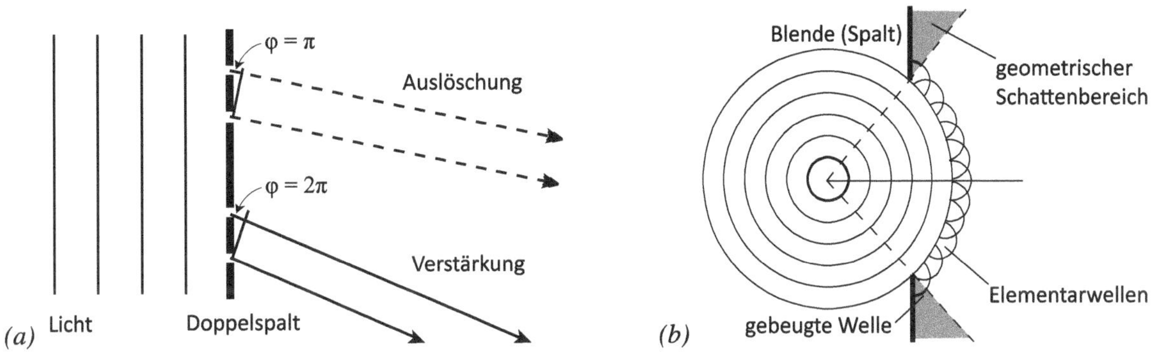

Abb. 9.11.: (a) Interferenz am Doppelspalt. (b) Beugung am Spalt mit HUYGENSschen Elementarwellen.

(Abb. 9.12). Generell entstehen Beugungserscheinungen beim Auftreffen von Licht auf kleine Objekte. Beugung begrenzt so die Trennung feiner Strukturen und damit das Auflösungsvermögen optischer Instrumente (s. S. 100).

Interferenz ist sowohl für Longitudinal- als auch Transversalwellen möglich. Voraussetzung für die Interferenzfähigkeit von Wellen ist eine feste Phasenbeziehung der interferierenden Strahlen (**Kohärenz**). Licht aus verschiedenen Lichtquellen ist auch bei gleicher Wellenlänge gewöhnlich nicht kohärent, es muss aus einer Quelle stammen (Strahlteiler, halbdurchlässiger Spiegel). Die Kohärenzlänge von natürlichem Licht beträgt etwa 1 m. Mit Lasern lässt sich Licht mit sehr großer Kohärenzlänge erzeugen.

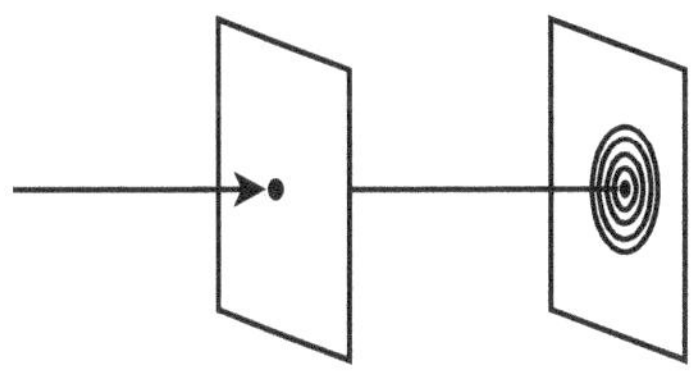

Abb. 9.12.: Beugungsmuster hinter einem engen Loch

9.5. Mikroskop

9.5.1. Lichtmikroskop

Um kleine Strukturen im Bereich von 1 mm bis hinab zu 0,1 μm aichtbar zu machen, ist das Mikroskop von besonderer Bedeutung. Es besteht im einfachsten Fall aus zwei Linsen, die die Enden eines Rohrs abschließen: dem **Objektiv** auf der Objektseite und dem **Okular** auf der Seite des Auges. Das Objekt G wird zwischen einfacher und doppelter Brennweite des Objektivs gebracht und durch das Objektiv als umgekehrtes, vergrößertes reelles **Zwischenbild** B_Z abgebildet. Abb. 9.13a stellt den Strahlengang dar. Das Okular ist so angebracht, dass sich das Zwischenbild innerhalb seiner einfachen Brennweite befindet (Lupe, s. S. 95). Das Zwischenbild wird damit in ein vergrößertes virtuelles Bild B abgebildet, das etwa auf Höhe des Objekts erscheint. Die Abbildung im Unendlichen erlaubt ermüdungsfreies Beobachten (s. Akkommodation, S. 102)

Reale Mikroskope besitzen heute zur besseren Abbildung Linsensysteme, auswechselbare Objektive zur Veränderung der Vergrößerung, und an die Sehstärke anpassbare Okulare. Eine Feldlinse im Okular erfasst auch achsenfernere Strahlen und erzeugt ein vergrößertes Gesichtsfeld.

Vergrößerung und Auflösungsvermögen

Die (Lateral-)Vergrößerung des Mikroskops ergibt sich aus dem Produkt der Vergrößerung von Objektiv und Okular (vgl. S. 97):

$$V = V_{obj} \cdot V_{ok} = \frac{l_T}{f_{obj}} \cdot \frac{25\text{ cm}}{f_{ok}} \tag{9.18}$$

mit der Tubuslänge l_T. Die Erkennbarkeit kleiner Strukturen wird jedoch weniger von der Vergrößerung limitiert als vom Auflösungsvermögen: Zwei im kleinen Abstand d nebeneinander liegende Punkte erzeugen Beugungsbilder wie in Abb. 9.11b. Wenn diese überlappen, sind sie nicht mehr zu trennen.

Auflösungsvermögen: A wird definiert als Kehrwert des kleinsten Abstands d zweier Punkte, die durch das Instrument noch als getrennt abgebildet werden:

$$A = \frac{1}{d} \tag{9.19}$$

Das Auflösungsvermögen des gesamten Mikroskops wird maßgeblich durch das Objektiv bestimmt. Als Interferenzphänomen wird es geringer mit größerer Wellenlänge λ des Lichts. Die Grenze der Auflösung ist bei Strukturen mit d in der Größenordnung der Wellenlänge erreicht. Auf wellentheoretischer Grundlage (nach HELMHOLTZ und ABBE) lässt sich das Auflösungsvermögen des Mikroskops exakt berechnen:

$$A = \frac{n \cdot \sin\alpha}{\lambda} \quad \text{mit der \textbf{numerischen Apertur}} \quad n \cdot \sin\alpha \tag{9.20}$$

n ist die Brechzahl des Stoffes zwischen Objekt und Objektiv, α der halbe Öffnungswinkel des vom Objektiv erfassten Strahlenbündels. Alle drei Parameter können variiert werden, um ein hohes Auflösungsvermögen zu erreichen: Erhöhung der numerischen Apertur durch Erfassung großer Strahlenbündel (α) und Verwendung stark brechender Flüssigkeiten zwischen Objekt und Objektiv (n, **Immersion**), außerdem die Beleuchtung mit kleiner Wellenlänge.

Die Auflösungsgrenze kann nur bei optimaler Objektbeleuchtung erreicht werden, da mit zunehmender Vergrößerung die Lichtstärke sinkt. Objektive mit großem Öffnungswinkel α (vgl. Gl. 9.20) und damit großem Linsendurchmesser erfordern auch entsprechend große Kondensoren zur Beleuchtung. Die optimale Ausleuchtung bietet unter diesem Gesichtspunkt das *Köhlersche Beleuchtungsverfahren*. Dabei werden dem Objektiv Lichtstrahlen großer Neigung (Apertur), durch eine Abbildung der Lichtquelle in der Objektebene, zugeführt.

Mit wachsender Vergrößerung verbessert sich das Auflösungsvermögen *nicht*. Bei Verwendung von sichtbarem Licht sind Vergrößerungen bis $V = 1000$ sinnvoll („Grenzvergrößerung“. Überschreitung der Grenze des Auflösungsvermögens (etwa bei $d \approx \lambda$) bringt keinen weiteren Informationsgewinn (leere Vergrößerung). Für die Auflösung noch feinerer Strukturen sind grundsätzlich andere Verfahren notwendig.

Mikroskopierverfahren

Beim Mikrosopkieren müssen sich bestimmte Eigenschaften der Objekte von der umgebenden Substanz unterscheiden. Verschiedene Verfahren nutzen dabei jeweils andere Eigenschaften:

- Absorptionsvermögen (Amplitudenkontrast, herkömmliche Mikroskopie)

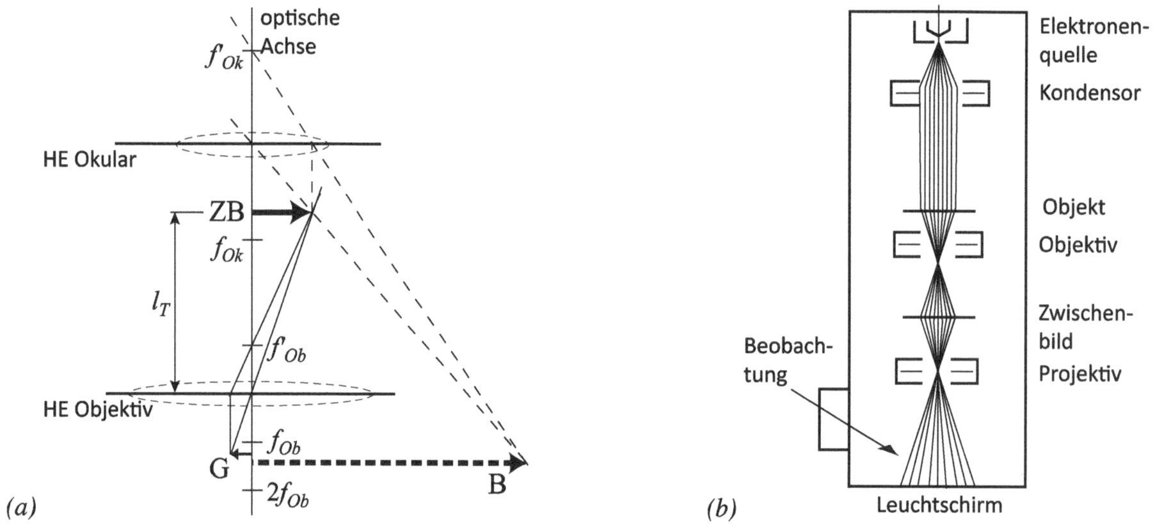

Abb. 9.13.: (a) Strahlengang im Mikroskop. G: Objekt, ZB: Zwischenbild, B im Okular beobachtetes Bild. HE Hauptebenen. (b) Verlauf der Elektronenstrahlen im Elektronenmikroskop

- Adhäsionsfähigkeit gegenüber Farbstoffen; Präparation, Anfärbung
- Reflexionsvermögen, Streuung; Brechzahl (Phasenkontrast- oder Interferenzmikroskopie); Polarisation
- Fluoreszenz (Fluoreszenzmikroskopie)

Konfokale Mikroskopie mit einem Laser-Scanning-**Mikroskop** erlaubt eine schichtweise Auflösung mikroskopisch kleiner Strukturen und damit quasi dreidimensionale Mikroskopie. Während beim konventionellen Mikroskop das gesamte Objekt beleuchtet und abgebildet wird, tastet (scannt) ein Lichtstrahl (Laser) das Objekt in der Objekteben ($x - y$) punktförmig ab, wobei Strukturen außerhalb der Fokusebene des Objektivs (in z-Richtung) ausgeblendet werden. Photomultiplier registrieren nur Lichtstrahlen aus der Fokusebene. Die nächste Schicht wird durch Verschiebung in z-Richtung gemessen, so dass eine Schnittbildgebung ähnlich tomographischer Verfahren (Kap. 11.4.3) möglich ist. Aus den Abbildungen vieler aufeinanderfolgender Objektebenen kann dann eine dreidimensionale Darstellung konstruiert werden. Eine besondere Bedeutung hat die konfokale Laser-Fluoreszenzmikroskopie erlangt.

9.5.2. Hochauflösende Mikroskopie

UV- und Röntgenmikroskop

Wenn die numerische Apertur optimiert ist, lässt sich das Auflösungsvermögen effektiv nur mit kürzeren Wellenlängen vergrößern. Irgendwann muss der Bereich des sichtbaren Lichts verlassen werden zum ultravioletten Licht (UV). Damit lässt sich die Vergrößerung bis auf $V = 3000$ sinnvoll erhöhen. UV-Mikroskopie erfordert einen hohen Aufwand durch Verwendung von Quarzoptiken als Linsen. Zudem muss das Bild durch Fluoreszenz sichtbar gemacht werden. Mit der Superauflösenden Fluoreszenzmikroskopie lässt sich das Auflösungsvermögen überwinden. (Nobelpreis 2014 für S. Hell, E. Betzig und W. Moerner)

Die noch erheblich kleinere Wellenlänge von Röntgenstrahlen ermöglicht Röntgenmikroskopen ein bis zu 10fach höheres Auflösungsvermögen als bei Lichtmikroskopen. Da Glas Röntgenstrahlen kaum bricht, kommen spezielle Röntgenoptiken zum Einsatz. Hauptsächliches Einsatzgebiet ist die Festkörperphysik, doch werden Röntgenmikroskope auch in der Biologie verwendet.

Elektronenmikroskop, Rasterelektronenmikroskop

Das Elektronenmikroskop ist verwandt mit Elektronenröhren wie der Röntgenröhre (s. Kap. 10.2.4). Auch wenn Elektronen Teilchen sind, muss man Elektronenstrahlen in der Quantentheorie eine Wellenlänge zuschreiben, die von der Energie der Teilchen abhängt (Welle-Teilchen-Dualismus). Diese Wellenlänge nach DE BROGLIE beträgt $\lambda = 1{,}2 \cdot 10^{-11}$ m für Elektronen einer Energie von 10 keV. Mit Elektronenstrahlen ist damit ein sehr hohes Auflösungsvermögen möglich. Elektronenmikroskope besitzen wegen ihrer kleinen numerischen Apertur eine große Schärfentiefe.

Die Elektronen werden mit Hilfe von **Elektronenlinsen** (Kondensor, Objektiv, Projektiv) fokussiert und durchlaufen Strahlengänge, die denen des Lichtmikroskops vergleichbar sind (Abb. 9.13b). Statt Brechung in optischen Medien nutzen Elektronenlinsen die Ablenkung bewegter Elektronen in elektrischen und magnetischen Feldern. Die Elektronen werden vorzugsweise auf Leuchtschirmen sichtbar gemacht. **Elektronenmikroskope** arbeiten im Vakuum. Die Beanspruchung des Objektes durch den Elektronenstrom kann beträchtlich sein. *In vivo*-Untersuchungen sind daher nicht möglich.

Beim **Rasterelektronenmikroskop** werden die Objekte nicht durchleuchtet, sondern mit einem fokussierten Elektronenstrahl rasterförmig abgetastet. Die auf das Objekt auftreffenden Elektronen lösen Sekundärelektronen aus, die mit Detektoren aufgenommen werden. Die Intensität der „reflektierten"Elektronenstrahlen ist von der Beschaffenheit der Oberfläche des Objekts abhängig. Das verstärkte Detektorsignal wird synchronisiert mit der jeweiligen Elektronenstrahlposition auf einer Braunschen Röhre (vgl. Fernsehbild) dargestellt. Die Auflösung liegt bei 25 nm. Rasterelektronenmikroskopische Aufnahmen zeichnen sich durch eine sehr plastische Darstellung aus. Rastertunnel- und Rasterkraftmikroskope tasten Oberflächen quasi mechanisch ab. Sie besitzen im Vergleich zu Elektronenmikroskopen noch höheres Auflösungsvermögen und erlauben die Untersuchung von Objektoberflächen bis zu atomaren Dimensionen.

9.6. Das Auge

Der visuelle Sinn basiert auf der Umwandlung elektromagnetischer Strahlung in neuronale Signale. Ähnlich dem Ohr (Kap. 5.4) ist mit dem Auge ein aufwändiger physikalischer Apparat vorgeschaltet, der das Licht dieser Umwandlung unter optimalen Bedingungen zuführt. Das menschliche Auge basiert auf den Kamera-Augen bei Wirbeltieren. Vorteil des Linsenkamera-Auges im Vergleich zum Lochkamera-Auge bei Nautiliden ist die wesentlich lichtstärkere und optisch schärfere Abbildung auf der Netzhaut.

Das Auge des Menschen hat nahezu Kugelgestalt und eignet sich damit gut für Nachführbewegungen. Das optische System des Auges ist ein zusammengesetztes Linsensystem. Die Abbildung erfolgt mit Hilfe des dioptrischen Apparates (Hornhaut, Linse, Glaskörper) als umgekehrtes verkleinertes Bild auf der **Retina** (Netzhaut). Zapfen und Stäbchen bilden die Rezeptoren des Lichts in der Retina. **Stäbchen** registrieren Helligkeitsunterschiede in einem breiten Wellenlängenbereich. Sie sind dadurch sehr lichtempfindlich, arbeiten also auch bei geringer Helligkeit noch gut, können aber keine Farben unterscheiden. **Zapfen** existieren in drei verschiedene Typen, die maximale Empfindlichkeiten bei verschiedenen Wellenlängen aufweisen (etwa 600 nm, 550 nm und 450 nm). Sie erlauben die Wahrnehmung verschiedener Farben.

9.6.1. Optische Abbildung im Auge (Dioptrik)

Die optische Abbildung auf die Retina übernehmen die Grenzflächen zwischen Strukturen mit unterschiedlichen Brechungsindizes: die **Cornea** (Hornhaut), die mit Kammerwasser gefüllte **vordere Augenkammer**, die **Augenlinse** und der **Glaskörper** (Abb. 9.14 links). Das Kammerwasser in Augenkammer und Glaskörper hat einen minimal höheren Brechungsindex als Wasser ($n = 1{,}336$). Die Brechungsindizes der Cornea ($n = 1{,}376$) und der Augenlinse sind größer, die Augenlinse ist zudem aus Schichten unterschiedlicher Brechung aufgebaut ($n = 1{,}353 \ldots 1{,}42$). Optisch liegt ein System aus zwei Sammellinsen und einer Streulinse vor. Die Cornea trägt mit 43 dpt den größten Teil der Brechkraft bei, die deformierbare Linse (Akkommodation, s.u.) nur 19,5 dpt. Dazwischen wirkt die vordere Augenkammer als Streulinse mit etwa $-3{,}5$ dpt. Das gesamte System hat damit im entspannten Zustand eine Brechkraft von 60 dpt.

Die Abbildung im Auge erfolgt im dichten Medium, die optischen Abbildungseigenschaften ergeben sich aus der Lage der Hauptebenen (H, H') und der Knotenpunkte (K, K'). Allerdings liegen die Knotenpunkte sehr dicht zusammen, was die Bildkonstruktion im „reduzierten Auge“ vereinfacht (Abb. 9.14 rechts).

9.6.2. Funktion des Auges

Die Auflösung der Netzhaut ist im Bereich der Netzhautgrube (Fovea) am größten, etwa $1/60$ Grad. Abbildungsfehler bleiben dort durch die Nähe zur optischen Achse gering. Die maximalen Empfindlichkeiten liegen beim dunkel adaptierten Auge bei 510 nm, beim hell adaptierten Auge bei 555 nm.

Für alle scharfen Abbildungen ist die Bildweite des Auges festgelegt durch den Abstand des hinteren Knotenpunkts zur Retina: $b = 17$ mm. Sollen Gegenstände unterschiedlicher Entfernung g abgebildet werden,

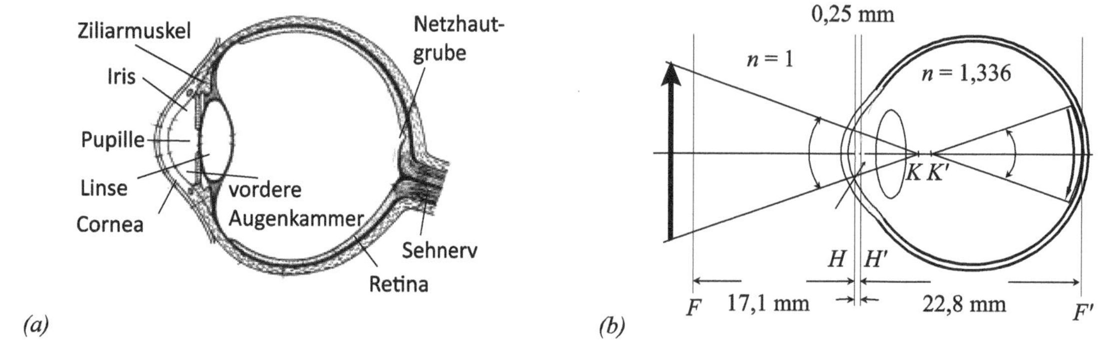

Abb. 9.14.: (a) Aufbau des menschlichen Auges. (b) Dioptrischer Strahlengang im „reduzierten Auge“

erfordert die Abbildungsgleichung (9.10) eine Anpassung der Brennweite. Daher ist die Augenlinse deformierbar. Im entspannten Zustand werden im **emmetropen** (gesunden) Auge unendlich weit entfernte Gegenstände scharf abgebildet. Durch Zusammenwirken des Ziliarmuskels und der Zonulafasern kann die Brennweite der Augenlinse verringert werden, so dass näher liegende Entfernungen scharf sind. Dieser Vorgang heißt **Akkommodation**. Die **Akkomodationsbreite** A quantifiziert das Anpassungsvermögen aus dem Fernpunkt x_F, der weitesten gerade noch scharf zu stellenden Entfernung, und dem Nahpunkt x_N, der nächsten gerade noch scharf zu stellenden Entfernung. Sie ist definiert als:

$$A = \frac{1}{x_N} - \frac{1}{x_F} \qquad \text{Einheit: } [A] = 1\,\mathrm{m}^{-1} = 1\,\mathrm{dpt} \tag{9.21}$$

Der Fernpunkt ist im emmetropen Auge $x_F = \infty$. Das junge Auge kann einen Nahpunkt von $0{,}1$ m, also eine Akkomodationsbreite von $A = 10$ dpt erreichen, schon früh nimmt die Akkommodation jedoch durch nachlassende Elastizität der Linse und Spannkraft des Ringmuskels ab und ist ungefähr mit 70 Jahren nicht mehr vorhanden.

Bereits eine Quantenenergie des Lichts von $2 \cdot 10^{-17}$ J genügt, um eine Lichtempfindung des Auges hervorzurufen. (Im Vergleich dazu beträgt die Energie eines gerade noch wahrnehmbaren Tones, d.h. an der Hörschwelle, 10^{-16} J.) Die der Definition der Lichtstärkeneinheit Candela (vgl. S. 105) zugrunde liegende Leuchtdichte von schmelzendem Platin liegt dicht an der Grenze der Blendung für das menschliche Auge. Von der Schwelle bis zur Blendung wird vom Auge ein Bereich der Leuchtdichte von über acht Zehnerpotenzen ohne Schädigung wahrgenommen.

	Schwelle ohne Farberkennung	minimales „Leselicht“	Schreibtisch-Beleuchtung	Blendung (absolut)
Leuchtdichte ($1\,\mathrm{cd\,m^{-2}}$)	10^{-2}	10	10^3	$> 10^6$

Farbsehen erfolgt im Sehzentrum durch Verrechnung der Signale der drei Zapfentypen. Die Signale selbst leuchtender Objekte addieren sich additiv (im Maximalfall zu weiß), bei der wellenlängenabhängigen Absorption oder Reflexion von Licht tritt subtraktive Farbmischung (im Maximalfall: Schwarz) auf.

Der photochemische Prozess in den Zapfen und Stäbchen ist ziemlich träge, damit ist die zeitliche Auflösung des Auges sehr eingeschränkt. Die „Flimmerverschmelzungsfrequenz“beträgt bei Dunkeladaptation $3 \ldots 12\ \mathrm{s}^{-1}$, bei Helladaptation $\ldots 65\ \mathrm{s}^{-1}$).

Technische Anwendung: Bildwiederholfrequenz bei Fernseher und Monitor, *medizinisch*: Stroboskop zur Beobachtung der Stimmlippenbewegungen

9.6.3. Refraktionsanomalien

Die wichtigsten optischen Fehlbildungen des Auges gehen auf eine Verformung des Augapfels oder der Cornea zurück. Beim kurzsichtigen (myopen) Auge ist der Augapfel zu lang gestreckt. Weil Cornea und Linse normal dimensioniert sind, liegt das nicht akkommodierte Bild vor der Netzhaut. Beim weitsichtigen (hypermetropen) Auge liegt das Bild dagegen wegen des zu kurzen Augapfels vor der Netzhaut. Abhilfe schafft bei Myopie der Vorsatz einer Streulinse mit negativer Brechkraft, bei Hypermetropie einer Sammellinse mit positiver Brechkraft. Alternativ kann die Krümmung der Cornea operativ durch Laser angepasst werden (Keratektomie).

Häufig ist auch die Cornea in verschiedenen Richtungen unterschiedlich gekrümmt. Den daraus resultierenden Astigmatismus (s. S. 97) korrigiert man durch einen Zylinderanteil in der Sehhilfe. Näherungsweise kann man die Brennweite eines Brillenglases mit dem praktisch parallelen Sonnenlicht ermitteln.

Schließlich kann auch eine Trübung der Augenlinse auftreten (Katarakt, „grauer Star“). Die Entfernung der undurchsichtigen Linse ist verbunden mit dem Totalverlust des Akkommodationsvermögens und eines Teils der Brechkraft des Auges.

9.7. Emission und Absorption von Strahlung

Sichtbares Licht umfasst mit Wellenlängen von $400 \ldots 750$ nm nur einen kleinen Ausschnitt des Spektrums elektromagnetischer Wellen. Die Entstehung, Ausbreitung und Wechselwirkung mit Materie ist qualitativ für alle Strahlung (Mikrowellen, Infrarot, Licht, Ultraviolett, Röntgenstrahlung) vergleichbar. Für die Messung von Strahlung werden die gleichen Größen verwendet, allerdings gibt es für Licht Größen, die die Wahrnehmung berücksichtigen.

9.7.1. Strahlungsmessgrößen

Mit der Ausbreitung von elektromagnetischen Wellen ist immer ein Energietransport verbunden. Um die gesamte übertragene Energie zu beschreiben, wird häufig die Intensität J verwendet (s. S. 42). Eine punktförmige Strahlungsquelle emittiert diese Energie gleichmäßig in alle Raumrichtungen. Der **Strahlungsfluss** Φ ist der pro Sekunde emittierte Energiestrom und von der Einheit her eine Leistung:

$$\Phi = \frac{\Delta W}{\Delta t} = \frac{\text{gesamte emittierte Strahlungsergie}}{\text{Zeit}} \qquad \text{Einheit: } [\Phi] = 1\,\mathrm{W\,sr^{-1}}\ \text{(Watt)} \tag{9.22}$$

Im dreidimensionalen Raum ist die die Strahlungsquelle umgebende Kugel ein Raumwinkel 4π (Raumwinkel in sr, Steradiant). Für einen bestimmten kleineren Raumwinkel Ω lässt sich die **Strahlstärke** angeben (Abb. 9.15a):

$$I_e = \frac{d\Phi}{d\Omega} \qquad \text{Einheit: } [I_e] = 1\,\mathrm{W\,sr^{-1}} \tag{9.23}$$

Alternativ kann man die auf eine Testfläche A auftreffende Strahlungsleistung definieren als Bestrahlungsstärke:

$$E = \frac{d\Phi}{dA} \qquad \text{Einheit: } [E] = 1\,\mathrm{W\,m^{-2}}$$

Sie hängt davon ab, ob die Strahlung senkrecht oder unter einem Winkel auf die Testfläche trifft. Wie schon für Schall gezeigt (s. S. 43), verteilt sich die selbe Strahlungsleistung mit zunehmendem Abstand r von der Strahlungsquelle auf immer größere Flächen (Abb. 9.15b). Weil $A \sim r^2$, gilt für die Bestrahlungsstärke einer punktförmigen Strahlungsquelle wieder das **quadratische Abstandsgesetz**:

$$E \sim r^{-2} \Rightarrow \frac{E_2}{E_1} = \frac{r_1^2}{r_2^2} \qquad \text{und für die Intensität:} \qquad \frac{J_2}{J_1} = \frac{r_1^2}{r_2^2} \tag{9.24}$$

Es gilt auch für die Intensität J. Die von einer flächenhaften Strahlungsquelle ausgehende Strahlstärke pro Flächeneinheit wird als **Strahldichte** L bezeichnet:

$$L = \frac{I_e}{A} = \frac{\Phi}{A \cdot \Omega} \qquad \text{Einheit: } [L] = 1\,\mathrm{W\,sr^{-1}\,m^{-2}}$$

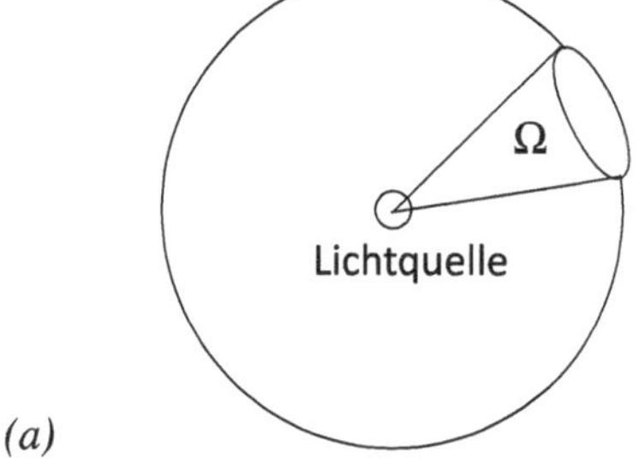

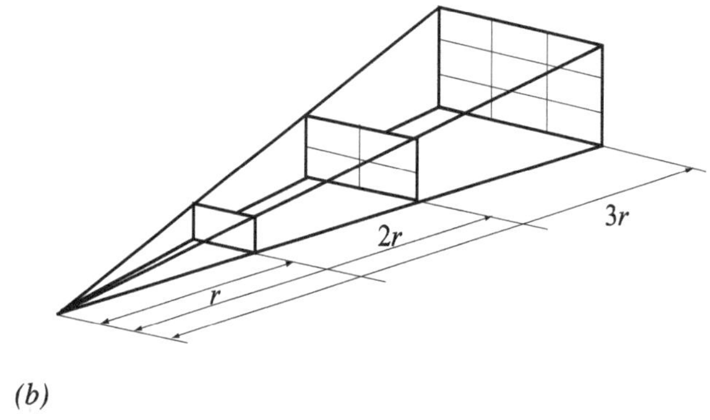

Abb. 9.15.: (a) Definition der Strahlstärke mit Raumwinkel Ω. (b) Abstandsgesetz für punktförmige Strahler

Lichtmessgröße	Einheit	Definition	Strahlungsmessgröße	Einheit
Lichtstärke	Candela (1 cd)	$I_V = \Phi/\Omega$	Strahlstärke	$1\,\mathrm{W\,sr^{-1}}$
Lichtstrom	Lumen (1 lm)	$\Phi = \frac{dW}{dt}$	Strahlungsfluss	$1\,\mathrm{W}$
Leuchtdichte	$1\,\mathrm{cd\,m^{-2}}$	$L = I/A = \Phi/(A \cdot \Omega)$	Strahldichte	$1\,\mathrm{W\,m^{-2}sr^{-1}}$
Beleuchtungsstärke	Lux (1 lx)	$E = \Phi/A = \varphi \cdot \cos\alpha$	Bestrahlungsstärke	$1\,\mathrm{W\,m^{-2}}$

Tab. 9.4.: Lichtmessgrößen und entsprechende Strahlungsmessgrößen mit ihren Einheiten

9.7.2. Lichtmessung (Photometrie)

Die Größen der Lichtmessung berücksichtigen die spektrale Variation der menschlichen Wahrnehmung. Die maximale Empfindlichkeit liegt im gelbgrünen Bereich ($\lambda \approx 550$ nm). Auch die Anpassung des Auges an die jeweilige Helligkeit (Adaptation) ist in der Photometrie zu beachten. Eine objektive Strahlungsmessung wird mit Strahlungsthermoelementen vorgenommen. Damit erhält man zur Strahlungsmessung analoge Größen, die auch die gleichen Symbole verwenden. Die Einheiten jedoch sind wegen der physiologischen Bewertung anders. Die Lichtmessgrößen sind in Tab. 9.4 den entsprechenden Strahlungsmessgrößen gegenübergestellt.

- Von einer punktförmigen Lichtquelle in den gesamten Raum ($\Omega = 4\pi$) ausgesandt wird der **Lichtstrom** Φ. Die Einheit ist Lumen.
- Die SI-Basisgröße **Lichtstärke** I_V ist der Lichtstrom pro Raumwinkel (Gl. (9.23)). Sie wird in Candela angegeben. Konsequent gilt $\mathrm{lm} = \mathrm{cd} \cdot \mathrm{sr}$.
- Die **Beleuchtungsstärke** E entspricht der Bestrahlungsstärke und wird in Lux gemessen. Es gilt: $1\ \mathrm{lx} = 1\ \mathrm{lm\,m^{-2}}$
- Die Leuchtdichte L in $\mathrm{cd\ m^{-2}}$ ist für ausgedehnte Lichtquellen adäquat.

Die Lichtstärke ist durch die Strahlung definiert, die ein so genannter schwarzer Körper bei 1770 °C (Schmelzpunkt von Platin) emittiert. Der schwarze Körper leuchtet bei dieser Temperatur mit einer Leuchtdichte von $60\ \mathrm{cd\,cm^{-2}}$.Typische Werte für Lichtstärken und Beleuchtungsstärken sind: Haushaltkerze (ca. 1 cd), Glühlampe (50 ... 200 cd), Leselicht (100 lx), Vollmond (0,3 lx), Sonnenlicht (105 lx).

Neben objektiven photometrischen Verfahren (Photodioden, Photoelemente, Sekundärelektronenvervielfacher) werden auch subjektive Methoden angewandt (durch Vergleich, z.B. Fettfleckphotometer, durch Blenden, Abstandsvariation). Genaue Lichtmessungen auf rein optischem Wege setzen gleiche Farbtemperatur voraus.

9.7.3. Absorption von Strahlung, Extinktion von Licht

Beim Durchgang durch Materie wird Strahlung durch Absorption und Streuung geschwächt. Absorption im engeren Sinne bezeichnet die Aufnahme der Energie, Streuung die Ablenkung der Strahlung durch die Atome des Materials. Absorption ist präzise nur über die Quantentheorie und den Aufbau der Atome verständlich (Kap. 10.1.1). Da auch die Streuung dazu führt, dass weniger Strahlungsleistung in einer bestimmten Richtung registriert wird, subsummiert man auch beide Prozesse unter Absorption.

Streuung: von Licht, das heißt ungerichteter Ablenkung, liegen im Wesentlichen zwei Prozesse zugrunde:

- Bei der so genannten **RAYLEIGH-Streuung** in Gasen wie Luft wird Licht von kleinen Teilchen (kleiner als die Wellenlänge von Licht, also unter ca. 500 nm) reflektiert und damit aus der Richtung gebracht. Dabei wird die Strahlung auch polarisiert. Die RAYLEIGH-Streuung nimmt mit abnehmender Wellenlänge zu ($\sim 1/\lambda^4$), kürzere Wellenlängen (violettes Licht) werden stärker gestreut als längere (rotes Licht).
- **MIE-Streuung** beruht auf der Reflexion an Teilchen, die etwas größer als die Wellenlänge des Lichts ist, sie ist wenig von der Wellenlänge abhängig.

Die Compton-Streuung, bei der die Wellenlänge der Strahlung verändert wird, spielt erst für Röntgenstrahlen eine Rolle (Kap. 10.4.2).

Extinktion: bezeichnet die Schwächung von sichtbarem Licht in Materie durch Absorption und Streuung. Sie nimmt beim Durchgang durch eine Substanz mit der Laufstrecke x zu. Gemäß des **Schwächungsgesetzes** von BOUGUER und LAMBERT verringert sich die an der Oberfläche der Substanz eintretende Intensität J_o exponentiell mit x:

$$J(x) = J_o \cdot e^{-k \cdot x} \qquad k \text{ Extinktionskoeffizient, Einheit: } [k] = 1\,\mathrm{m}^{-1} \tag{9.25}$$

k hängt nicht nur vom durchdrungenen Material, sondern auch von der Wellenlänge ab. Daraus lässt sich die Dicke berechnen, die die Intensität von J_o auf $\frac{1}{2} J_o$ schwächt, die Halbwertsdicke d_H:

$$d_H = \frac{\ln 2}{k} \tag{9.26}$$

Die Natur der Exponentialfunktion bewirkt, dass nach $x = 2\,d_H$ die Intensität auf $1/2^2 = 1/4$, nach $3\,d_H$ auf $1/2^3 = 1/8$ und so fort geschwächt wird (Abb. 9.16a).

Photometrisch lässt sich die Konzentration c_n einer Farbstofflösung bestimmen, indem Licht hindurch geschickt wird. Die Extinktionskonstante k ist bei niedrigen Konzentrationen nämlich proportional zu c_n (Abb. 9.16b). In diesem BEERschen Bereich gilt dann das BEERsches Gesetz:

$$k(\lambda, c) = c \cdot \varepsilon(\lambda) \qquad \varepsilon \text{ molarer Extinktionskoeffizient, } [\varepsilon] = 1\,\mathrm{L\,mol^{-1}m^{-1}} \tag{9.27}$$

Aus den beiden Gesetzen ergibt sich das **Gesetz von LAMBERT-BEER**:

$$J(\lambda, c, x) = J_o \cdot e^{-c \cdot \varepsilon(\lambda) \cdot x} \tag{9.28}$$

Man führt noch die **Transmission** T ein, die den von einer Probe durchgelassenen Anteil der Intensität beschreibt, und die **Extinktion** E, den (logarithmierten) absorbierten Teil:

$$T = \frac{J}{J_o} \qquad E = \ln\left(\frac{J_o}{J}\right) = c \cdot \varepsilon \cdot x = k \cdot x \tag{9.29}$$

Auf diese Weise lassen sich mit dem Spektral-Photometer in der klinischen Chemie Konzentrationen (Zucker, Hämoglobin und Oxyhämoglobin) messen. Abhängig von der Art der Konzentrationsangabe ($1\,\mathrm{mmol\,cm^{-3}}$ oder $1\,\mathrm{mg\,cm^{-3}}$) wird ε als molarer oder spezifischer Extinktionskoeffizient angegeben.

9.7.4. Wärmestrahlung

Die Entstehung und Absorption von Strahlung beruht vor allem auf Energieübergängen von Elektronen in Atomen und kann präzise nur über die Quantentheorie und den Aufbau der Atome erklärt werden (Kap. 10.1.1). Es wurde jedoch bereits gezeigt, dass jeder Körper abhängig von seiner Temperatur elektromagnetische Strahlung (Wärmestrahlung) emittiert (Kap. 6.4.1).

Das Wellenlängenspektrum der Wärmestrahlung eines Körpers ist (im Gegensatz zum Emissionsspektrum einzelner Atome) kontinuierlich (Abb.9.17). Gemäß des STEFAN-BOLTZMANN-Gesetzes wächst die gesamte Strahlungsleistung mit der vierten Potenz de Temperatur:

$$P \sim T^4 \tag{9.30}$$

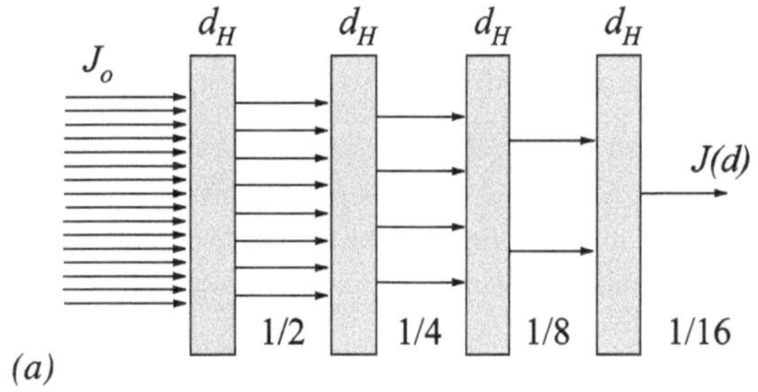

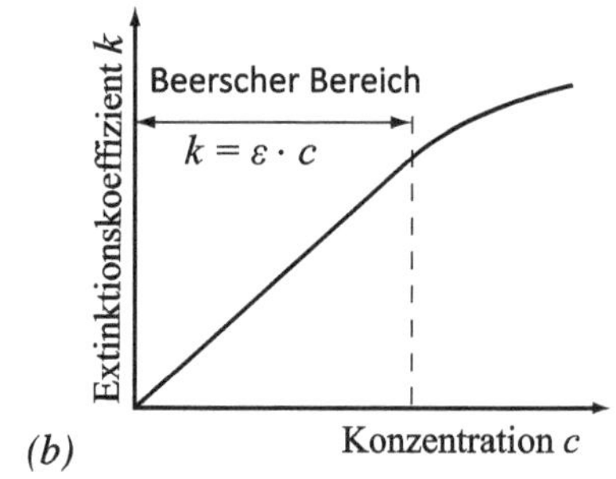

Abb. 9.16.: (a) Halbwertsdicke bei der Absorption von Strahlung. (b) Beerscher Bereich der Lichtabsorption

Die Verschiebung des Maximums der emittierten Wärmestrahlung mit steigender Temperatur zu kürzeren Wellenlängen beschreibt das WIENsche Verschiebungsgesetz:

$$\lambda_{max} \cdot T = const = 2898\,\mu\text{m K} \tag{9.31}$$

Bei Raumtemperatur liegt das Maximum im Bereich von Mikrowellen (niedrigem Infrarot) bei $\lambda \approx 10\ \mu$m. Aus den Wellenlängen von Sonnenlicht lässt sich auf eine Temperatur von etwa 6000 °C) schließen.

Ein Körper emittiert nicht nur Wärmestrahlung, sondern absorbiert sie auch. Beides hängt von der Beschaffenheit seiner Oberfläche ab. Weiße Körper reflektieren die meiste Strahlung, absorbieren also wenig, und emittieren selbst auch wenig. Schwarze Körper dagegen emittieren und absorbieren sehr viel Wärmestrahlung. Generell gilt für die Leistung:

$$\text{Emission} \sim \text{Absorption}$$

Während Körper mit einer schwarzen oder grauen Oberfläche alle Wellenlängen gleich emittieren (oder absorbieren), emittieren farbige Körper ein wellenlängenabhängiges Spektrum. Optisch am „schwärzesten"ist die Öffnung eines schwarz ausgekleideten Hohlraums („Hohlraumstrahlung").

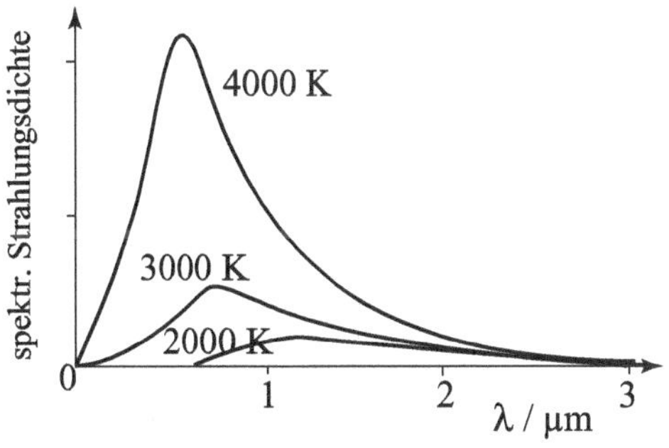

Abb. 9.17.: Spektrum der Wärmestrahlung bei verschiedenen Temperaturen

Notizen:

10. Atom- und Kernphysik

Die genaue Erklärung des Aufbaus der Atome erfordert die Einführung von Quantenhypothesen, die mit dem klassischen Verständnis von Physik kollidieren. Die Entwicklung der Atom- und Kernphysik führte zu außerordentlich wichtigen technischen Innovationen in der medizinischen Diagnostik (Radiologische Bildgebung) und Therapie (Strahlentherapie).

10.1. Grundannahmen der Atomphysik

10.1.1. Licht und Quanten, Photoeffekt

Um die Wende zum 20. Jahrhundert häuften sich Experimente aus Optik und Elektrizitätslehre, deren Resultate nicht mit der klassischen Physik in Einklang zu bringen waren. Neben der Wärmestrahlung (Kap. 9.7.4) lieferte vor allem der Photoelektrische Effekt (**Photoeffekt**, untersucht von HALLWACHS) unerwartete Ergebnisse.

Dabei fällt monochromatisches Licht auf eine positiv geladene Metallplatte im Vakuum (Abb. 10.1). Die Energie des Lichts W_L stellt den Elektronen des Metalls die Austrittsarbeit W_{Aus} zur Verfügung (vgl. Kap. 7.6.1), so dass ein messbarer Strom fließt. Aus dem Überschuss der Lichtenergie erhält das Elektron eine kinetische Energie $W_{el} = W_L - W_{Aus}$. Eine Erhöhung der Beleuchtungsstärke erhöht allerdings nur die Anzahl der ausgelösten Elektronen, nicht deren Energie. Diese hängt dafür aber von der Frequenz des Lichts ab; ausgelöste Photoelektronen finden sich überhaupt erst oberhalb einer Grenzfrequenz f_g. Dieses Ergebnis lässt sich nicht mehr mit Licht als Welle erklären, sondern nur durch Teilcheneigenschaften.

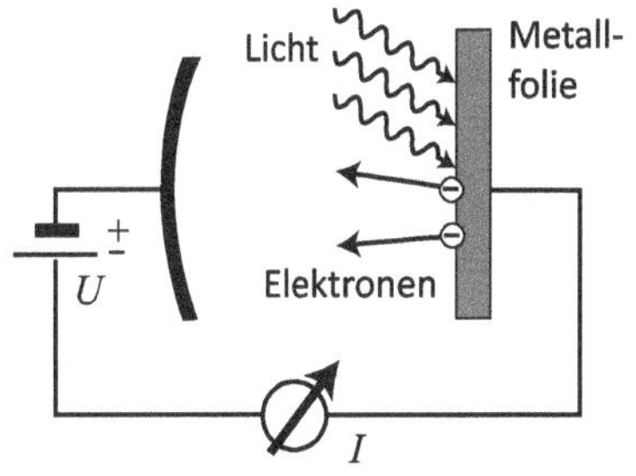

Abb. 10.1.: Photoeffekt: Auf Metallfolie treffendes Licht löst Elektronen aus

Quantenhypothese für Licht (PLANCK):

Licht besitzt sowohl Eigenschaften von Teilchen als auch von Wellen. Licht einer Frequenz f besteht aus Energieportionen, sogenannten Quanten (**Photonen**), die nicht teilbar sind. Die Energie eines Photons beträgt

$$W = h \cdot f \qquad h = 6{,}6 \cdot 10^{-34}\,\mathrm{J\,s} \quad \text{PLANCKsches Wirkungsquantum} \tag{10.1}$$

Die Quantenvorstellung benötigt man für die Entstehung und Absorption von Licht, während die Ausbreitung gut durch Wellen beschrieben wird. Später zeigte sich darüber hinaus, dass man diesen Dualismus auch auf Elementarteilchen anwenden muss: Elektronen zum Beispiel haben nicht nur Teilchen-, sondern auch Welleneigenschaften (DE BROGLIE-Wellen). Erst das erlaubt eine optische Abbildung mit Elektronen wie im Elektronenmikroskop (Kap. 9.5.2).

10.1.2. Atomarer Aufbau, Bohrsches Atommodell

Wie in Kap. 4.1.1 geschildert, bestehen Atome aus einem positiv geladenen Atomkern und einer negativen Elektronenhülle. Der Kern seinerseits ist zusammengesetzt aus positiven Protonen und neutralen Neutronen. Wenn die Zahl der Hüllenelektronen und der Protonen im Kern übereinstimmt, sind die Atome nach außen elektrisch neutral. (Andernfalls sind sie geladene Ionen.) Die Masse des Atoms entspricht etwa der Masse des Atomkerns, da die Masse der Elektronen viel geringer (1/1836) als die der Kernbausteine ist.

Wegen des geringen Durchmessers des Atomkerns ($\approx 10^{-14}$ m) wird das Volumen der Atome durch die Atomhülle bestimmt (Atomdurchmesser $\approx 10^{-10}$ m). Die Art des chemischen Elements wird durch die positive Kernladungszahl bestimmt; die chemischen Reaktionen betreffen aber nur die Atomhülle. Zunächst wollen wir uns nur mit der Atomhülle auseinander setzen.

Sichtbares Licht entsteht durch Energieabgabe der Elektronen in der Atomhülle. Nach der Quantenhypothese von PLANCK besteht ein fester Zusammenhang zwischen der Photonenenergie und der Frequenz der Strahlung. Licht kann nur portionsweise entstehen. Daraus entwickelten BOHR und SOMMERFELD ein Modell des Atoms, das die Entstehung von Licht und das Periodensystem der Elemente schlüssig erklärt. (Die folgenden Überlegungen sind jedoch nur als Veranschaulichung zu sehen, eine exakte physikalische Beschreibung erfordert wesentliche weitere quantentheoretische Annahmen, z.B. die HEISENBERGsche Unschärferelation!) Das BOHRsche Atommodell basiert auf drei Postulaten:

1. Die Elektronen haben im Atom **Energieniveaus** („Bahnen“) W_n, auf denen sie ohne Energieverlust „kreisen“. Zwischen diesen Niveaus kann sich ein Elektron nie aufhalten (Abb. 10.2).

2. Beim Übergang eines Elektrons von einem Niveau höherer Energie W_n auf eines niedrigerer Energie W_m wird Energie frei, die das Atom als Strahlung verlässt:

$$h \cdot f = W_n - W_m \qquad (10.2)$$

   Beim Übergang von einem niedrigen Niveau zu einem höheren muss dem Elektron *exakt* diese Energie zugeführt werden.

3. Die Elektronen besitzen einen Drehimpuls, der ebenfalls nur ein Vielfaches des PLANCKschen Wirkungsquantums sein darf:

$$L_n = n \cdot \frac{h}{2\pi} \qquad (10.3)$$

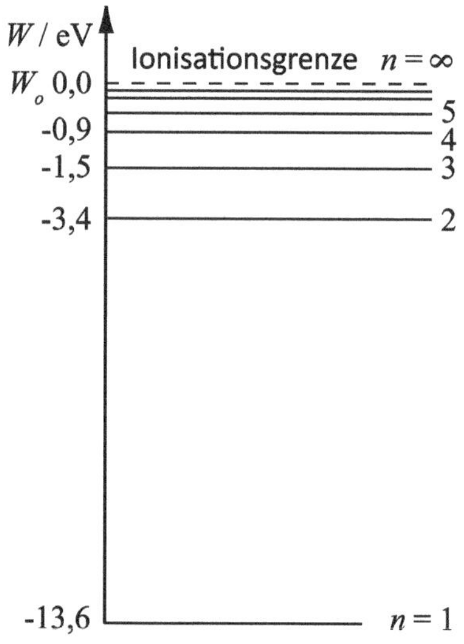

Abb. 10.2.: Termschema des H-Atoms. Energien werden gewöhnlich in eV angegeben, s. Gl. (7.6)

Quantenzahlen

Die Vorstellung von Kreisbahnen ähnlich eines Planetensystems musste bald darauf aufgegeben werden. Jedes der Elektronen hat in ihrem **(Orbital)** an einem Ort zu einer Zeit eine gewisse Aufenthaltswahrscheinlichkeit. Die Energieniveaus sind vom niedrigsten her abgezählt mit der **Hauptquantenzahl** n. Der **Grundzustand** ist das Niveau mit der niedrigsten Energie ($n = 1, W_1$). Für $n \to \infty$ wird eine maximale Energie erreicht, oberhalb der das Elektron nicht mehr zum Atom gehört, die **Ionisierungsenergie** W_o. Die Lage der weiteren Energieniveaus wird relativ zu W_o angegeben, daher sind die Energien der Niveaus negativ. Besonders einfach sind die Verhältnisse im *Wasserstoffatom* mit einem einzelnen Elektron. Dort gilt für die Lage der Energieniveaus:

$$W_o - W_n \sim n^{-2} \qquad (W_o - W_1 = 13{,}6\,\mathrm{eV}) \qquad (10.4)$$

Traditionell werden Energien in der Atomphysik nicht in Joule angegeben, sondern in Elektronenvolt (1 eV = $1{,}6 \cdot 10^{-19}$ J, vgl. S. 66). Gemäß dem BOHRschen Postulat Gl. (10.2) wird im Wasserstoffatom bei jedem Übergang von einem Niveau n_1 nach n_2 Strahlung genau einer Frequenz emittiert, die sich berechnen lässt:

$$f = Rf \cdot \left(\frac{1}{n_2^2} - \frac{1}{n_1^2}\right), \qquad \text{RYDBERG-Frequenz } Rf = 3{,}28 \cdot 10^{15}\,\mathrm{Hz} \qquad (10.5)$$

Wenn in der Atomhülle mehrere Elektronen vorhanden sind, dann liegen durch Beeinflussung der Elektronen untereinander kompliziertere Verhältnisse vor. Es müssen weitere Quantenzahlen eingeführt werden, die ebenfalls nur ganzzahlige Werte annehmen können und die n-Niveaus feiner unterteilen:

- Die **Nebenquantenzahl** l beschreibt die Form der Orbitale ($l = 0$: s-Orbital, kugelförmig; $l = 1$: p-Orbital, hantelförmig; ...). Sie kann n verschiedene Werte annehmen.
- Die **magnetische Quantenzahl** m beschreibt die räumliche Ausrichtung des Orbitals. (Auch für m gibt es eine Wertevorschrift.)
- Der **Elektronenspin** $s = \frac{1}{2}$ oder $s = -\frac{1}{2}$ beschreibt eine Eigenrotation des Elektrons (Drehimpuls). Er ist mit einem magnetischen Moment verbunden.

Pauli-Prinzip: In einem Atom müssen sich alle Elektronen in wenigstens einer Quantenzahl unterscheiden.

Mit diesen Vorgaben lässt sich ausrechnen, mit wie vielen Elektronen jedes Niveau n zu besetzen ist:

Schale:	K	L	M	N
n:	1	2	3	4
maximale Elektronenzahl:	2	8	18	32

Genau so verteilen sich die Elektronen in einem elektrisch neutralen Atom einer bestimmten Kernladung auf die Niveaus. Daraus leitet sich die Struktur des Periodensystems der Elemente ab: Das höchste vorkommende n (die höchste besetzte Schale) bestimmt die Periode, die Anzahl der Elektronen in diesem Niveau die Hauptgruppe.

10.2. Entstehung von elektromagnetischer Strahlung

10.2.1. Energieübergänge

Im Grunde entsteht von nahem Infrarot über Licht bis zu Röntgenstrahlung jede elektromagnetische Strahlung auf eine ähnliche Weise in der Atomhülle. Im BOHRschen Atommodell sind für die Elektronen der Atomhülle nur diskrete Bahnen mit entsprechenden Energieniveaus erlaubt. Durch Energiezufuhr kann ein Elektron auf ein höheres Energieniveau gebracht (**angeregt**) werden. Nach einer extrem kurzen Verweildauer (ca. 10^{-15} s) geht es wieder in den Grundzustand über (eventuell auch über mehrere Stufen wie bei der Fluoreszenz). Dabei wird der Energieunterschied ΔW als Photon mit einer Energie $h \cdot f = \Delta W$ emittiert. Ein direkter Übergang zwischen zwei bestimmten Niveaus führt also immer zu Licht einer festen Frequenz f. Die Anregung der Elektronen in Atomen (oder Molekülen) kann erfolgen durch:

- Einstrahlung von Licht (Photonen) passender Frequenz bzw. Energie
- Stöße von geladenen Teilchen (Ionen, Elektronen), die im elektrischen Feld beschleunigt wurden (Stoßanregung, z.B. Gasentladungen)
- Stöße mit anderen Atomen hoher kinetischer Energie (thermische Anregung, z.B. Flammen)
- Bei Zufuhr von Energie $W > W_o$ verlässt das Elektron das Atom, dieses wird zum Kation.

Das **Termschema** des Wasserstoffatoms haben wir in Gl. (10.5) kennengelernt. Die Übergänge haben exakte Frequenzen (und Wellenlängen), ein für das Atom typisches **Linienspektrum** (Abb. 10.3a). Die Zielniveaus n_2 definieren „Serien". Nur die Übergänge der BALMER-Serie auf das Niveau $n_2 = 2$ liefern sichtbares Licht (Abb. 10.3b). Die LYMAN-Serie (auf $n_2 = 1$) liegt im UV-Bereich, alle weiteren ($n_2 \geq 3$) im Infraroten.

Lumineszenz (auch Kaltlicht) bezeichnet generell Licht, das nicht durch thermische Anregung oder Stoßanregung (Gasentladung) entsteht. Man unterscheidet:

- Chemolumineszenz (bei exothermen Reaktionen, z.B. Enzym-Reaktion beim Glühwürmchen)
- Radiolumineszenz (Anregung durch radioaktive α-,β-, γ-Strahlung)
- Tribolumineszenz (Aufbrechen chemischer Bindungen beim mechanischen Zerteilen von Festkörpern, z.B.: Aufreißen von Klebestreifen),
- Sonolumineszenz (durch Kavitation bei energiereichem Ultraschall, vgl. Kap. 5.5.3).

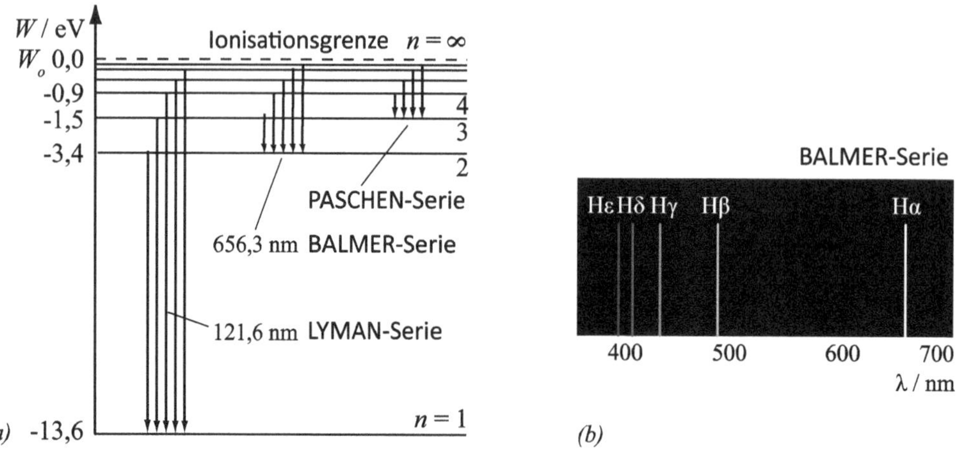

Abb. 10.3.: (a) Elektronenübergänge (Termschema) im Wasserstoffatom. (b) Linienspektrum der BALMER-Serie im sichtbaren Bereich

Bei **Fluoreszenz** fällt ein Elektron aus einem hohen Niveau nicht direkt in den Grundzustand, sondern auf ein freies Zwischenniveau, aus dem es aber sofort in den Grundzustand übergeht. So entsteht nicht ein einziges Quant hoher Energie, sondern zwei Quanten, deren Energie der Summe des gesamten Übergangs entspricht. Bei Phosphoreszenz ist das Zwischenniveau metastabil und seine Verweildauer so groß, dass der zweite Übergang als Nachleuchten zu sehen ist.

Technische und medizinische Anwendungen: Sichtbarmachung von UV- und Röntgenstrahlung und Elektronenstrahlen (Leuchtschirm); Fluoreszenz-Mikroskopie; Fluoreszenz-Spektroskopie in der Biochemie.

10.2.2. Spektren

Die Energieübergänge sind für bestimmte Atome und auch viele Moleküle charakteristisch; sie erlauben den Nachweis eines bestimmten Stoffes. So kann aus den einzelnen Frequenzen des von Atomen einer Sorte emittierten Lichts der Stoff nachgewiesen werden (**Emissionsspektrum**). Das einfachste Beispiel ist die sichtbare BALMER-Serie des Wasserstoffs (s. Abb. 10.3b). Moleküle besitzen aufgrund vieler nahe beieinander liegender Niveaus und der Bewegung der Atome im Molekül breite „Banden". Den selben Nachweis erlauben die Frequenzen der Absorption von Licht in nicht leuchtenden Stoffen, da jeder Stoff bei den selben Frequenzen absorbiert, bei denen er Licht emittiert. Die Lücken im **Absorptionsspektrum** entsprechen daher den Linien im Emissionsspektrum.

In der Spektroskopie bestimmt man das Emissionsspektrum einer unbekannten Substanz (Flammenphotometer) oder deren Absorptionsspektrum (Spektralphotometer), der Abhängigkeit der Extinktion von der Wellenlänge. Fluoreszenzspektralanalyse weist eine Substanz nach, indem das Fluoreszenzspektrum nach Bestrahlung mit kurzwelligem Licht (UV) gemessen wird. Die für die klinische Chemie wichtigen Molekülspektren betreffen neben den Bandenspektren im sichtbaren und im UV-Bereich vorwiegend den infraroten Bereich (Rotationsspektren). Auch das charakteristisches Röntgenspektrum (s. S. 113) ist ein solches Emissionsspektrum und für das Material der Anode spezifisch.

10.2.3. Laser

Beim Laser (*Light Amplification by Stimulated Emission of Radiation*, Abb. 10.4a) werden die Elektronen zunächst in metastabile Anregungsniveaus mit großer Verweildauer (10^{-2} s statt ca. 10^{-15} s) gebracht („optisches Pumpen"). Bei induzierter Emission der so angeregten Atome durch einen Lichtblitz fallen alle Elektronen gleichzeitig in den Grundzustand. Durch einen optischen Resonator mit einer Länge, die ein Vielfaches der erwünschten Wellenlänge ist, wird dieser Übergang verstärkt (Abb. 10.4b). Dadurch wird eine monochromatische Lichtwelle mit genau einer Wellenlänge, hoher Intensität, extrem kleinem Öffnungswinkel und großer Kohärenz (Kap. 9.4.2) erzeugt.

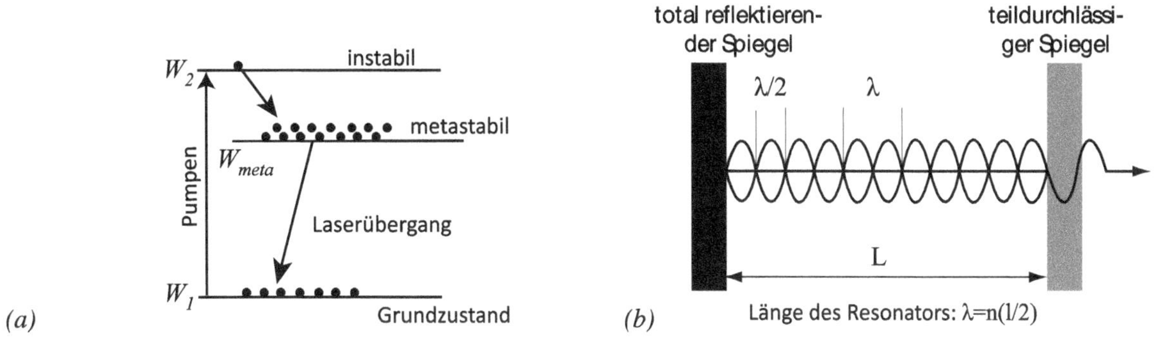

Abb. 10.4.: Laser. (a) Niveauübergang beim 3-Niveau-Laser. (b) Auswahl einer Wellenlänge durch Resonanz

Medizinische Anwendungen:

- Wissenschaftlich und diagnostisch: Laser-Scanning-Mikroskop, Lasermikrospektralanalysen
- Therapeutisch v.a. thermisch–optisch: Laserskalpell, z.B. CO_2-Laser. Unter anderem nutzen Augenheilkunde (Netzhaut, Linse), HNO-Heilkunde und Neurochirurgie Koagulation und Verdampfung von Gewebe. Desweiteren lokale Chemotherapie (Protein-Denaturierung durch photochemische Effekte)

10.2.4. Röntgenstrahlung

Für die Entdeckung der „X-Strahlen" (noch heute englisch: „X-Rays") erhielt W.C. RÖNTGEN 1901 den allerersten Nobelpreis für Physik. Sie stellen immer noch die verbreitetste Methode medizinischer Bildgebung dar und sind ein Synonym für das „Hindurchsehen" geworden. Allerdings sind sie als ionisierende Strahlung medizinisch nicht vollständig unbedenklich.

Röntgenstrahlen entstehen beim Aufprall energiereicher Elektronen auf Metall (Abb.10.5a). Ein Teil der kinetischen Energie der Elektronen wird in Strahlung, der größte Teil (über 99 %) jedoch in Wärmeenergie umgewandelt. Zur Erzeugung von Röntgenstrahlen dienen vorwiegend Röntgenröhren. Daneben werden für die Erzeugung sehr energiereicher Röntgenstrahlung (therapeutischer Einsatz) zur Elektronenbeschleunigung Betatron und der Linearbeschleuniger eingesetzt.

Aufbau der Röntgenröhre: In einem evakuierten Glaskolben wird eine **Glühkathode** geheizt (Abb.10.5b). Abhängig von der **Heizspannung** U_H (relativ niedrig) treten Elektronen durch Glühemission aus dem Metall in das umgebende Vakuum aus (vgl. Kap. 7.6.2). Gegenüber der Kathode befindet sich die massive Anode. Eine hohe Gleichspannung, die **Anodenspannung** mit 30 . . . 150 kV, lädt sie gegen die Kathode positiv auf. In diesem elektrischen Feld werden die Elektronen zur Anode beschleunigt und treffen dort mit hoher Geschwindigkeit auf. Dort entsteht hochenergetische Strahlung, die kurzwelliger als UV-Licht ist, durch zwei verschiedene Prozesse, Bremsstrahlung und charaktersitische Strahlung.

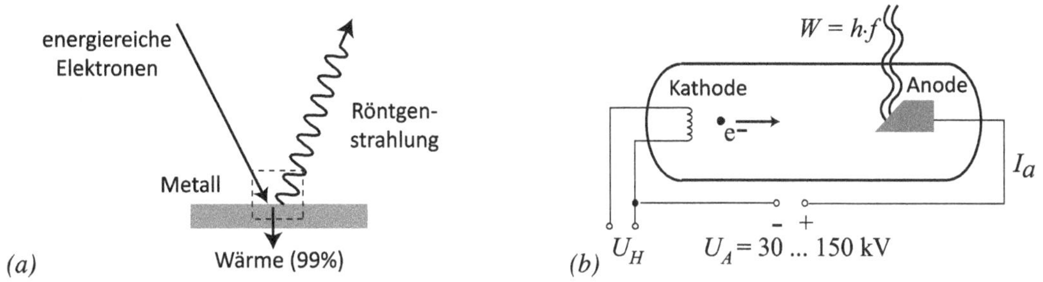

Abb. 10.5.: (a) Entstehung von Röntgenstrahlung beim Auftreffen schneller Elektronen auf eine Metallanode. (b) Aufbau der Röntgenröhre (schematisch)

Strahlenhärte	U_akV	f / 10^{18} Hz	λ / 10^{-12} m
sehr weich	< 40	< 10	> 30
weich	< 60	< 15	> 20
mittelhart	< 100	< 25	> 12
hart	< 150	< 38	> 8
sehr hart	< 3000	< 750	$> 0{,}4$
ultrahart	> 3000	> 750	$< 0{,}4$

Tab. 10.1.: Härte von Röntgenstrahlung abhängig von Röhrenspannung U_a, Frequenz f und Wellenlänge λ

Bremsspektrum Elektronen werden auf einer nur wenige Atomabstände langen Strecke durch unelastische Stöße abgebremst (Abb. 10.6a). Das Bremsspektrum ist *kontinuierlich, von der Anodenspannung bestimmt und unabhängig vom Anodenmaterial.* Es besitzt eine *Obergrenze der Energie*: Die potentielle Energie der Elektronen in der Spannung U_A beträgt $W = e_o \cdot U_A$ (vgl. Gl. (7.5)). Mit dieser kinetischen Energie prallen die Elektronen auf die Anode. Ein einzelnes Röntgenquant hat daher *maximal* eine Energie

$$W_{max} = e_o \cdot U_A \qquad (10.6)$$

zur Verfügung, also 30 keV bei einer Anodenspannung von 30 kV. Dem entspricht wegen $W = h \cdot f$ eine obere Grenzfrequenz, die proportional ist zur Anodenspannung und *unabhängig* von der Heizspannung (vgl. Abb. 10.6a und b!):

$$f_{max} = \frac{e_o\, U_A}{h}$$

Das in der Physik oft dargestellte *Wellenlängen*spektrum hat dagegen eine *untere* Grenze[1].

Über die Heizspannung U_H lässt sich der Anodenstrom I_A (Elektronen pro Zeit) regeln. Die Intensität der Bremsstrahlung hängt von Energie und Zahl der Elektronen ab, d.h. von U_A und I_A (Abb. 10.6b,c):

$$J \sim I_A \cdot U_A^2 \cdot Z \qquad (10.7)$$

Z ist die Kernladungszahl des Anodenmaterials (die Ordnungszahl im Periodensystem, s. Kap. 10.3.1); Material höherer Ordnung führt zu höherer Intensität und höherem Wirkungsgrad.

Als **Härte** der Strahlung wird hingegen die *Lage* des Spektrums bezeichnet. Röntgenstrahlung ist um so härter, je größer die Energien (insbesondere W_{max}) sind. Sie wird über U_A geregelt (Tab. 10.1).

[1] Achtung: In der Literatur wird z.T. über Energie / Frequenz, z.T. über Wellenlänge (mit invertierter Abszisse) aufgetragen!

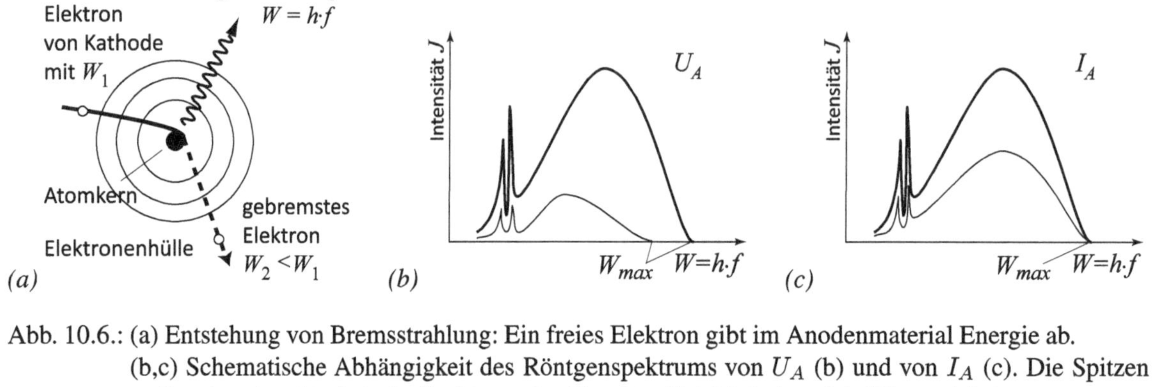

Abb. 10.6.: (a) Entstehung von Bremsstrahlung: Ein freies Elektron gibt im Anodenmaterial Energie ab. (b,c) Schematische Abhängigkeit des Röntgenspektrums von U_A (b) und von I_A (c). Die Spitzen stellen das charakteristische Spektrum dar. Beachte: Bei (c) ändert sich W_{max} nicht!

Charakteristisches Spektrum: Wenn an der Anode ein beschleunigtes Elektron die Hülle eines Anodenatoms trifft und durch Stoß ein Elektron einer inneren Schale (K oder L) heraus schlägt, ist das Atom angeregt. Es kann Energie abgeben, indem ein Elektron einer höheren Schale in die Lücke übergeht. Bei Atomen mit genügend hoher Kernladungszahl sind die Energieunterschiede so groß, dass die Energie als Röntgenstrahlung freigesetzt wird.

Das charakteristische Spektrum ist ein *Linienspektrum* (die Spitzen der Spektren in Abb. 10.6b,c, vgl. auch Abb. 10.9b). Die Lage der Linienhängt *nicht* von der Anodenspannung ab, sondern ist durch das Anodenmaterial bestimmt. Bei Kupfer ($Z = 29$) betragen die Photonenenergien der K-Serie beispielsweise 8,9 keV, bei Wolfram ($Z = 74$) 69 keV, bei Blei ($Z = 82$) bereits 88 keV.

Medizinische Anwendung: Für Diagnostik und Therapie Verwendung des Bremsspektrums, charakteristisches Spektrum (Linienspektrum) für Spektralanalysen oder Materialuntersuchung von Metallen

10.3. Atomkern

10.3.1. Aufbau des Atomkerns

Der Atomkern stellt für die Hülle eine positive Ladung $Q = Z \cdot e_o$ dar, die die Elektronen elektrostatisch anzieht. Er setzt sich zusammen aus den **Nukleonen**, nämlich Z positiv geladenen Protonen (p^+) und N neutralen Neutronen (n°). Z heißt **Kernladungszahl** (oder Ordnungszahl), N **Neutronenzahl**. Z bestimmt die Position im Periodensystem der Elemente. Die Masse beider Kernbausteine ist etwa gleich groß, $m_P \approx m_N = 1{,}67 \cdot 10^{-27}$ kg[2] und damit 1836 mal so schwer wie ein Elektron ($m_e = 9{,}11 \cdot 10^{-31}$ kg). Die Gesamtmasse des Kerns wird beschrieben durch die **Massenzahl** A (Zahl der Nukleonen des Kerns):

$$A = N + Z \tag{10.8}$$

Für die Überwindung der COULOMBschen Abstoßung zwischen den Protonen sorgen die Kernkräfte, Bindungskräfte mit sehr kurzer Reichweite (s. Kap. 4.1.1). Kerne mit zu hoher Protonenzahl neigen zur Instabilität (schwerster stabiler Kern: Blei, Pb, mit $Z = 82$). Die Neutronen sind für die Stabilität des Atomkerns als „Kitt“ notwendig. Atomkerne sind nur für ein ausgewogenes Verhältnis zwischen Protonen und Neutronen stabil. Für jedes Element gibt es bestimmte Neutronenzahlen, bei denen der Atomkern stabil ist. Kerne mit anderen N sind instabil und zerfallen radioaktiv. Wegen der Bindungskräfte ist ein stabiler Kern mit Z Protonen und N Neutronen minimal leichter als die einzelnen Nukleonen, nämlich um den (**Massendefekt**) Δm. Die für die Aufspaltung des Kerns nötige Energie lässt sich mit der Einsteinschen Massenäquivalenz berechnen:

$$W = \Delta m \cdot c^2$$

Als **Nuklid** („Kernsorte“) werden Kerne einer festen Kernladungszahl Z und Massenzahl A bezeichnet. Man kennzeichnet ein Nuklid durch folgende Schreibweise:

$$^{A}_{Z}\mathrm{X}, \quad \text{z.B:} \quad ^{4}_{2}\mathrm{He}, \, ^{16}_{8}\mathrm{O} \tag{10.9}$$

Isotope sind Atome mit gleicher Ordnungszahl Z, aber unterschiedlichen N. Sie besitzen gleiche chemische Eigenschaften. Die Isotope des Wasserstoffs sind:

$^{1}_{1}\mathrm{H}$	$Z = 1$	$N = 0$	$A = 1$	
$^{2}_{1}\mathrm{H}$	$Z = 1$	$N = 1$	$A = 2$	Deuterium
$^{3}_{1}\mathrm{H}$	$Z = 1$	$N = 2$	$A = 3$	Tritium (instabil)

[2] Genau gemessen ist das Neutron minimal schwerer.

Kernspin: Protonen und Neutronen besitzen wie Elektronen einen Drehimpuls (**Spin**). Er kann im Gegensatz zum Elektron auch andere Vielfache von $\pm\frac{1}{2}$ annehmen. Auch der gesamte **Kernspin** des Atomkerns nimmt Vielfache von $\pm\frac{1}{2}$ an (ganzzahlig nur, wenn A gerade ist). In einem äußeren magnetischen Feld richten sich die Spins parallel zu den Feldlinien aus; infolge des Drehimpulses kommt es zu einer Präzession wie beim Kreisel (vgl. Kap. 3.4.3). Mit einem äußeren magnetischen Wechselfeld kann eine (gequantelte) Resonanz erfolgen.

Medizinische Anwendung: Kernresonanzspektrometrie (NMR), Magnetresonanz-(oder Kernspin-) Tomographie (MRT), vgl. Kap. 11.7.1

10.3.2. Radioaktivität

Unter Radioaktivität versteht man die spontane Umwandlung instabiler Atomkerne in andere. Sie ist immer mit der Freisetzung von Energie verbunden, die als elektromagnetische Strahlung (**Gammastrahlung**, γ) abgegeben wird. Neben etwa 260 stabilen Nukliden gibt es über 1000 instabile, radioaktive Nuklide. Die Elemente $_{43}\mathrm{Tc}$ mit $Z = 43$, $_{61}\mathrm{Pm}$ mit $Z = 61$ und alle mit $Z > 82$ besitzen nur instabile Isotope. Der beim radioaktiven Zerfall neu gebildete Kern kann stabil oder wiederum instabil sein und radioaktiv weiter zerfallen. Es gibt im Wesentlichen vier Prozesse: α-Umwandlung, β^-- und β^+-Umwandlung und Kernspaltung.

α-Umwandlung Bei diesem Prozess spaltet der Kern ein α-Teilchen ab, das aus zwei Protonen und zwei Neutronen besteht. Es entspricht damit einem Helium-Atomkern und ist doppelt positiv geladen, daher die Schreibweise als Helium-Kation: $^4_2\mathrm{He}^{2+}$. Die Massenzahl des umgewandelten Kerns ist um 4, die Ordnungszahl um 2 geringer als zuvor, z.B.:

$$\begin{aligned} ^{238}_{92}\mathrm{U} &\rightarrow {}^{234}_{90}\mathrm{Th} + \alpha \\ ^{226}_{88}\mathrm{Ra} &\rightarrow {}^{222}_{86}\mathrm{Rn} + \alpha \\ ^{222}_{86}\mathrm{Rn} &\rightarrow {}^{218}_{84}\mathrm{Po} + \alpha \end{aligned}$$

β^--Umwandlung Bei allen β-Umwandlungen *verlassen keine Nukleonen den Kern*, sondern wandeln sich ineinander um. Bei der β^--Umwandlung wird aus einem Neutron ein Proton. Dabei entsteht eine negative Ladung, die als Elektron e^- den Kern verlässt, gemeinsam mit einem masselosen und ungeladenen „Neutrino" (Elektron-Antineutrino $\overline{\nu}_e$). Energie wird als γ-Strahlung frei:

$$n^\circ \rightarrow p^+ \quad + e^- + \overline{\nu}_e + \gamma \tag{10.10}$$

Da das Proton im Kern verbleibt, erhöht sich die Kernladungszahl Z um 1 und die A Massenzahl bleibt gleich:

$$\begin{aligned} \text{z.B.} \quad ^{32}_{15}\mathrm{P} &\rightarrow {}^{32}_{16}\mathrm{S} + \beta^- \\ ^{209}_{82}\mathrm{Pb} &\rightarrow {}^{209}_{83}\mathrm{Bi} + \beta^- \end{aligned}$$

β^+-Umwandlung tritt nur bei künstlichen radioaktiven Nukliden mit zu wenigen Neutronen auf, insbesondere bei leichten Kernen. Hier wandelt sich ein Proton in ein Neutron um. Ein Positron (ein positives Elektron), dazu ein Elektron-Neutrino ν_e und γ-Strahlung verlassen den Kern:

$$p^+ \rightarrow n^\circ \quad + e^+ + \nu_e + \gamma \tag{10.11}$$

Die Massenzahl bleibt gleich, die Kernladungszahl wird um 1 kleiner:

$$\text{z.B.} \quad ^{18}_{9}\mathrm{F} \rightarrow {}^{18}_{8}\mathrm{O} + \beta^+$$

Positronen sind Antiteilchen des Elektrons; treffen sie auf ein solches, vernichten sich beide unter Bildung von $\gamma - Strahlung$ (Paarvernichtung, s. S. 119)

	α-Strahlen	β^--Strahlen	γ-Strahlen
Ladung:	positiv	negativ	keine
bestehen aus	He-Kernen	Elektronen	elektromagn. Wellen
Masse / m_p	4	ca. 1/2000	Null
Durchdringungsvermögen:	ca. 0,1 mm Al	ca. 10 mm Al	sehr groß
Ionisationsvermögen:	sehr groß	$< \alpha$	$< \beta$

Tab. 10.2.: Charakterisierung ionisierender Strahlung

K-Einfang (Elektroneneinfang) ist der exakte Gegensatz zum β^--Prozess. Dabei wird kein Positron erzeugt, sondern der Kern fängt ein Elektron aus der untersten Schale des Atoms (der K-Schale) ein.

$$p^+ \; + e^- \rightarrow n^\circ \quad + \nu_e + \gamma \tag{10.12}$$

Wie beim β^+-Prozess wird die Kernladungszahl um 1 kleiner. Durch Auffüllung der K-Schale entsteht in der Atomhülle ein Röntgenquant. Der K-Einfang dominiert bei Elementen hoher Ordnungszahl.

γ-Strahlung ist extrem kurzwellige und damit sehr energiereiche elektromagnetische Strahlung (im Bereich einiger MeV). Sie entspricht der Emission von Licht in der Schale (s. Kap. 10.2.1): Angeregte Kerne geben beim Übergang zu niedrigeren Energieniveaus Strahlung ab, die das Atom verlässt. Allein dabei verändern sich Z und A nicht. γ-Strahlung wird durch Materie nur wenig geschwächt.

Kernspaltung Sehr schwere Kerne (z.B. ^{235}U) neigen spontan oder bei Beschuss mit freien Neutronen dazu, in zwei ungefähr gleich große Teile zu zerfallen. Wenn dabei einzelne Neutronen freiwerden, die wieder andere Kerne spalten, ist eine Kettenreaktion möglich. (*Techn. Anwendung*: Kernreaktor, nukleare Waffensysteme)

Tab. 10.2 stellt Eigenschaften der entstehenden Strahlenarten gegenüber. γ-Strahlung wird wie Licht durch elektrische und magnetische Felder nicht abgelenkt. Im Gegensatz dazu werden die geladenen Teilchen der α- und β-Strahlen im elektrischen Feld abgelenkt : α- und β^+-Strahlen zur negativen Ladung, β^--Strahlen zur positiven Ladung. Magnetfelder zwingen geladene Teilchen durch die LORENTZ-Kraft (s. S. 77) auf Kreisbahnen. So lassen sich die verschiedenen Strahlungen mit Magnet- und elektrischen Feldern trennen und nachweisen.

10.3.3. Gesetz des radioaktiven Zerfalls

Der radioaktive Zerfall ist ein stochastischer (zufallsbedingter) Prozess: Für einen bestimmten instabilen Kern lässt sich nicht vorhersagen, ob und wann er sich umwandelt, ein Kern „altert" nicht. Die Anzahl der Umwandlungen pro Sekunde in einer radioaktiven Probe wird auch als **Aktivität** A bezeichnet. Sie entspricht der Abnahme der Kerne des Ausgangsnuklids:

$$A(t) = -\frac{dN}{dt} \qquad \text{Einheit: Becquerel, } 1\text{ Bq} = 1\text{ s}^{-1} \tag{10.13}$$

Die Aktivität ist proportional zur Anzahl der noch vorhandenen Kerne: $-\frac{dN}{dt} \sim N(t)$.

Als Lösung dieser Differentialgleichung kann man das Gesetz des radioaktiven Zerfalls ableiten:

$$N(t) = N_o \cdot e^{-\lambda \cdot t} = N_o \cdot e^{-t/\tau} \tag{10.14}$$

$$\text{genauso gilt:} \quad A(t) = A_o \cdot e^{-\lambda \cdot t}$$

N_o sind die ursprünglich (zur Zeit $t = 0$), $N(t)$ die nach der Zeit t noch vorhandenen radioaktiven Atome des Nuklids. λ heißt **Zerfallskonstante** des Nuklids ($[\lambda] = 1\text{ s}^{-1}$), alternativ gibt man die **mittlere Lebensdauer** des Nuklids $\tau = 1/\lambda$ an.

Die **Halbwertszeit** T_H ist die Zeit, nach der die Hälfte der ursprünglich vorhandenen Kerne zerfallen ist und nur noch die andere Hälfte vorhanden: $N(T_H) = \frac{N_o}{2}$. Es liegt in der Natur der Exponentialfunktion, dass nach $t = 2\,t_H$ noch $1/2^2 \cdot N_o = 1/4\,N_o$ Kerne vorhanden sind, nach $3\,t_H$ noch $= 1/8\,N_o$ und so weiter (Abb. 10.7a). Die Halbwertszeit hängt mit der Zerfallskonstante (und der mittleren Lebensdauer τ) wie folgt zusammen:

$$\lambda = \frac{\ln 2}{T_H} = \frac{0{,}693}{T_H} \qquad \tau = \frac{1}{\lambda} = \frac{T_H}{\ln 2} = 1{,}44\,T_H \tag{10.15}$$

Zur Bestimmung der Zerfallskonstante kann man die Aktivität „halblogarithmisch" auftragen (Abb. 10.7b). Aus dem Zerfallsgesetz (10.14) folgt für die Aktivität:

$$\ln\left(\frac{A}{A_o}\right) = \ln\left(e^{-\lambda t}\right) = -\lambda \cdot t$$

Auftragen von $\ln\left(\frac{A}{A_o}\right)$ über der Zeit t liefert eine Gerade, deren Steigung die (negative) Zerfallskonstante ist.

10.3.4. Natürliche und künstliche Radioaktivität

Die in der Natur vorhandenen radioaktiven Nuklide sind überwiegend Elemente höherer Ordnungszahl (*natürliche Radioaktivität*). Sie zerfallen unter Aussendung von α-, β- oder γ-Strahlung. Die radioaktiven Nuklide lassen sich in Zerfallsreihen anordnen. Man kennt vier radioaktive Zerfallsreihen, von denen nur drei natürlichen Ursprungs sind: Thorium-, Uran-Radium- und Uran-Actinium-Reihe.

Durch Bestrahlung von Atomkernen stabiler Nuklide können infolge von Kernumwandlungen viele andere radioaktive Isotope erzeugt werden (*künstliche Radioaktivität*). Wegen der fehlenden COULOMB-Abstoßung eignen sich dafür Neutronen besser als Protonen, langsame Neutronen sind sogar besonders effektiv (hohe Aufenthaltswahrscheinlichkeit). Zur Erzeugung künstlicher radioaktiver Isotope werden abgebremste Neutronen aus Kernreaktoren verwendet (Graphit, Wasser, Paraffin dienen als so genannte Moderatoren). Beispiele:

$$\begin{aligned} {}^{107}_{47}\mathrm{Ag} + n \rightarrow {}^{108}_{47}\,\mathrm{Ag} &\rightarrow {}^{108}_{48}\mathrm{Cd} + \beta^- \\ {}^{6}_{3}\mathrm{Li} + n &\rightarrow {}^{3}_{1}\mathrm{H} + \alpha \end{aligned}$$

Anwendung in der Nuklearmedizin: Kurzlebige radioaktive Isotope werden zur Markierung chemischer Verbindungen im Stoffwechsel eingesetzt (metabolische Marker) verwendet. Chemisch verhält sich ein radioaktives Isotop wie ein stabiles Nuklid. Anhand seiner radioaktiven Strahlung kann jedoch der Aufenthaltsort verfolgt werden(radioaktive Tracer). Beispiel: Schilddrüsendiagnostik mit radioaktiven Jod-Isotopen: ${}^{131}_{53}\mathrm{J}$ ($T_H = 8$ Tage) oder ${}^{123}_{53}\mathrm{J}$ ($T_H = 13$ Stunden).

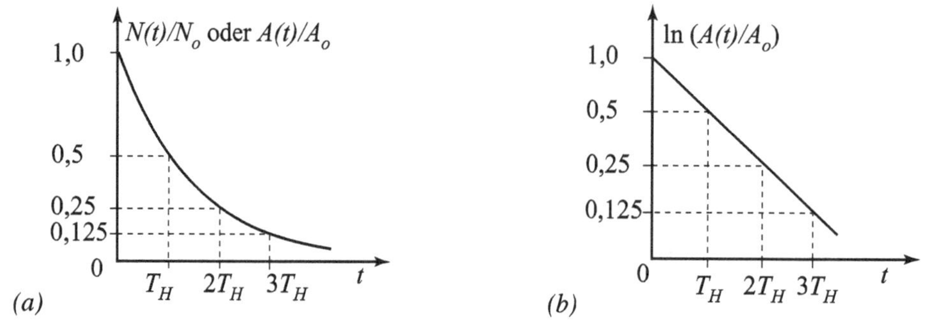

Abb. 10.7.: Zeitverlauf des radioaktiven Zerfalls in linearer (a) und halblogarithmischer Auftragung (Ordinate logarithmiert, b). Diese Auftragung erlaubt die Bestimmung der Zerfallskonstante λ

10.4. Wechselwirkungen zwischen Strahlung und Materie

10.4.1. Wechselwirkungsprozesse

Elektromagnetische Strahlung wird beim Durchgang durch Materie geschwächt (vgl. Extinktion, Kap. 9.7.3). Für Strahlung kurzer Wellenlänge wie Röntgenstrahlung und γ-Strahlung sind vier Prozesse, durch die einzelne Photonen mit den Atomen des durchquerten Materials wechselwirken, wesentlich:

Absorption im engeren Sinne entspricht dem Photoeffekt. Das Photon schlägt mit seiner Energie ein Elektron aus der Hülle und ionisiert das Atom (Abb.10.8a). Das Photon ist damit vernichtet. Aus dem Atom geschlagene Elektronen besitzen eine hohe kinetische Energie:

$$W_{kin} = h \cdot f - W_{ausl}$$

und verhalten sich wie β-Strahlung. Wird ein Elektron aus einer inneren Hülle geschlagen, können andere Elektronen unter Abgabe von Strahlung nachrücken (*Röntgenfluoreszenz*).

Klassische Streuung bedeutet eine Richtungsablenkung des Photons, nicht dessen Vernichtung. An den gebundenen Elektronen des Atoms wird das Photon ohne Energieverlust abgelenkt. Weil die Streuung etwa proportional zu f^4 zunimmt, ist sie für Röntgenstrahlung beträchtlich.

Compton-Streuung ist eine Streuung verbunden mit Energieverlust. Das Photon führt als Teilchen mit einem quasi-freien, weiter außen im Atom befindlichen Elektron einen elastischen Stoß aus (s. S. 21), dass dabei kinetische Energie aufnimmt (Abb.10.8b). Die Abgabe von Energie bedeutet wegen $W = h \cdot f$ eine Verringerung der Frequenz (und Erhöhung der Wellenlänge) des Photons. So ausgelöste *Sekundärelektronen* tragen zum Aufbaueffekt der Strahlendosis bei (s. Kap. 11.3.2).

Medizinische Anwendung: Streustrahlenraster verringert Bildunschärfen bei Röntgenbildgebung

Paarbildung tritt erst bei sehr hohen Photonenenergien auf. Strahlungsenergie $W = h\,f$ kann sich spontan in Materie mit der Masse m umwandeln gemäß der Masse-Energie-Äquivalenz von EINSTEIN:

$$W = m \cdot c^2 \qquad (10.16)$$

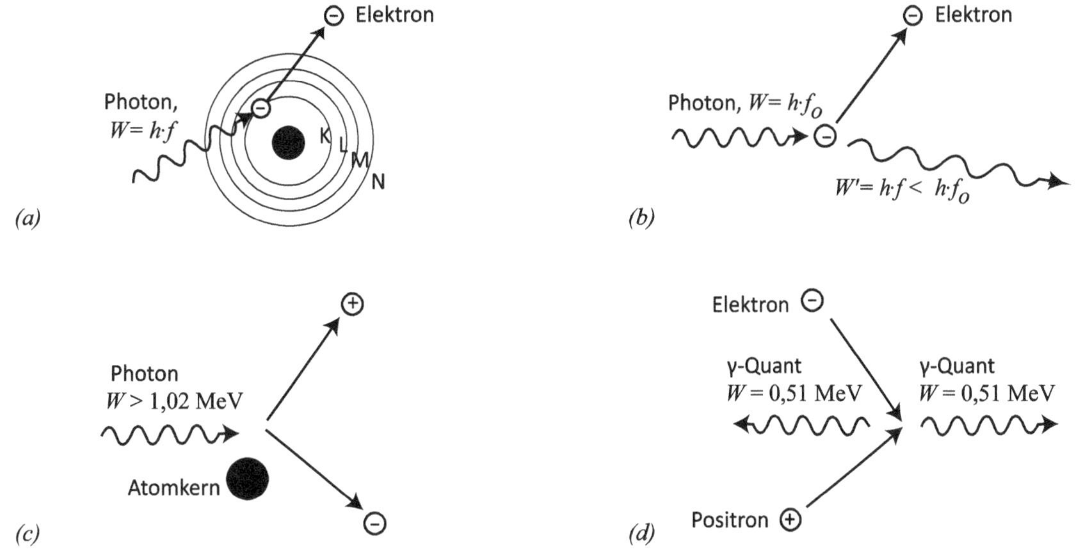

Abb. 10.8.: Wechselwirkung von Photonen mit Materie: (a) Absorption (Photoeffekt); (b) Compton-Streuung; (c) Paarbildung; (d) bei Paarvernichtung *entsteht* Strahlung

Die Masse eines Elektrons entspricht einer Energie von 511 keV; die Ladungsbilanz der entstehenden Materie muss neutral sein. So kann aus Strahlung ab $W > 1022$ keV (das entspricht γ- Strahlung) ein Paar aus einem Elektron und einem Positron entstehen (Abb.10.8c). Tatsächlich trägt Paarbildung erst ab mehreren 1 MeV wesentlich zur Schwächung bei.

Das Positron als Antiteilchen des Elektrons erfährt bald den entgegen gesetzten Prozess der **Paarvernichtung**: Trifft es ein anderes Elektron, so vernichten sich beide nach derselben Äquivalenz. Nun entstehen zwei γ-Quanten mit jeweils 511 keV, die sich in exakt entgegen gesetzter Richtung voneinander entfernen (Abb.10.8d). Auf diese Weise lassen sich Positronen nachweisen (Positronen-Emissions-Tomographie, PET).

Schließlich können bei extremen Photonenenergien (> 6 MeV) Kernumwandlungsprozesse ausgelöst werden.

10.4.2. Schwächungsgesetz

Insgesamt wird die Schwächung von Röntgen- und γ-Strahlung beim Durchgang durch Materie so beschrieben wie die Extinktion von Licht oder auch die Schwächung von Ultraschall, nämlich durch das Schwächungsgesetzes von BOUGUER und LAMBERT (vgl. in der Optik Gl. (9.25), dort mit k statt μ):

$$J(x) = J_o \cdot e^{-\mu \cdot x} \qquad \mu \text{ Absorptionskoeffizient, } [\mu] = 1\,\text{m}^{-1} \tag{10.17}$$

J_o ist die Intensität der Strahlung vor dem Durchgang durch das Material, $J(x)$ nach Zurücklegen der Strecke x. Mathematisch ähnelt das Schwächungsgesetz dem radioaktiven Zerfall, Gl. (10.14). Der Absorptionskoeffizient μ lässt sich hier bestimmen durch halblogarithmische Auftragung von J über x:

$$\ln\left(\frac{J}{J_o}\right) = -\mu \cdot x$$

Auch hier definiert man die Halbwertsdicke d_H der Strahlung als die Strecke x, auf der J auf die Hälfte reduziert wird (Abb. 10.9a). Es gilt:

$$d_H = \frac{\ln 2}{\mu} = \frac{0{,}693}{\mu} \tag{10.18}$$

Der Absorptionskoeffizient hängt stark vom Material und der Strahlungsenergie ab. μ wächst mit der Kernladungszahl Z des durchquerten Materials. Es gilt (empirisch):

$$\mu \sim Z^3 \cdot W^{-3}$$

Blei eignet sich deshalb gut zur Abschirmung. Außerdem wird härtere Strahlung mit höherer Photonenenergie W weniger geschwächt. Bei einer Strahlung mit einem breiten kontinuierlichen Spektrum wie Abb. 10.6 ist nach einer Laufstrecke x anteilig mehr harte als weiche Strahlung übrig. Neben der Schwächung bewirkt das Absorbermaterial also auch eine Aufhärtung der Strahlung (Abb. 10.9b).

Medizinische Anwendung: Aufhärtung durch Filterung der erzeugten Röntgenstrahlung

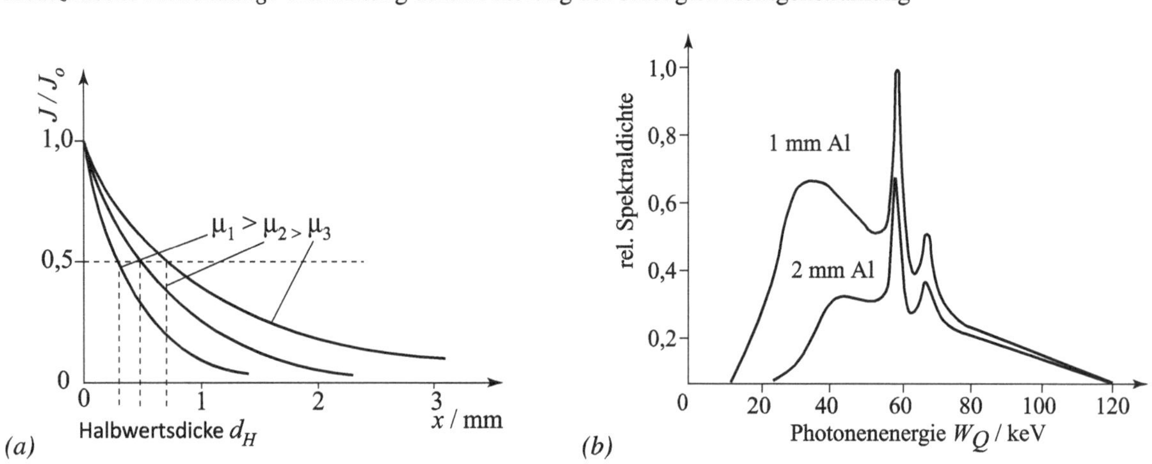

Abb. 10.9.: (a) Halbwertsdicken für verschiedene Schwächungskoeffizienten μ. (b) Aufhärtung von Röntgenstrahlen: Spektrum nach Durchgang durch 1 mm und 2 mm Aluminium

Quadratisches Abstandsgesetz: Wie bei anderer Strahlung auch nimmt die Intensität einer Strahlung aus rein geometrischen Gründen mit der Entfernung ab, da sich die selbe Leistung der Strahlung auf immer größere Kugeloberflächen verteilt (vgl. S. 43). Das Gesetz lautet wie für andere Strahlung:

$$J(r) \sim \frac{1}{r^2} \tag{10.19}$$

10.5. Dosimetrie

10.5.1. Dosimetrische Größen

Unter **ionisierender Strahlung** subsummiert man hochenergetische elektromagnetische Strahlung (Röntgenstrahlung, γ-Strahlung) und Partikelstrahlen (α-Strahlen, β-Strahlen, freie Neutronen). Alle wirken ionisierend auf durchquerte Materie: Partikelstrahlen aufgrund von Stoßprozessen, Photonen vor allem wegen des Photoeffekts (s. S. 119). In der Dosimetrie bestimmt man die Menge an Strahlung, die von einer Probe oder dem Körper einer bestrahlten Person aufgenommen worden ist. Als **Dosis** bezeichnet man generell die von einer beliebigen Probe absorbierte Strahlung pro Masse der Probe.

Die **Ionendosis** beschreibt die durch Ionisation in der Probe entstandene elektrische Ladung Q pro absorbierender Masse m:

$$D_I = \frac{Q}{m} \qquad \text{Einheit: } [D_I] = 1\,\mathrm{C\,kg^{-1}} \tag{10.20}$$

Sie lässt sich mit einer Ionisationskammer messen. Wichtiger für die biologische Aussage ist die absorbierte Energie W relativ zur durchstrahlten Masse. Das beschreibt die **Energiedosis**:

$$D_E = \frac{W}{m} \qquad \text{Einheit: } [D_E] = 1\,\mathrm{J\,kg^{-1}} = 1\,\mathrm{Gy}\ (\text{Gray}) \tag{10.21}$$

Veraltet ist die Maßeinheit 1 rad (= 0,01 Gy). Die Energiedosis kann aus der in Luft bestimmten Ionendosis berechnet werden: Die mittlere Energie zur Erzeugung eines Ionenpaares beträgt dort 34 eV. Erzeugt eine Strahlung n Ionenpaare in Luft, dann beträgt die absorbierte Energie $W_a = n \cdot 34\,\mathrm{eV}$.

Ionendosis und Energiedosis verraten nichts über die biologische Wirksamkeit verschiedener Strahlungsarten. Partikelstrahlen haben im Gegensatz zu Photonen eine Ruhemasse und wirken „effektiver" auf organisches Gewebe. Das berücksichtigt man durch den Strahlungs-Wichtungsfaktor w_R (früher: Qualitätsfaktor q), der auf der „linearen Energieübertragung" in das Gewebe basiert. So erhält man eine biologisch relevantere Messgröße, die **Äquivalentdosis**:

$$H = w_R \cdot D_E \qquad \text{Einheit: } [H] = 1\,\mathrm{J\,kg^{-1}} = 1\,\mathrm{Sv}\ (\text{Sievert}) \tag{10.22}$$

Die Werte von w_R für verschiedener Strahlenarten stellt Tab. 10.3 zusammen.[3]

Als Angabe pro Zeit werden für beide Dosisgrößen Dosisleistungen definiert:

$$\text{Energiedosisleitung: } \frac{\Delta D_E}{\Delta t}, \ \text{Einheit: } 1\,\mathrm{Gy\,s^{-1}} \qquad \text{Äquivalentdosisleitung: } \frac{\Delta H}{\Delta t}, \ \text{Einheit: } 1\,\mathrm{Sv\,s^{-1}} \tag{10.23}$$

10.5.2. Nachweis ionisierender Strahlung

Aus radioaktiven Umwandlungen erhält man wegen ihres statistischen Charakters (Gl. (10.14)) selbst unter konstanten Bedingungen keineswegs gleiche Zählergebnisse. Ihre Häufigkeitsverteilung verläuft ähnlich zur GAUSSschen Fehlerkurve (s. Abb. 2.1). Wenn die Halbwertszeit groß und damit die Aktivität hinreichend konstant ist, sollte deshalb länger gemessen werden. Generell eignen sich zum Nachweis ionisierender Photonenstrahlung (Röntgen- und Gammastrahlung) die im folgenden dargestellten Prinzipien. Die Reichweite von Partikelstrahlung (α, β, Neutronen) ist in Gewebe so gering, dass kein Nachweis außerhalb des Körpers möglich und sie für die Diagnostik uninteressant ist.

[3] Zur Zeit wird international eine Neudefinition des gesamten Begriffs der Äquivalentdosis diskutiert, International Commission on Radiological Protection (ICRP) 103 (2007).

Strahlenart	w_R
Photonen: Röntgen- und γ-Strahlen	1 (definiert)
β^-, β^+	1
Neutronen	2,5 ... $\geq$ 20 abh. von W_{kin}
Protonen	2
α-Teilchen, schwere Ionen	20

Tab. 10.3.: Strahlungs-Wichtungsfaktor w_R verschiedener Strahlungsarten (International Commission on Radiological Protection ICRP, 2007)

Röntgenfluoreszenz führte zur Entdeckung durch W.C. RÖNTGEN: Auf einem Schirm aus fluoreszierendem Material wird auftreffende Strahlung als schwaches Leuchten sichtbar (vgl. Kap. 10.4.1). Schon damit lässt sich die innere Struktur verschieden stark schwächender Objekte sichtbar machen. Dieses Verfahren wurde für einige Zeit für die Durchleuchtung von Patienten genutzt. Der **Röntgenfilm** ähnelte dem fotografischen Schwarz-Weiß-Film. Auftreffende Röntgenphotonen erzeugen lokal eine chemische Reaktion in der AgBr-haltigen Schicht des Films. Die Empfindlichkeit für die hochenergetischen Röntgenstrahlen ist viel geringer als für sichtbares Licht: Nur etwa 1% der Strahlung lösen eine Reaktion aus. Der Röntgenfilm wird inzwischen praktisch nur noch für die Personendosimetrie in Filmdosimetern an Dienstkleidung strahlenexponierter Beschäftigter eingesetzt.

Die Ionisationskammer dient zur Bestimmung der Ionendosis. In einer gasgefüllten Kammer liegt wischen zwei Elektroden eine Spannung an (Abb. 10.10a). Einfallende Photonen oder Partikel ionisieren das Gas. Die entstandenen freien Elektronen bewegen sich zur Anode. Im *Proportionalbereich* wird so ein Strom proportional zur Ionendosis gemessen. Das **Geiger-Müller-Zählrohr** ist eine Modifikation, die den Nachweis einzelner ionisierender Teilchen oder Photonen erlaubt. In einem mit Ar-Gas unter niedrigem Druck ($\approx$ 100 hPa) gefüllten Rohr befindet sich mittig ein dünner Draht (Abb. 10.10b). Zwischen ihm und der Rohrwand ist eine Spannung von mehreren hundert Volt angelegt. Die in das Rohr durch ein „Fenster" (dünne Folie) eintretende Strahlung ionisiert einige Gasmoleküle. Im Unterschied zur Ionisationskammer werden sie im elektrischen Feld so stark beschleunigt, dass sie weitere Moleküle durch Stöße ionisieren. Diese setzen sich auch in Bewegung, so dass eine Lawine von Ladungsträgern (Elektronenlawine) auftritt. Jedes ionisierende Teilchen oder Quant ruft damit einen Strom hervor, der schon nach einigen μs zusammenbricht. Das nächste Ionisationsereignis kann erst nach einer *Totzeit* (von weniger als 1 ms) registriert werden. Die Rate der am Schutzwiderstand abfallenden Spannungsimpulse R entspricht der Anzahl der einfallenden ionisieren Teilchen oder Quanten und damit der Strahlungsintensität. Die Energie der Teilchen spielt keine Rolle. Das GEIGER-MÜLLER-Zählrohr wird für den Nachweis von Strahlung in der Umwelt eingesetzt, in der Nuklearmedizin zur Strahlungsüberwachung bei nicht zu hohen Energien.

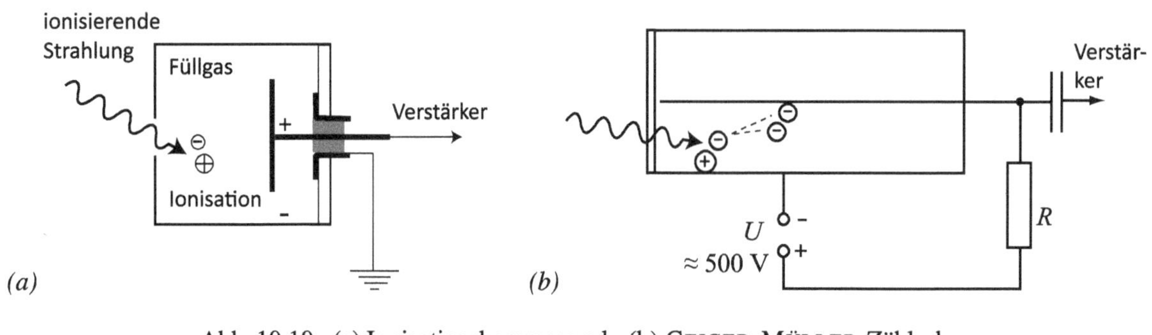

Abb. 10.10.: (a) Ionisationskammer und (b) GEIGER-MÜLLER-Zählrohr

Szintillationszähler und Festkörper-Detektoren sind in letzter Zeit aufgrund ihres hohen Dynamikbereichs messbarer Energien zu den wichtigsten Strahlendetektoren geworden. Hier ist ein **Szintillationskristall** (Abb. 10.11) aus NaI, CsI oder Selen licht- und luftdicht gekapselt. Eintretende Röntgenphotonen erzeugen Photo- und Compton-Elektronen, die im Kristall Fluoreszenz (oder Szintillation) hervorrufen. Da die Kristalle nadelförmig sind, wirken sie wie Lichtleiter. Die Lichtblitze der Szintillation werden mit einem Photomultiplier (Sekundärelektronenvervielfacher) verstärkt und mit Photozellen gezählt. Die ausgegebenen Spannungssignale sind der im Kristall abgegebenen Photonenenergie proportional.

Beim *direkten* Festkörper-Detektor (Selen oder Germanium) werden in jedem Bildelement die in einem Halbleiter erzeugten freien Ladungen in einem darunter liegenden Kondensator gespeichert und mit einem Dünnschicht-Transistorelement (TFT) registriert. Da für die Erzeugung eines Elektronen-Loch-Ladungspaars gerade einmal 2,9 eV benötigt werden, ist die durch ein Photon erzeugte Anzahl der Ladungsträger sehr groß. Die relative statistische Schwankung dieser großen Anzahl ist entsprechend niedrig.

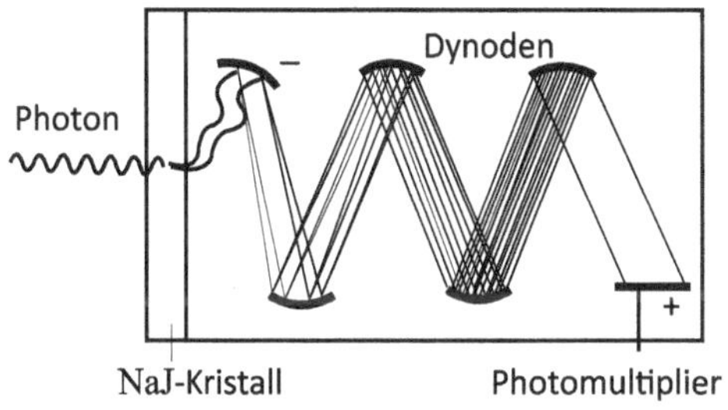

Abb. 10.11.: Szintillationsdetektor

Notizen:

11. Radiologie

Die medizinische Radiologie verwendet ionisierende und nicht ionisierende Strahlen zu diagnostischen und therapeutischen Zwecken. Die Prinzipien der Strahlenanwendung werden ausführlich in den Lehrveranstaltungen der Radiologie vermittelt.

11.1. Biologische Wirkung ionisierender Strahlen

11.1.1. Wirkprozesse

Die Gefahr durch ionisierende Teilchen- und Photonenstrahlung (ebenso wie deren Nutzen für die Strahlentherapie) beruht auf ihrer Wirkung auf lebendes Gewebe. Dabei ist zu beachten, dass diese Strahlung von keinem unserer Sinne wahrnehmbar ist! Die Wirkung, die sich vor allem auf zellulärer und subzellulärer Ebene abspielt, lässt sich in mehreren Phasen betrachten (Abb. 11.1):

- **Physikalische Phase** ($< 10^{-12}$ s nach Einstrahlung): Photonen oder Teilchen ionisieren Moleküle des Gewebes und erzeugen Ionen und freie Radikale. Vor allem werden durch **Radiolyse** Wassermoleküle in OH-Radikale zerlegt:

$$H_2O \longrightarrow H^+ + OH^{\cdot} + e^-$$

- **Biochemische Phase** (ca. 10 ms): Hochreaktive freie Radikale und ionisierte Moleküle lösen unkontrollierte Reaktionen aus. Schädigung von Enzymen und DNA-Molekülen
- **Biologische Phase** (Sekunden bis Jahre): Gestörte zelluläre Reaktionen (Mitose) bis zum Zelltod, Verbrennungen, Weitergabe genetischer Schäden

Zellen besitzen Mechanismen, mit denen Schädigungen repariert werden können (Erholung). Andernfalls bewirken biologische Schäden organische Veränderungen. Strahlenschäden werden unterteilt in **somatische** Schäden, die welche die strahlenexponierte Person betreffen, und **genetische** Schäden an der Fortpflanzung beteiligter Organe, die in der nachkommenden Generation wirksam werden.

11.1.2. Strahlenrisiko

Die biologische Wirkung ionisierender Strahlen wächst generell mit der applizierten Strahlendosis. Darüber hinaus sind auch andere Einflüsse von Bedeutung. Wesentlich für die biologische Wirkung ist die mikroskopische Verteilung der auf das Gewebe übertragenen Energie, die in erster Linie durch die Ionisierungsdichte der Strahlung bestimmt wird.

Bei gleicher Energiedosis wirken Photonen und Partikelstrahlen unterschiedlich. Elektronen-(β-)Strahlen besitzen eine ähnliche Effektivität wie Photonen, schwerere Teilchen wie α-Strahlen oder andere Ionen (Atomkerne) jedoch wirken aufgrund des größeren Wirkungsquerschnitts stärker. Das wird durch den Bewertungsfaktor q der Äquivalentdosis (s. Tab. 10.3) berücksichtigt. Eine ältere, noch gebräuchliche Bewertung ist die **relative biologische Wirksamkeit** (RBW), die auf die Wirkung von γ-Strahlung einer ^{60}Co-Probe bezogen wird. Grundlage ist der *lineare Energietransfer* (LET), der eine Aussage darüber macht, ob die Strahlung wie α-Teilchen „dicht" oder wie Photonen „locker" ionisierend wirkt.

Strahlenschäden werden noch auf eine andere Weise unterteilt, und zwar nach stochastischen und deterministischen Schäden:

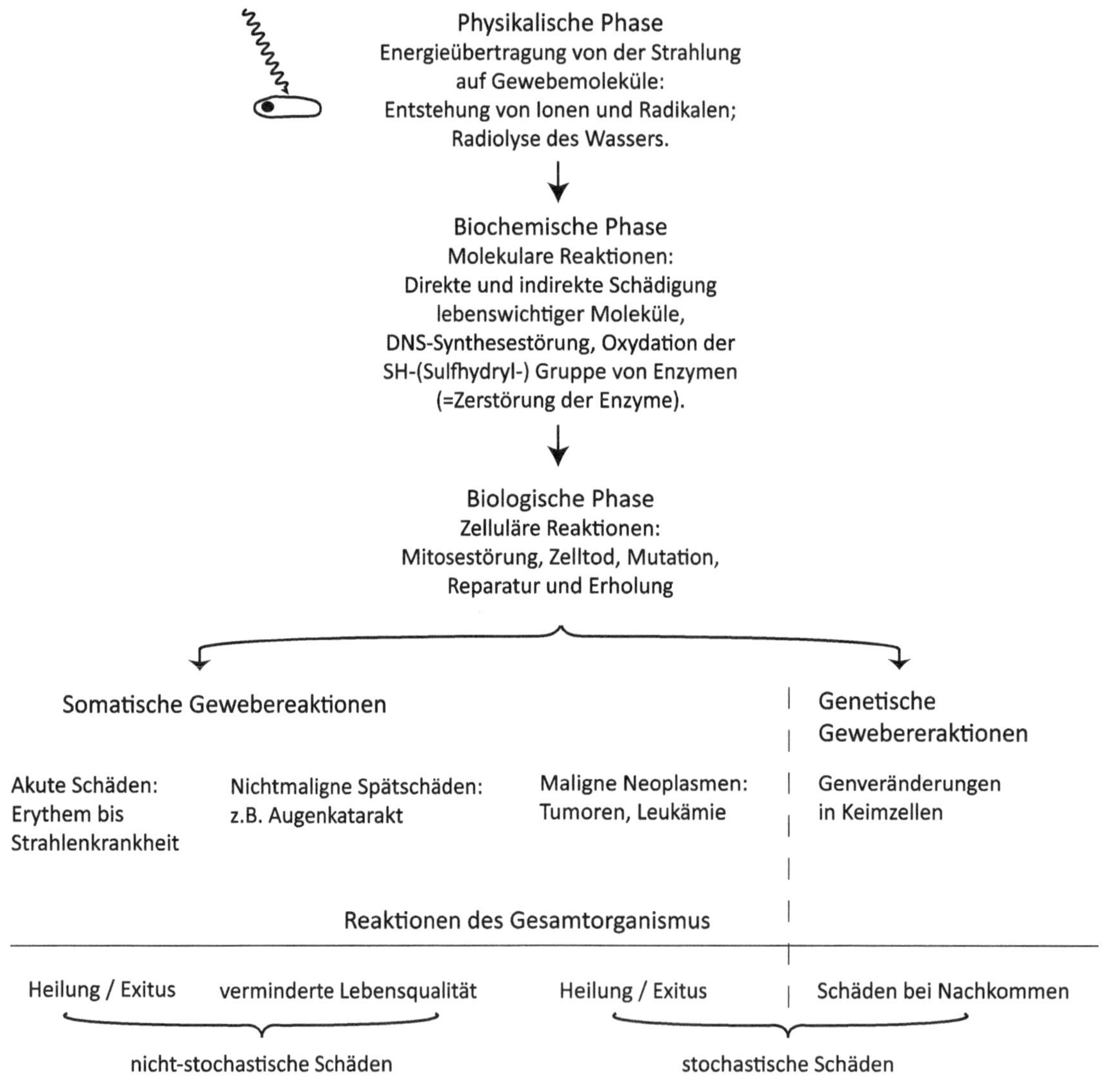

Abb. 11.1.: Hierarchischer Wirkungsmechanismus ionisierender Strahlung auf biologisches Gewebe

- **Deterministische** Schäden treten unterhalb gewisser Schwellendosen gar nicht, jedoch oberhalb absoluter Toleranzgrenzen mit Sicherheit auf. Der *Schweregrad* von deterministischen Strahlenschäden ist dosisabhängig.

  Beispiele: Katarakt (Trübung der Augenlinsen), Erythem, nichtkanzeröse Schädigungen der Haut, Beeinträchtigung der Fruchtbarkeit bei Bestrahlung der Gonaden, Strahlenkrankheit. Eine akute Ganzkörperdosis von 4 Sv kann umgehend letal sein (mit 50% in 30 Tagen, auch als LD50 bezeichnet).

- **Stochastische** Schäden treten mit einer von der Dosis abhängigen *Wahrscheinlichkeit* auf, ihre *Schwere* ist jedoch nicht direkt von der Dosis abhängig. Das betrifft vor allem maligne Gewebeveränderungen und Schädigungen des Erbmaterials. Beide Wirkungen führt man auf Doppelstrangbrüche der DNS von Keim- und Körperzellen zurück.

Stochastische Strahlenschäden können im Prinzip bereits durch geringste Strahlendosen ausgelöst werden, wenn auch mit entsprechend geringer Wahrscheinlichkeit. Nachweisbar sind stochastische Strahlenwirkungen nur an großen Fallzahlen. Derartige Untersuchungen sind mit menschlichen Probanden unmöglich. Daher wurde auf das langjährige Strahlenkrebsrisiko mit Todesfolge der japanischen Atombombenopfern von Hiroshima und Nagasaki zurückgegriffen. Bei einer mittleren Ganzkörperdosis von 2,5 Sv betrug es 2,5 %. Im einfachsten Fall kann man einen linearen Zusammenhang zwischen Dosis H und Risiko R annehmen (Abb. 11.2):

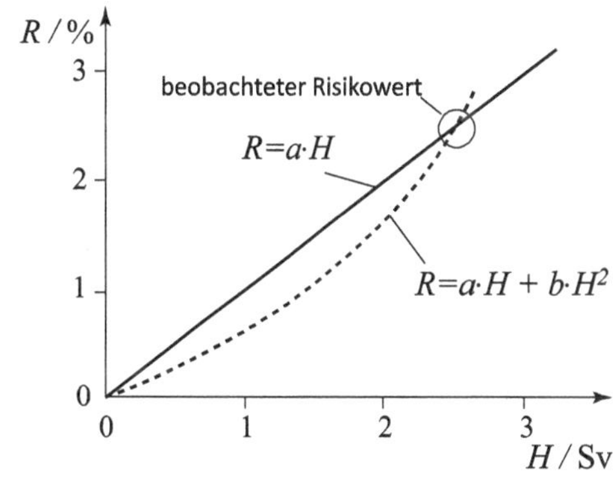

Abb. 11.2.: Modellierung des letalen Strahlenkrebs-Risikos abhängig von der Äquivalentdosis

$$R = a \cdot H \qquad a = \frac{2{,}5\ \%}{2{,}5\ \mathrm{Sv}} = 0{,}01\ \mathrm{Sv}^{-1}$$

a ist das stochastischen Strahlenkrebsrisiko pro Sievert.

Legt man für die mittlere Strahlenbelastung der Bevölkerung in Deutschland eine Jahresdosis von 4 mSv zugrunde (s.u.), ergibt sich bei einer Lebenserwartung von 80 Jahren eine Lebensdosis von etwa 300 mSv. Das Strahlenkrebsrisiko beträgt mit diesem linearen Modell dann:

$$R = a \cdot H = 1 \cdot 10^{-5}\,\mathrm{mSv}^{-1} \cdot 300\,\mathrm{mSv} = 0{,}003 = 0{,}3\,\%$$

Dem steht eine spontane Krebssterblichkeit in Europa von 20 % gegenüber! Es zeigt sich zudem, dass die Annahme einer linearen Beziehung das Risiko für kleine Dosen überschätzt, unter anderem weil das Reparaturvermögen der Zellen zu berücksichtigen ist. Bei locker ionisierenden Strahlen ist eher ein linear-quadratischer Dosis-Risiko-Zusammenhang zu erwarten:

$$R = a \cdot H + b \cdot H^2 \tag{11.1}$$

Ferner ist zu unterscheiden zwischen Ganzkörperdosen und Organdosen. Einzelne Funktionseinheiten (Gonaden, Knochenmark) reagieren wesentlich sensibler auf Strahlung als andere Organe. Man berücksichtigt dies, indem der Risikofaktor in Anteil der Organe aufgeteilt wird und diese mit jeweiligen Gewichtsfaktoren w_T berücksichtigt werden, so dass $\sum w_T = 1$. Tab. 11.1 führt die Gewichtsfaktoren einzelner Organe auf. [1] Nun

[1] Die zur Zeit rechtsgültigen Werte (StrSchV Anlage VI, 2011) unterscheiden sich davon. Die ab 2019 geltende Neufassung der StrSchV wird voraussichtlich den obigen Werten entsprechen.

Organ / Struktur	w_T	gesamt, $\sum w_T$	1,0
rotes Knochenmark, Kolon, Magen, Lunge, Mamma	je 0,12	Gonaden	0,08
Blase, Schilddrüse, Leber, Ösophagus	je 0,04	restliche Gewebe gesamt	0,16

Tab. 11.1.: Gewebe-Wichtungsfaktoren w_T einiger Organe und Gewebe *(Quelle: International Commission on Radiological Protection (ICRP) 103 (2007))*

Jahresdosiswerte	H_a /1 mSv/a		
natürlich:		*zivilisatorisch:*	
Radon in Luft	1,1	medizin. Diagnose,	
Boden, Gestein	0,4	Flugreisen,	
kosm. Höhenstrahlung	0,3	künstl. Radoaktivität	
Nahrungsaufnahme	0,3		
gesamt natürlich:	2,1	*gesamt zivilisatorisch:*	1,8
insgesamt :	4,0	*Typischer zivilisatorische Einzeldosen:*	
		Radiographie (Thorax)	ca. 0,2
		CT Abdomen	ca. 6
		Übersee-Flug 2 × 8 h	0,15

Tab. 11.2.: Mittlere natürliche und zivilisatorische Strahlenexposition in Deutschland, und typische zivilisatorisch bedingte Dosen *(Quellen: Bundesamt für Strahlenschutz, Bundesministerium für Umwelt)*

kann man mit Hilfe der Wichtungsfaktoren w_T und der mittleren Äquivalentdosen H_T der einzelnen Organe eine Effektivdosis H_E berechnen:

$$H_E = \sum w_T \cdot H_T \tag{11.2}$$

Die mittlere Strahlenbelastung der Bevölkerung in Deutschland teilt sich auf in natürliche und zivilisatorische Ursachen. Beide machen nach aktueller Schätzung jeweils ungefähr 2 mSv pro Jahr aus, wie Tab. 11.2 zusammenfasst.

11.2. Strahlenschutz

Ziel des Strahlenschutzes ist, Einzelpersonen und deren Nachkommen sowie die Bevölkerung als Ganzes vor der schädigenden Wirkung ionisierender Strahlen zu schützen. Rechtlich regeln den Umgang mit ionisierender Strahlung die **Strahlenschutzverordnung** (StrlSchV) und **Röntgenschutzverordnung** (RöV). Laut diesen gelten folgende **Grundsätze der Strahlenanwendung:**

1. **Rechtfertigung**: Strahlenexpositionen, auch medizinische, müssen einen hinreichenden diagnostischen oder therapeutischen Nutzen bringen, der gegen die Gefahren für die einzelne Person abzuwägen ist.
2. **Dosisbegrenzung:** Jede Strahlenexposition ist so niedrig wie möglich zu halten. Es gelten Grenzwerte: Die effektive Dosis für den Einzelnen darf 1 mSv pro Jahr nicht überschreiten. Dabei ist zu beachten:
    - Für beruflich strahlenexponierte Personen gelten Grenzwerte von 20 mSv.
    - Für Patienten können medizinische Gründe eine – auch wesentlich – höhere Dosis als die gesetzlichen Grenzwerte rechtfertigen!
3. **Vermeidung** unnötiger Strahlenexposition auch unterhalb der Grenzwerte und Dosisreduzierung auf die absolut notwendige Menge.

Bei beruflich strahlenexponierten Personen sind die individuellen Dosen zu überwachen (Dosimeter). Es gelten besondere Grenzwerte für einzelne Teilkörperdosen (Augenlinse, Gonaden, Knochenmark). Es gelten auch Grenzwerte für strahlenbelastete Arbeitsbereiche (z.B. radiologische Kliniken). Diese sind gekennzeichnet als *Überwachungsbereich* bei einer effektiven Jahresdosis bis zu 6 mSv oder als *Kontrollbereich* bis zu 20 mSv.

In der Praxis gibt es drei (eigentlich vier) Prinzipien, die unnötige Strahlenexposition für den Patienten und das Personal so gering wie möglich zu halten („**AAA**“):

A Maximierung des *Abstandes* zwischen Aufenthaltsort und Strahlenquelle (Abstandsquadrat-Gesetz!)

A Schwächung der Strahlungsintensität durch *absorbierende* Medien (Bleischürze, Abschirmwände)

A Begrenzung der *Aufenthaltsdauer* in strahlengefährdeten Bereichen

(A) Ausbildung und regelmäßige Weiterbildung beruflich strahlenexponierten und Strahlungsexposition anordnenden Personals

11.3. Strahlentherapie

11.3.1. Strahlenarten, Strahlenquellen

Neben Therapien entzündlicher Erkrankungen mit sehr niedrigen Dosen ist das Hauptanwendungsgebiet der Strahlentherapie die Behandlung bösartiger Tumore. Die schädigende Wirkung ionisierender Strahlen wird gezielt zur Abtötung von Krebszellen ausgenutzt. Anwendungen finden Photonenstrahlung und Partikelstrahlung. Als **Photonenstrahlung** verwendet man hauptsächlich:

- γ-Strahlung von umschlossenen radioaktiven Strahlungsquellen (^{60}Co oder ^{137}Cs). Nachteil: Radioaktive Isotope lassen sich nicht abschalten, sondern strahlen immer. Das erfordert massive Abschirmungen (Blei, Wolfram usw.), die automatisch geöffnet werden.
- harte bis ultraharte Röntgenstrahlung aus Röntgenröhren (ab 100 kV, Orthovolt-Therapie) und Elektronenbeschleunigern

Für **Partikelstrahlen** finden vor allem Elektronen, Protonen oder Ionen Anwendung. Die beiden letzteren erfordern immensen technischen Aufwand großer Teilchenbeschleunigeranlagen (z.B. Zyklotron) und sind weltweit nur in wenigen Standorten verfügbar; Elektronen benötigen „nur" einen Elektronenbeschleuniger.

Elektronenbeschleuniger können sowohl Elektronenstrahlen als auch harte Photonenstrahlung für die Teletherapie (s.u.) erzeugen. Dazu werden Elektronen aus einer Elektronenquelle (Kathode) freigesetzt und durch elektrische Felder auf hohe Energien von bis zu 25 MeV beschleunigt. In den ersten Beschleunigern wurden die Elektronen durch ein zusätzliches Magnetfeld auf eine Kreisbahn gezwungen (Betatron). Moderner sind mehrstufige **Linearbeschleuniger** (LINAC nach WIDERÖE, Abb. 11.3). Dort wird an aufeinanderfolgenden, röhrenförmigen Elektroden eine geeignete Wechselspannung angelegt, so dass ein Elektron immer ein anziehendes $\vec{E}$-Feld vor sich spürt und immer weiter beschleunigt wird.

Der Elektronenstrahl wird kollimiert und fokussiert. Er lässt sich nach Auskopplung direkt zur Bestrahlung von Gewebe auskoppeln. Alternativ wird ein Metalltarget eingefügt, dass die Rolle der Anode in der Röntgenröhre übernimmt (z.B. aus Wolfram, vgl. Abb. 10.5b). Dort entsteht bei den verwendeten Beschleunigerenergien ultraharte Röntgenstrahlung, die physikalisch Gammatrahlung entspricht. Auf diese Weise lassen sich Linearbeschleuniger auch als Quellen für Photonenstrahlung im Gamma-Bereich betreiben.

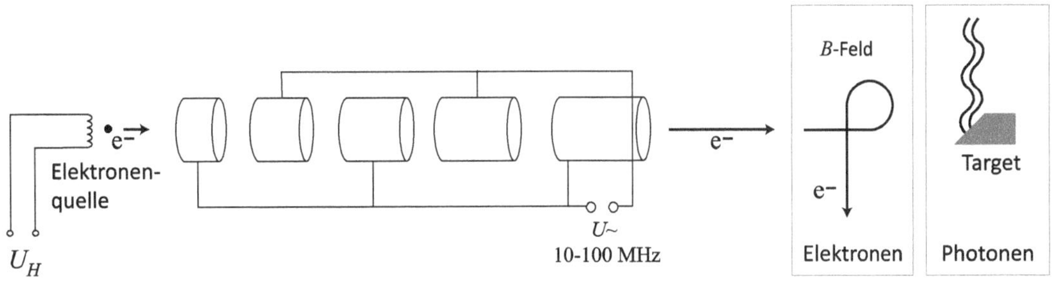

Abb. 11.3.: Linearbeschleuniger (LINAC) nach Wideröe. Alternativ Umlenkung durch Magnetfeld (für Elektronenstrahl) oder Target (für Photonenstrahl)

11.3.2. Verteilung der Dosis im Körper

Folgende Begriffe sind für die Klassifizierung der Bestrahlung von Bedeutung:

- **Strahlenqualität** bezeichnet die RBW der Strahlung (s. S. 125), also das Ionisationsvermögen und damit letztlich, ob es sich um Photonen, Elektronen oder schwerere Ionen handelt.
- **Strahlenhärte** charakterisiert das Energiespektrum und damit das Durchdringungsvermögen.
- **Isodosen** sind Flächen, die bei einer bestimmten Bestrahlung die selbe Dosis erhalten.
- **Tiefendosis**: Dosis im Zentralstrahl einer ionisierenden Strahlung in einer bestimmten Tiefe des Körpers; **relative Tiefendosis**: Verhältnis zur Maximaldosis. Idealerweise liegt das Maximum im Zielvolumen.

Die Strahlenhärte beeinflusst besonders bei Photonen die selektive Absorption durch verschiedene Gewebe: Bei geringer Härte nimmt Knochen wesentlich mehr Dosis auf als Fett- oder Muskelgewebe (Abb. 11.4 a). Bei großen Härten ist die Absorption für alle Gewebe praktisch gleich.

Der Aufbaueffekt sorgt dafür, dass die Dosis in der Tiefe nicht wie vom Schwächungsgesetz (Gl. 10.17) beschrieben exponentiell fällt. Dafür ist bei Anodenspannungen ab ca. 1 MV der COMPTON- Effekt zu berücksichtigen (s. Kap. 10.4.1). Die dabei aus den Atomen des Gewebes ausgelösten Sekundärelektroden tragen zur Dosis bei. Deshalb liegt die maximale Dosis eines von außen bestrahlten Körpers tatsächlich *nicht* an der Hautoberfläche vor, sondern erst in einer gewissen Tiefe (Abb. 11.4b, vgl. Abb. 10.9a). Durch geschickte Wahl von Strahlenqualität und -härte kann man die Tiefe der Maximaldosis entsprechend der Lage des Zielgebietes einstellen. Vor allem mit harter Strahlung lassen sich tiefgelegene Zielvolumen genauer und unter Schonung der davor liegenden Hautbereiche erreichen.

Bestrahlungstechniken werden in der Strahlentherapie nach Art und Lage des Tumors ausgewählt. Die Strahlen werden entweder durch eine Quelle außerhalb des Körpers (**Teletherapie**) oder aus kurzer Distanz (**Brachytherapie**) erzeugt. Bei **stereotaktischer Bestrahlung** werden tief liegender Zielvolumina aus mehreren Richtungen (Einstellfeldern) bestrahlt, ähnlich der bildgebenden Tomographie (Kap. 11.5.2). Die Strahlenquelle rotiert oder pendelt um das Zielgebiet. So wird das den Tumor umgebende Gewebe geschont. Bei **fraktionierter** Bestrahlung wird die nötige Dosis in wiederholt applizierte geringere Dosen aufgeteilt. Hier wird ausgenutzt, dass Tumorgewebe aufgrund der hohen Teilungsrate empfindlicher auf Strahlung reagiert als gesundes Gewebe. In der Strahlentherapie müssen Arzt und Medizinphysiker sorgfältig die Strahlenqualität (Partikel oder Photonen) und die Härte (Energie) wählen. Zunehmend werden Bestrahlungsgeräte mit Röntgenbildgebung kombiniert, um die aktuelle Position des Zielvolumens zu kontrollieren.

Partikelstrahlung zeigt typischerweise keinen exponentiellen, sondern einen abrupten Abfall (Abb. 11.4b). So lässt sich mit Elektronenstrahlen aus Linearbeschleunigern tiefer liegendes Gewebe effektiv schonen. Sie wer-

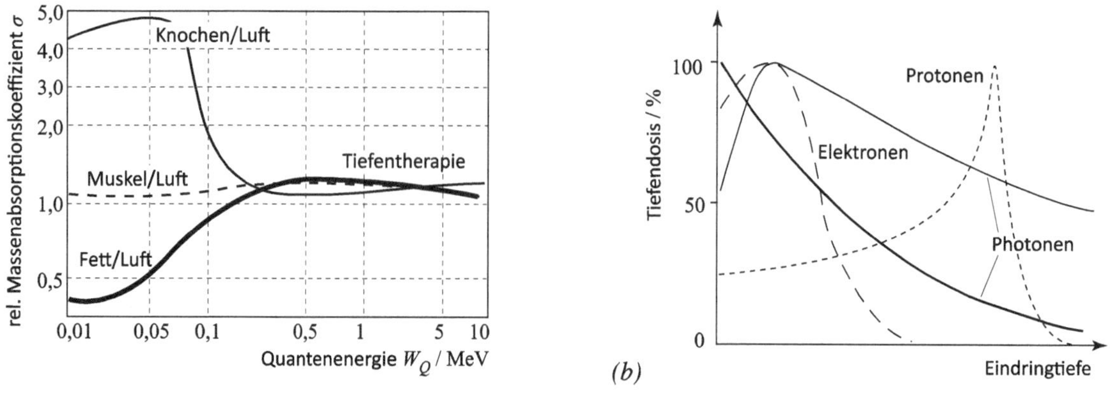

Abb. 11.4.: (a) Relativer Massenabsorptionskoeffizient in Abhängigkeit von der Quantenenergie. (b) Verlauf der Tiefendosis im Körper für harte und ultraharte Röntgenstrahlen (Photonen, durchgezogen) sowie Elektronen und Protonen (unterbrochen)

den mit **Linearbeschleunigern** erzeugt. Protonen oder Kohlenstoffionen weisen einen noch schärferen „BRAGG-Peak“ bei einer exakt definierten Tiefe auf. Allerdings erfordert die Therapie mit solchen „Hadronen“ einen Ionenbeschleuniger und ist bisher nur an sehr wenigen Standorten verfügbar.

In der Brachytherapie werden bei der **Afterloading**-Technik kleine umschlossene γ-Strahlungsquellen (z.B. ^{192}Ir) in einem „Applikator“ ferngesteuert in einer Körperhöhle des Patienten positioniert, geöffnet und nach der Behandlung sofort in den Strahlenschutzbehälter des Gerätes zurückgefahren. Das lässt sich in Uterus, Rectum, Ösophagus, Mundhöhle, oder künstlich angelegten Öffnungen durchführen. Alternativ können umschlossene Strahler von wenigen Millimetern Größe („Seeds“) für eine längere Dauer *in situ* angebracht werden. In jedem Fall geht der Therapie eine sorgfältige, durch präzise bildgebende Diagnostik vorbereitete Bestrahlungsplanung voraus.

11.4. Diagnostik mit bildgebenden Verfahren

„Sich ein Bild des Patienten zu machen“, könnte man als allgemeines Ziel einer jeden Diagnose formulieren. Seit der Entdeckung der *X-Strahlen* durch W.C. Röntgen 1895 hat die Medizintechnik ein reichhaltiges Inventar an Methoden entwickelt, das Innere des Patienten sichtbar zu machen. Dieser Aufschwung basiert neben den Kenntnissen der Atom- und Kernphysik vor allem auf der explosiven Entwicklung der Rechentechnik, die sicher noch nicht beendet ist. Abseits von der Atomphysik sind an dieser Stelle ein paar allgemeine Überlegungen anzustellen, wie überhaupt ein Bild entsteht. Sie gelten für alle medizinischen bildgebenden Verfahren vom Ultraschall-B-Bild bis zur Magnetresonanz-Tomographie. Diese lassen sich unter verschiedenen Gesichtspunkten klassifizieren: Sie

- nutzen *ionisierende* Strahlung oder *nicht ionisierende* Strahlung,
- stellen die Lage organisch oder histologisch definierter Bereiche (*anatomisch*) oder durch bestimmte organische Funktionen aktivierter Bereiche (*funktionell*) dar,
- ergeben eine ebene (*zweidimensionale*) oder eine *dreidimensionale* Repräsentation und
- erzeugen eine kontinuierliche (*analoge*) oder diskrete (*digitale*) Abbildung.

11.4.1. Planare Abbildung

Bei einer planaren Abbildung wird – wie im Mikroskop – das durchstrahlte (oder reflektierende) dreidimensionale Objekt auf eine ebene Fläche abgebildet. Alle auf einem Strahl von der Strahlenquelle zum Bild liegenden Punkte des Objektes fallen auf einen bestimmten Bildpunkt. Auf jedem dieser Strahlen wird die Intensität der Strahlung gemäß dem Schwächungsgesetz verringert (Gl. (10.17)). Die dort gegebene Form: $J = J_o \cdot e^{-\mu x}$ setzt einen überall gleichen Schwächungskoeffizienten μ voraus. Bildgebung jedoch basiert gerade auf *Kontrasten* in der Schwächung, so dass der Schwächungskoeffizient $\mu(x)$ vom lokal durchstrahlten Material abhängt. Das Schwächungsgesetz muss dann allgemeiner (und komplizierter) formuliert werden:

$$J = J_o \cdot e^{-\int \mu(x) dx} \qquad (11.3)$$

Das Ergebnis ist eine zweidimensionale Projektion des Objektes (vgl. Foto, planares Röntgenbild). An jedem Punkt zeigt die Helligkeit die Intensität der empfangenen Strahlung an. Beim konventionellen Röntgenbild geht die Strahlung von einer punktförmigen Quelle aus. Das Bild ist dann keine Parallelprojektion, sondern eine *Zentralprojektion*.

11.4.2. Digitale Bildaufnahme

Wesentliche Voraussetzung für die Behandlung jedes Signals im Computer ist dessen Zerlegung in einzelne (diskrete) Werte (vgl. Kap. 8.1.2). Im Gegensatz zu einem (eindimensionalen) Zeitsignal muss ein Bild in ein zweidimensionales Gitter aus Punkten, so genannten **Pixels** (<u>Pic</u>ture <u>El</u>ements) zerlegt werden (Abb. 11.5). Ein Bild von 1 Megapixel besteht beispielsweise aus $1000 \cdot 1000$ Pixel. Arbeitet man mit dreidimensionalen Daten

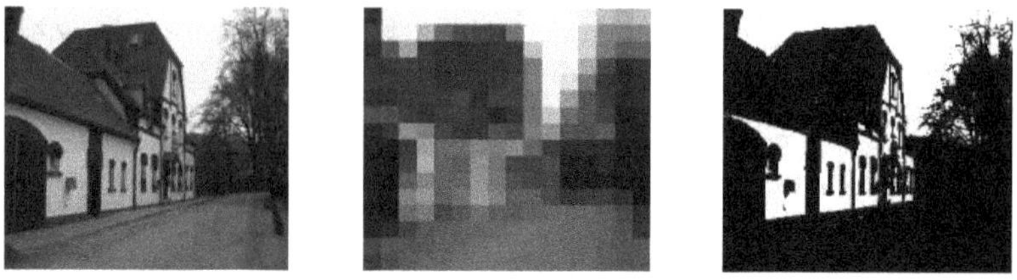

Abb. 11.5.: Quantisierung digitaler Bilder. **Links:** Feine Diskretisierung und hohe Grauwerttiefe. **Mitte:** Grobe Diskretisierung ($16 \cdot 16$ Pixel). **Rechts:** Geringe Grauwerttiefe (2 Grauwerte).

(wie in der Tomographie), so ist deren Repräsentation ein dreidimensionales Gitter, dessen Elemente als **Voxels** (Volume Elements) bezeichnet werden.

Jedes Pixel besitzt selbst einen (binären) Zahlenwert, der die lokale Intensität (und ggf. Farbe) kodiert (**Farb-/Grauwerttiefe**). Um $256 = 2^8$ verschiedene Helligkeiten darstellen zu können, benötigt jedes Pixel 8 bit ($=$ 1 Byte, vgl. S. 86). Ein zweidimensionales Bild mit $1024 (= 2^{10}) \cdot 1024$ Bildpunkten enthält also eine Datenmenge von $2^{10} \cdot 2^{10} \cdot 1$ Byte $= 2^{20}$ Byte($=$ 1 Megabyte). Das Datenaufkommen steigt mit zunehmender Auflösung quadratisch (bei dreidimensionalen Bildern zur dritten Potenz) an. Daher sind für die Bildverarbeitung leistungsstarke Rechner notwendig. Wie in der Messwerterfassung muss andererseits die Diskretisierung in jeder Richtung fein genug sein, um das Abtasttheorem zu erfüllen (s. Kap. 8.1.2).

11.4.3. Transmissions-Tomographie

Tomographie (griechisch) bedeutet Schnittbildgebung. Durch unabhängige Abbildung einzelner Schichten wird ein dreidimensionales Bild der Probe ermittelt. Eine Möglichkeit wurde bereits mit der konfokalen Laser-Scanning-Mikroskopie vorgestellt (s. S. 101), die sich jedoch nicht für lebendes Gewebe eignet.

Auch die Transmissions-Tomographie bildet ein Objekt in Schichten ab. Die Verfahren der Rekonstruktion sind unabhängig von der physikalischen Bildentstehung prinzipiell stets die gleichen: Das zu untersuchende Objekt wird systematisch in vielen verschiedenen Richtungen durchleuchtet und eine eindimensionale Projektion erzeugt. Aus dieser wird mit der Kenntnis der jeweiligen Durchleuchtungsrichtung der zweidimensionale Schnitt durch das Objekt als lokale Schwächung eines jeden Voxels in der Schnittebene zurückgerechnet.

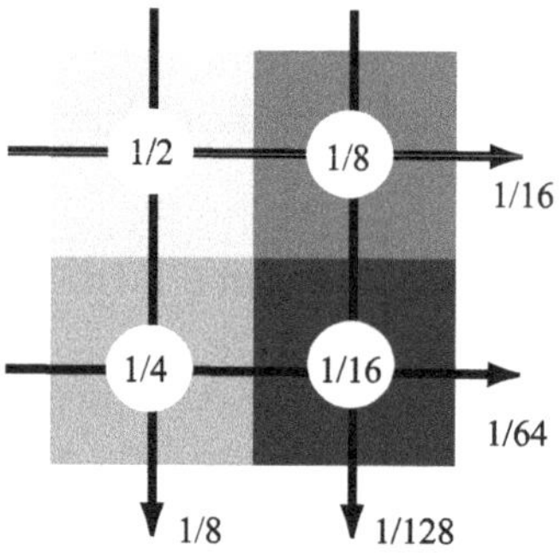

Abb. 11.6.: Einfaches 2×2-Modell für Tomographie

Die dafür notwendigen Rekonstruktionsalgorithmen sind sehr komplex; sie basieren auf der so genannten Radon-Transformation. Zum Verständnis kann man sich ein maximal vereinfachtes Modell vorstellen, bei dem die 2×2 Voxel einer Schnittebene durch eine Projektion mit jeweils zwei Strahlen in zwei Richtungen rekonstruiert werden (Abb. 11.6). Die Voxel schwächen den Strahl auf Transmissionen von $1/2$, $1/4$, $1/8$ und $1/16$ auf. Wegen der exponentiellen Form des Schwächungsgesetzes entspricht das (dimensionslosen) Schwächungskoeffizienten von $\mu_{11} = 1$, $\mu_{21} = 2$, $\mu_{12} = 3$ und $\mu_{22} = 4$.

Jeder Strahl wird auf seinem Weg auf das Produkt der einzelnen Transmissionen geschwächt: Der horizontale obere auf $1/16 = 2^{-4}$, der untere auf $1/64 = 2^{-6}$, und die beiden vertikalen auf $1/8 = 2^{-3}$ und $1/128 = 2^{-7}$. Da eine Multiplikation der Transmissionen einer Addition der Schwächungskoeffizienten entspricht ($2^x \cdot 2^y = 2^{x+y}$), ergibt sich das folgende, einfache lineare Gleichungssystem:

$$\begin{aligned} \mu_{11} + \mu_{12} &= 4 \qquad & \mu_{21} + \mu_{22} &= 6 \\ \mu_{11} + \mu_{21} &= 3 \qquad & \mu_{12} + \mu_{22} &= 7 \end{aligned}$$

Ausprobieren zeigt, dass dieses Gleichungssystem gelöst wird durch $\mu_{11} = 1$, $\mu_{21} = 2$, $\mu_{12} = 3$ und $\mu_{22} = 4$. (Dass das Schwächungsgesetz Gl. (11.3) auf der Basis e^x anstelle von 2^x formuliert ist, tut der Argumentation keinen Abbruch.) So lassen sich aus der Transmission, d.h. der Helligkeit der Projektionen die lokale Schwächungskoeffizienten ausrechnen, wenn genügend Projektionsrichtungen verwendet wurden.

In einer tatsächlichen Computer-Tomographie muss die Diskretisierung (also die Anzahl der Strahlen in einer Richtung) selbstverständlich viel feiner sein. Pro Schnittbild werden einige hundert Strahlrichtungen benötigt. Entsprechend sind die zu lösenden Gleichungssysteme in der Realität hochgradig komplex.

Digitale Archivierung bietet sich bei allen modernen Radiographiesystemen an. In einem Archivsystem (PACS) lassen sich Befunde von vielen Arbeitsplätzen abrufen, und ermöglichen weitere Berechnungen, die zum Teil ganz neue Techniken erlauben.

Funktionelle Bildgebung bedeutet, nicht die Struktur eines Organs darzustellen, sondern ortsaufgelöste Funktion, z.B. Aktivität eines bestimmten Hirnareals. Quantitativ geschieht das als Grauwerte oder Falschfarbendarstellung. Viele der bildgebenden Verfahren lassen sich zu funktionellen Messungen modifizieren: Röntgendiagnostik durch Kontrastmittel, Magnetresonanz-Tomographie durch Messung des Blutsauerstoffs, nuklearmedizinische Verfahren durch metabolische Tracer. Umgekehrt lassen sich auch manche generisch funktionellen Verfahren wie EEG und MEG durch räumlich aufgelöste Messungen zur funktionellen Bildgebung heranziehen oder – z.B. mit MR-Tomographie – kombinieren.

11.5. Röntgendiagnostik

Die Diagnostik mit Röntgenstrahlen hat seit ihrer Erfindung die für die Bildgebung größte Bedeutung erlangt. Wie die Nuklearmedizin auf der Basis radioaktiver Substanzen ist sie jedoch mit der Belastung durch ionisierende Strahlung verbunden. Diese werden nur in der Magnetresonanz-Tomographie und Ultraschallverfahren vermieden.

11.5.1. Planare Radiographie

Im Unterschied zu optischen Abbildungen ist ein planares Röntgenbild eine *Zentralprojektion* (Abb. 11.7). Eine gewöhnliche Radiographie-Apparatur besteht im wesentlichen aus der **Strahlenquelle**, der Röntgenröhre (mit Röntgengenerator zur Energieversorgung) und dem **Bildwandlersystem**, das aus den unsichtbaren Röntgenstrahlen, die den Patienten durchdrungen haben, ein Bild erzeugt. Für eine gute Radiographie ist es wichtig, dass auf mechanischem Wege die Anordnung von Quelle, Patient und Bildwandler und damit die Geometrie der Bildgebung fixiert wird.

Die Strahlung aus der Röntgenröhre passiert zunächst ein Filter zur Aufhärtung durch Absorption (s. S. 120). Ein verstellbares Blendensystem engt den Strahl auf eine zur Abbildung erforderliche Feldgröße ein. Patienten-Strahlenschutzmittel (Bleischürze) verringern objektnah die Strahlenbelastung für nicht abzubildende, empfindliche Organe, v.a. Hoden und Ovarien.

Beachte: Strahlung außerhalb des Zielgebietes trägt nicht zum Bild bei, macht es durch Streustrahlung sogar eher schlechter, und belastet auf jeden Fall den Patienten unnötig!

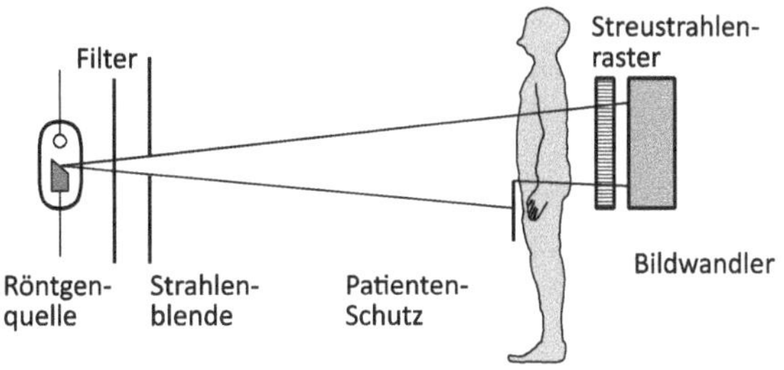

Abb. 11.7.: Röntgenanlage (schematisch), nach H. Morneburg, Bildgebende Systeme für die medizinische Diagnostik, Erlangen 1995

Die Röntgenstrahlung durchquert den auf dem Bucky-Tisch liegenden (oder, je nach Anforderung stehenden oder sitzenden) Patienten (Objekt). Durch Absorption und Streuung wird die Intensität abhängig von der Härte der Röntgenstrahlung (Anodenspannung U_A) bis auf einige Prozent geschwächt. Die bildgebende Dosis D hängt neben U_A (mit einem Exponenten n) vom Röhrenstrom I_A und der Belichtungszeit t ab:

$$D \sim U_A^n \cdot I \cdot t \tag{11.4}$$

Mit abnehmender Spannung wird n empirisch größer. Für $U = 150$ kV ist $n = 3$, für $U = 50$ kV ist $n = 5$.

Die für die Bilderzeugung erforderliche Dosis wird durch die Empfindlichkeit des Bildwandlersystems bestimmt. Für die korrekte Belichtung ist das Produkt aus Röhrenstrom I_A und Belichtungszeit t („mAs-Produkt") einzustellen. Moderne Röntgenanlagen besitzen dafür eine Belichtungsautomatik. Die Messung der eingetroffenen Strahlungsdosis wird durch eine Ionisationskammer gemessen (s. S. 122). Die Qualität einer Röntgenaufnahme (Kontrast, Detailerkennbarkeit, Bewegungsunschärfe) hängt ab von der Härte und der Intensität der Strahlung. Weil die zugrunde liegende Geometrie eine Zentralprojektion ist, spielt jedoch auch die Größe des Brennflecks auf der Anode eine Rolle.

Streustrahlung ist zunächst prinzipiell unvermeidbar. Sie verursacht eine Unschärfe des Bilds, da die auftreffenden Strahlen nicht aus der Zentralprojektion stammen. Zur Verringerung sollte zunächst die Röntgenstrahlung auf das abzubildende Zielgebiet eingeblendet werden. Direkt vor dem Bildaufnahmesystem lässt sich ein **Streustrahlenraster** aus engen parallelen oder besser auf die Quelle fokussierten Bleilamellen einbringen, das nur Strahlen aus direkter Richtung von der Quelle passieren lässt. Bewegung vermeidet, dass das Gitter im Bild sichtbar wird. Ein solches Raster absorbiert allerdings einen Teil der Intensität, so dass sich effektiv die nötige Dosis erhöht.

Kontrastmittel mit besonders hohen Absorptionskoeffizienten erlauben eine Erweiterung der Bildgebung. In der Subtraktions-Angiographie (DSA) kann von einem Gefäß ein Bild vor der Gabe von Kontrastmittel und eines in identischer Einstellung mit Kontrastmittel aufgenommen werden. Durch Subtraktion beider Bilder lassen sich selbst feine Gefäße mit hoher Deutlichkeit darstellen. Durch Kopplung von Echtzeit-Aufnahmen mit dem EKG lässt sich die Hämodynamik am Herzen beobachten.

Bildwandler wandeln die auftreffende Röntgenstrahlung in ein direkt sichtbares oder elektronisches Bild um. Historisch war lange das verbreitetste Bildauffangsystem die Röntgenbildkassette mit lichtempfindlichem AgBr-Film. Nach chemischer Entwicklung zeigte eine größere Schwärzung mehr registrierte Intensität an, stark schwächende Organstrukturen bilden sich also hell ab. Die Empfindlichkeit wurde wesentlich verbessert durch Aufbringen von fluoreszierenden Schichten (**Film-Folien-System**). Aktuelle Geräte nutzen nur noch digitale Bildauffangsysteme. Die aufgezeichneten Bilddaten werden oft direkt in ein Archivsystem (PACS) eingespeist und sind dann leicht von verschiedenen Arbeitsplätzen verfügbar. Die **digitale Lumineszenz-Radiographie** (DLR oder CR) verwendet Bildkassetten mit Speicherfolien aus Eu-dotiertem BaF. Auftreffende Röntgenstrahlung hebt Elektronen in ein metastabiles Niveau (Traps) (vgl. Abb. 10.4) und erzeugt ein „latentes" Bild. Nach der Aufnahme stimuliert ein Laserstrahl die Rückkehr in den Grundzustand. Auf diese Weise liest die Leseeinheit das Bild aus. Die Handhabung der Kassetten entspricht den herkömmlichen Film-Folien-Systemen, sie sind jedoch nach Auslesung wiederverwendbar.

Moderne **Flachdetektoren** nutzen Halbleiter und haben besonders geringes Bildrauschen. Man unterscheidet direkte und indirekte Halbleiter-Detektoren (s. Kap. 10.5.2). **Direkte Detektoren**, vorzugsweise aus Selen, setzen die Strahlung sofort in ein lokales elektrisches Ladungspaar um. **Indirekte Detektoren** erzeugen durch Szintillation in CsI-Kristallen sichtbares Licht, das dann in Siliziumschichten elektrisch registriert wird. Die hohe Empfindlichkeit ermöglicht geringe Dosen. Mit diesen Systemen sind räumliche Auflösungen von 0,1 mm möglich. Im Gegensatz zu DLR ist hier eine quasi-instantane Bildgebung möglich. Flachdetektoren sind meistens durch eine feste Leitung mit dem Bildspeichersystem verbunden; inzwischen kommen aber vermehrt auch drahtlos angebundene Detektoren zum Einsatz.

11.5.2. Computer-Tomographie (CT)

Die dreidimensionale Tomographie (HOUNSFIELD und CORMACK) hat der Diagnostik völlig neue Möglichkeiten eröffnet. Sie ist nur mit digitaler Bildaufnahme möglich. Wie oben geschildert, kommt eine tomographische Aufnahme zustande, indem der Patient in einzelnen Schichten aus vielen Richtungen durchleuchtet wird. Für eine brauchbare Auflösung muss eine Umrundung von mindestens 180° in Schrittwinkeln von etwa 1° gewährleistet sein.

In Geräten der „ersten Generation" wurde der Patient mit einem wenige Millimeter starken Strahl durchleuchtet und ein Bildpunkt aufgenommen (Abb. 11.8). Nachdem die Quelle parallel verschoben wurde, wurde ein weiterer Bildpunkt gemessen und so fort, bis das ganze interessierende Gebiet auf einer Linie durchleuchtet war. Dann wurde die Quelle gedreht und eine weitere Zeile registriert. Eine mechanische Konstruktion (**Gantry**) sorgte dafür, dass Quelle und Detektor exakt gleichmäßig bewegt wurden. Nach Aufnahme eines Schnittbildes („Scan") wurde der Patient entlang der Körperachse verschoben und ein weiteres Schnittbild erzeugt.

Moderne Geräte der „dritten Generation" benutzen einen fächerförmigen Strahl und eine Zeile von Detektoren, so dass für einen Schnitt nur noch eine Drehung nötig ist. Spiral-CT-Geräte verbinden sogar Rotation und Transport entlang der Körperachse zu einer einzigen Bewegung. Ein leistungsfähiges Rechensystem kann in sehr schneller Zeit zwischen zwei Scans das Schnittbild berechnen. Diese Berechnung erfordert die Anwendung der umgekehrten RADON-Transformation. Die lokale Helligkeit des Bildes gibt die Schwächungskoeffizienten μ wieder, sie werden als CT-Zahl in der HOUNSFIELD-Skala relativ zu Wasser (μ_W) angegeben:

$$CT = \frac{\mu - \mu_W}{\mu_W} \cdot 1000\,\text{HU} \qquad \text{(HU: Hounsfield-Einheit)}$$

Wasser besitzt definitionsgemäß $CT = 0$ HU, Knochen bis zu $CT = 10^3$ HU, Fett und Luft haben negative CT-Zahlen, absorbieren Röntgenstrahlung also weniger als Wasser. Die räumliche Auflösung beim CT erreicht Werte unter einem Millimeter.

Beachte: Eine CT-Untersuchung besteht aus Hunderten von Röntgenaufnahmen und stellt damit eine sehr hohe Strahlenbelastung des Patienten dar; für ein abdominales CT etwa 6 mSv im Vergleich zu 0,2 mSv für eine planare Thoraxaufnahme. Besonders hohe Dosen treten bei angiographischen CT-Untersuchungen auf. CT-Aufnahmen erfordern deshalb eine sorgfältige Indikation, bei Schwangerschaft sind sie im Allgemeinen nicht indiziert.

Mehr noch als in der planaren Röntgenbildgebung führt Bewegung des Patienten zu Artefakten. Zur Verringerung lässt sich die Aufnahme mit dem Herzschlag oder der Atmung synchronisieren (Gating). Metallimplantate absorbieren Röntgenstrahlung stark und führen zu typischen Bildartefakten, die benachbarte Bereiche überstrahlen.

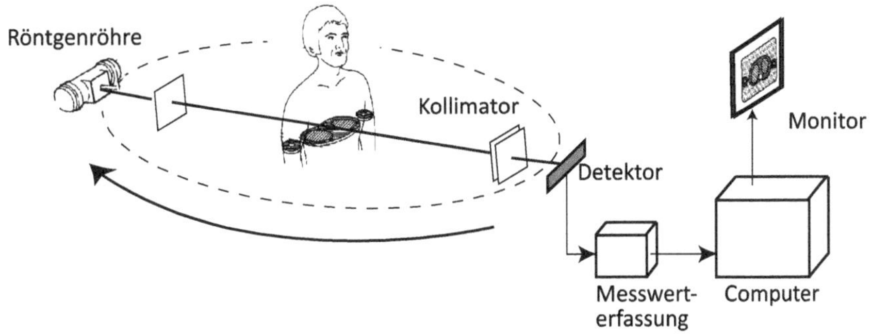

Abb. 11.8.: Röntgen-Computer-Tomographie (erste Generation, schematisch, nach H. Morneburg, a.a.O.)

11.6. Nuklearmedizin

11.6.1. Offene Radionuklide

Die Nuklearmedizin nutzt **offene**, das heißt nicht von einer Abschirmung umschlossene radioaktive Substanzen für diagnostische und therapeutische Zwecke. Die labormedizinische Anwendung von **Radioimmunoassays**, bei denen Antikörper radioaktiv markiert und einer Mengenbestimmung unterzogen werden, soll nicht diskutiert werden. Die nuklearmedizinische Bildgebung mit *szintigrafischen* Verfahren hat in der modernen Diagnostik einen hohe Bedeutung aufgrund ihrer besonderen Eignung für funktionelle Messungen.

Bei der Bildgebung wird die von einer radioaktiven Substanz freigesetzte γ-Strahlung außerhalb des Körpers gemessen. Radioaktive α- und β-Strahlen können aufgrund ihrer geringen Reichweite außerhalb des Körpers selbst nicht nachgewiesen werden. Die radioaktiven **Tracer**-Substanzen werden dem Patienten oral, durch Injektion oder durch Inhalation verabreicht. Der Patient wird damit selbst zur Strahlenquelle. Den Grundsätzen der Strahlenanwendung folgend dürfen nur so geringe Mengen eingesetzt werden, wie sie zur Diagnostik oder zur Therapie gerade notwendig sind und für den Patienten und seine Umgebung ein noch vertretbares Risiko bedeuten.

Beim Einstellen einer bestimmten Aktivität mit einer oral verabreichten Substanz ist nicht nur die physikalische Halbwertszeit T_H zu berücksichtigen, sondern auch deren metabolischer Transport im Körper. Die tatsächliche Abnahme der Aktivität ist deshalb schneller als der radioaktive Zerfall. Auch die Ausscheidung kann über eine Halbwertszeit modelliert werden, die **biologische Halbwertszeit** $T_{H,bio}$. Das ist die Zeit, in der ein Mensch aufgrund des Stoffwechsels die Hälfte einer aufgenommenen Substanz ausscheidet. Die effektive Halbwertszeit $T_{H,eff}$, in der sich die Aktivität eines Radionuklids im Körper halbiert, kann man dann wie folgt berechnen:

$$\frac{1}{T_{H,eff}} = \frac{1}{T_H} + \frac{1}{T_{H,bio}} \qquad \Rightarrow \qquad T_{H,eff} = \frac{T_H \cdot T_{H,bio}}{T_H + T_{H,bio}} \tag{11.5}$$

Tab. 11.3 stellt zwei sehr unterschiedliche Beispiele dar. Da in der Nuklearmedizin nur Radionuklide mit sehr kurzer Halbwertzeit eingesetzt werden können, ist es erforderlich, die für die Untersuchung benutzten Radiopharmaka erst direkt vor der Untersuchung radioaktiv zu markieren. Bei dieser Markierung sind neben den Bestimmungen des Strahlenschutzes auch die geforderte pharmazeutische Reinheit und die Sterilitätsvorschriften (offene Applikation im Körper des Patienten) einzuhalten. Nuklearmedizinische Untersuchungen setzen einen hohen organisatorischen (ständige Lieferung von Radionukliden kurzer Halbwertszeit), apparativen (sterile Generatoren, physikalisch-chemische Analysetechnik) und personellen Aufwand (Chemiker, Physiker) voraus.

11.6.2. Szintigraphie, Anger-Kamera

In der Nuklearmedizin finden die oben geschilderten Detektortypen Anwendung (s. Kap. 10.5.2). Um mit bildgebenden Verfahren eine zwei- oder dreidimensionale Abbildung zu erzeugen, wird vor allem die Gamma- oder ANGER-Kamera (ANGER, 1958, Abb. 11.9a) genutzt. Dabei trifft die Strahlung auf einen ausgedehnten Szintillationskristall. Eine über Lichtleiter damit verbundene Anordnung von vielen Photomultiplier-Röhren registriert die Szintillationsereignisse am Ort ihres Auftreffens. Die Anzahl der Photomultiplier gibt die räumliche Auflösung vor. Das Signal enthält Orts- und Zeitinformation, aber keine Amplitudeninformation, da ein Lichtblitz einfach einen Treffer des jeweiligen Kristallortes anzeigt. Es eignet sich damit gut zur digitalen Verarbeitung.

Isotop	radioakt. Zerfall: T_H	biologisch: $T_{H,bio}$	effektiv: $T_{H,eff}$
Cäsium-137 (^{137}Cs)	30,2 Jahre	110 Tage	109 Tage
Jod-131 (^{131}I)	8 Tage	80 Tage (in Schilddrüse)	7,3 Tage

Tab. 11.3.: Effektive Halbwertszeit bei Nukliden mit sehr langer und mit kurzer physikalischer Halbwertszeit

Um sicherzustellen, dass nur Strahlung aus einer bestimmten Richtung auf einen Ort des Szintillationskristalls trifft, ist ein **Kollimator** erforderlich, der die selbe Funktion erfüllt wie das Streustrahlenraster der Röntgenanlage. Im einfachsten Fall dient dazu ein Anordnung paralleler Kanäle vor dem Kristall (Parallelloch-Kollimator). Nur senkrecht auf den Kristall einfallende Strahlung kann den Kollimator passieren; schräg einfallende Strahlung wird absorbiert.

Bei der planaren Szintigraphie wird die zweidimensionale Verteilung der Aktivität des untersuchten Nuklids gemessen. Optisch ist sie das Analogon zur planaren Radiographie: Das entstandene Bild ist die zweidimensionale Projektion der Aktivitätskonzentration des untersuchten Gebietes. Anwendung findet die planare Szintigraphie in der Lungen- und Schilddrüsendiagnostik. Die älteren Scanner, die das zu untersuchende Gebiet einfach punktweise abtasten, sind durch die Einführung der ANGER-Kamera weitgehend überholt.

11.6.3. Emissions-Computer-Tomographie, SPECT

Wie bei der Bildgebung durch Röntgenstrahlen erlaubt auch die Szintigraphie eine dreidimensionale Rekonstruktion durch Tomographie. Dazu muss ebenso das Bildaufnahmesystem um das zu untersuchende Gebiet rotiert werden. Das entsprechende Single Photon Emission Computed Tomography (SPECT)-Verfahren basiert auf dem Nachweis einzelner γ-Photonen. Dazu wird in das zu untersuchende Gebiet ein γ-aktives Tracer-Nuklid eingebracht. Während der Messung wird die Gamma-Kamera um den Patienten rotiert. Wie bei anderen tomographischen Verfahren lässt sich die lokale Aktivitätskonzentration dreidimensional rekonstruieren. Häufig arbeiten zwei oder Kamerasysteme gleichzeitig aus verschiedenen Winkeln. Die räumliche Auflösung ist wesentlich schlechter als beim Röntgen-CT.

11.6.4. Positronen-Emissions-Tomographie (PET)

Eine Rotation des Messsystems ist unnötig bei der Positronen-Emissions-Tomographie (PET). Sie basiert auf der Koinzidenz-Detektion von Positronen, den Antiteilchen des Elektrons, die bei β^+-Zerfällen entstehen (s. Kap. 10.3.2), und erfordert am Stoffwechsel beteiligte, β^+-aktive Tracer-Nuklide. Als radioaktive Isotope sind ^{11}C, ^{13}N und ^{15}O geläufig. Wegen der kurzen Halbwertszeit β^+-aktiver Nuklide (Sekunden bis Minuten) müssen diese direkt in der Nähe der PET-Kamera erzeugt und daraus applizierbare Pharmazeutika hergestellt werden. Dieses setzt einen extrem hohen technischen Aufwand voraus (Kleinzyklotron, automatisierte Radiochemie, aufwendige Abschirmungen). Daher wird diese Technik noch hauptsächlich für die Forschung eingesetzt.

Positronen (e^+) lassen sich außerhalb des Körpers nicht direkt nachweisen, da sie schon nach kurzer Laufstrecke auf ein Elektron (e^-) treffen und sich mit diesem vernichten (Paarvernichtung, s. S. 120). Die Massen von e^+ und e^- werden dabei gemäß der EINSTEINschen Masse-Energie-Äquivalenz, Gl. (10.16), in zwei γ-Quanten einer Energie von jeweils 511 keV umgewandelt. Diese fliegen mit Lichtgeschwindigkeit in entgegen gesetzter Richtung auseinander. An zwei gegenüberliegenden Detektoren müssen sie also exakt gleichzeitig (**Koinzidenz**) eintreffen.

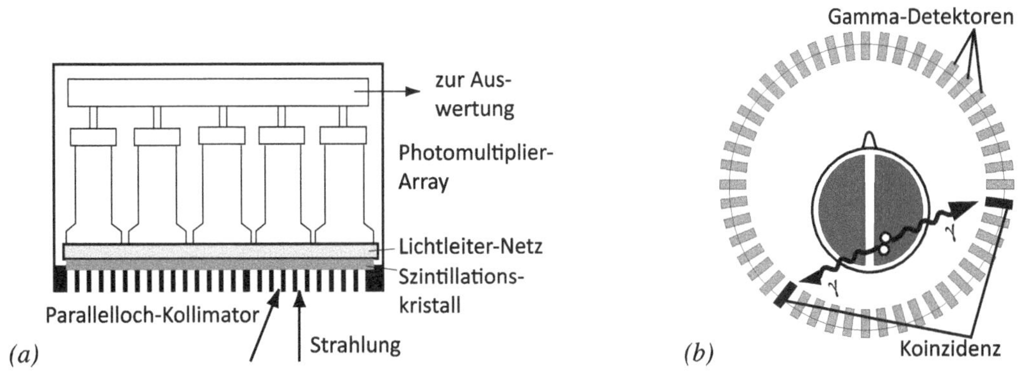

Abb. 11.9.: (a) Aufbau einer ANGER-Kamera für γ-Strahlen. (b) Positronen-Emissions-Tomographie (des Kopfes): Die Vernichtung eines Positrons erzeugt ein Koinzidenzereignis an zwei Detektoren

Bei der PET befinden sich um die zu untersuchende Schicht des Körpers ein feststehender Ring von Szintillations-Detektoren (Abb. 11.9b). Registrieren zwei Detektoren gleichzeitig ein γ-Ereignis, so muss die Strahlenquelle auf der Verbindungslinie dieser beiden Detektoren liegen. Da aus dem Ereignis nur diese Achse bekannt ist und nicht der exakte Entstehungsort, erhält man durch das mehrfache Auftreten dieser Ereignisse linienförmige Häufigkeitsverteilungen (Linienintegrale). Aus der Verrechnung aller Richtungen wird das Bild rekonstruiert (analog zum Röntgen-CT). Da beim PET im Gegensatz zum SPECT kein mechanischer Kollimator benutzt werden muss, entfällt dieser die Auflösung und Empfindlichkeit begrenzende Teil. Die örtliche Auflösung des PET liegt bei 5 mm.

In zunehmendem Maße werden nuklearmedizinische Verfahren wie SPECT oder PET mit dem hochauflösenden Röntgen-CT kombiniert. Dadurch werden die Vorteile beider Verfahren in einer einzigen Bildgebung vereinigt.

11.7. Magnetresonanz-Tomographie

Der Einsatz ionisierender Strahlung stellt stets ein Risiko für den Patienten dar. Um dieses zu vermeiden, werden im Wesentlichen zwei Arten der Bildgebung verwendet. Das B-Bild-Verfahren der Sonografie (Kap. 5.5.2) erlaubt ein zweidimensionales Schnittbild in Echtzeit, ist jedoch begrenzt durch die Auflösung (wegen der großen Wellenlänge von Ultraschall gegenüber Röntgenstrahlen) und abhängig von der Tiefe. Wesentliche Erweiterungen ist die Darstellung von Zeitverläufen (M-Mode, TM-Scan) in der Kardiologie und die Doppler-Sonographie in der Gefäßdiagnostik, die dem B-Bild auch überlagert werden kann. Moderne Möglichkeiten bieten zum einen *Kontrastmittel* mit mikroskopischen, den Schall reflektierenden Gasbläschen. Zum anderen ist mit Hilfe der oben besprochenen Algorithmen (vgl. Kap. 11.4.3) bei genügend hohen Schallfrequenzen mittlerweile selbst eine tomografische Bildgebung möglich. Für andere Aufgaben der Bildgebung, vor allem zur Darstellung eines vollständigen Körperschnitts und für tiefer liegende Strukturen, hat sich heute die Magnetresonanz-(oder Kernspin-)Tomographie etabliert. Sie beruht auf der Resonanzanregung von Atomkernen. Die MR-Tomographie erlaubt eine hohe Flexibilität in der Schichtführung.

11.7.1. Prinzip der Kernresonanz (MR)

Die Kernphysik zeigt, dass die Nukleonen im Kern einen Eigendrehimpuls (Spin) besitzen. Ein Atomkern mit ungerader Massenzahl hat einen gesamten Drehimpuls (Kernspin), der nur in bestimmten, gequantelten Richtungen stehen kann (s. Kap. 10.3.1). Damit verbunden ist ein magnetisches Dipolmoment. In einem äußeren, statischen Magnetfeld in z-Richtung, B_z, erfahren die Spins eine Kraft parallel zu den magnetischen Feldlinien. Diese Kraft führt zu einer bevorzugten Ausrichtung der magnetischen Momente parallel oder antiparallel zu den Feldlinien. Die Kernspins vollführen zudem eine Kreiselbewegung (Präzession, s. S. 23 und Abb. 11.10) mit einer Frequenz, der **LARMOR-Frequenz**. Sie ist proportional zur magn. Flussdichte des Felds B_z:

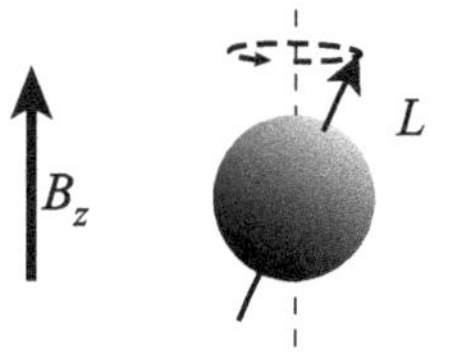

Abb. 11.10.: Präzession eines Kernspins um ein festes Magnetfeld B_z

$$f_L = \gamma \cdot \frac{B_z}{2\pi} \qquad \gamma : \text{gyromagnetisches Verhältnis} \tag{11.6}$$

Für Protonen, die im Körper am häufigsten vorkommenden Kerne (H_2O!), beträgt die Larmor-Frequenz bei einem Magnetfeld mit $B_z = 1$ T etwa 42 MHz.

Das von der Präzession selbst hervorgerufene Magnetfeld ist jedoch zu klein für eine Messung. Daher werden die Spins aus der z-Richtung ausgelenkt durch Einstrahlung einer elektromagnetischen Hochfrequenzwelle, die in Resonanz mit der LARMOR-Frequenz ist: $f_{HF} = f_L$. Durch die Resonanz präzedieren nun alle Spins im Takt der LARMOR-Frequenz.

Einige Millisekunden nach dem Abschalten der HF-Welle klappen die Spins wieder zurück in Richtung des statischen Magnetfeldes B_z. Die dabei frei werdende Energie senden sie als elektromagnetische Welle mit der LARMOR-Frequenz aus. Dieses Signal lässt sich mit Antennen registrieren (PURCELL, BLOCH, 1946). Es ist proportional zur Anzahl der angeregten Kerne (meist Protonen). Das Zurückklappen der Spins (Relaxation) ist ein stochastischer Prozess ähnlich dem radioaktiven Zerfallsgesetz (Gl. (10.14)). Daran sind zwei Mechanismen beteiligt, die sich in zwei Zeitkonstanten (T_1, T_2) widerspiegeln:

- **Spin-Gitter-Relaxation**: Die Spins klappen zurück und geben Energie an die umgebende Materie ab – **longitudinale Relaxationszeit** T_1
- **Spin-Spin-Relaxation**: Gleichzeitig verlieren die zuvor im Takt der eingestrahlten Welle präzedierenden Spins durch Wechselwirkung mit benachbarten Spins ihre strenge Phasenkopplung – **transversale Relaxationszeit** T_2
- In der Realität verkürzen Inhomogenitäten des Magnetfeldes die Spin-Spin-Relaxation zusätzlich auf eine effektive Relaxationszeit T_2^*. Es gilt also: $T_2^* < T_2 < T_1$

Die verschiedenen Relaxationszeiten werden als Messgröße herangezogen, um die lokale stoffliche Zusammensetzung der untersuchten Probe zu bestimmen. Fett hat kurze $T_1 (= 250\ \mathrm{ms})$ und T_2, Wasser sehr lange $T_1 (= 2{,}5\ \mathrm{s})$ und T_2. Nierengewebe hat eine große T_1, aber kleine T_2. Die Relaxationszeiten sind auch abhängig von der Probentemperatur und der molekularen Einbindung der angeregten Kerne. Die wichtigste Anwendung neben der Bildgebung ist die NMR-Spektroskopie, bei der die stoffliche Zusammensetzung von Proben analysiert wird.

11.7.2. Bildgebung (MRT)

Bei der MR-Tomographie wird aus diesem Resonanzeffekt ein tomographisches Verfahren konstruiert, bei dem der Körper Schicht für Schicht abgebildet wird. Die sehr aufwändigen mathematischen Verfahren gehen auf LAUTERBUR (1973) zurück. Um eine brauchbare räumliche Auflösung zu erreichen, werden extrem hohe Magnetfelder mit Flussdichten von einigen Tesla benötigt (das 10^5-fache des natürlichen Magnetfeldes an der Erdoberfläche). Die dafür notwendigen Stromstärken erfordern eine Speisung der Magnetspulen mit Hilfe von Supraleitung (s. S. 71).

Um eine Schnittebene durch den Körper zu legen, ist das statische Magnetfeld B_z nicht homogen, also überall gleich, sondern nimmt in z-Richtung zu (Abb. 11.11). Mit diesem als **Gradient** bezeichneten räumlichen Anstieg von B_z nimmt in dieser Richtung auch die LARMOR-Frequenz zu. Signale mit einer bestimmten Frequenz können also nur aus einer festen Schicht senkrecht zum Gradienten stammen. Um die Ortsinformation *innerhalb* dieser Schicht aufzulösen, werden kurzzeitig Gradienten des HF-Feldes in Richtung der gewählten Schicht an- und abgeschaltet und das Signal nach der Abschaltung gemessen (Puls-Sequenzen). Der Ort eines Signals ist dann codiert durch seine Frequenz (eine Richtung in Ebene) und seine Phase (andere Richtung in Ebene). Frequenz und Phase müssen daher durch eine zweidimensionale FOURIER-Transformation (s. S. 40) in die Ortsinformation zurückgerechnet werden. Geeignete Sequenzen von Gradienten und HF-Pulsen können das Signal je nach Anforderung anpassen.

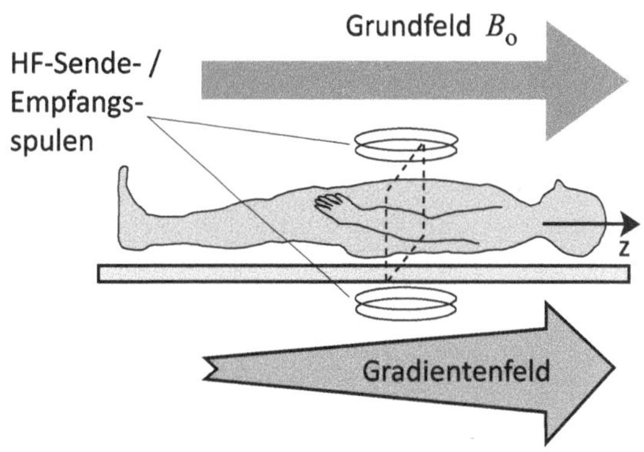

Abb. 11.11.: Magnetfelder und Schichtselektion bei MR-Tomographie (schematisch)

Für verschiedene diagnostische Fragestellungen lässt sich die Bildinformation nach den beiden Relaxationszeiten T_1 und T_2 oder der Protonendichte auswerten. Das geschieht jedoch nicht erst beim gemessenen Signal, sondern bereits bei der Anregung. Die Abfolge von Auswahl der Schicht durch Gradienten und das HF-Signal, Phasen- und Frequenzkodierung in der gewählten Schicht, und Registrierung des Signals wird als Pulssequenz bezeichnet. Ihre Struktur bestimmt das erhaltene Bild.

Die MR-Tomographie erlaubt nicht nur anatomische, sondern auch funktionelle Messungen. Dazu wird die Sauerstoffbeladung des Blutes gemessen (**BOLD**-Effekt, Blood Oxygen Level Dependence). Hierbei wird ausgenutzt, dass Sauerstoff-unbeladenes (Deoxy-)Hämoglobin paramagnetisch ist (s. S. 77) und sich dessen Konzentration an der effektiven transversalen Relaxationszeit T_2^* ablesen lässt. Deoxy-Hämoglobin dient also quasi als körpereigenes Kontrastmittel.

Die großen statischen Magnetfelder sind ebenso wie die Hochfrequenz-Signale medizinisch an sich unbedenklich. Allerdings wird Energie in das Gewebe eingetragen, die ähnlich wie beim Ultraschall zu einer gewissen Erwärmung führt. Zudem sind gerade die für eine leistungsfähige, das heißt vor allem, schnelle Bildgebung verwendeten Sequenzen mit einer erheblichen Lärmbelästigung verbunden. Eine wirkliche Gefahr kann sich ergeben, wenn magnetisierbare – selbst kleine – Metallgegenstände in die Reichweite des Feldes gelangen. Diese werden durch das starke Magnetfeld ins Zentrum des Gerätes gezogen. Diamagnetische Gegenstände werden zwar nicht angezogen, können aber bei Bewegung durch induzierte Wirbelströme und die LORENTZ-Kraft unvorhergesehen reagieren. Magnetisierbare Gegenstände (auch Herzschrittmacher, Cochlea-Implantate etc., sofern nicht speziell zugelassen) sind innerhalb einer Sicherheitszone um ein MRT-Gerät („5-Gauß-Linie“) nicht zugelassen.

Die Signalstärke und damit die mögliche räumliche Auflösung eines MRT-Gerätes steigen mit der Feldstärke an. Klinische Geräte verwenden zur Zeit Felder von 1,5 T oder 3,0 T. Sie erreichen damit eine räumliche Auflösung von bis zu einem Millimeter, nur minimal schlechter als bei der CT. Allerdings dauert jeder einzelne MR-Scan noch deutlich länger als beim CT. Das bestimmt nicht nur die Untersuchungsdauer, sondern macht die MR-Tomographie auch wesentlich empfindlicher gegen Bewegungsartefakte. Der erste höchstauflösende Kopf-MR-Scanner mit einer Feldstärke 7 T in Europa wurde 2005 für die Hirnforschung an der Universitätsmedizin Magdeburg mit dem Leibniz-Institut für Neurobiologie eingerichtet.

Notizen:

A. Anhang: Wichtige Größen und Konstanten

Die folgenden gerundeten Werte von Größen und Naturkonstanten werden für Prüfungsaufgaben nach dem GK und für Klausuren als bekannt vorausgesetzt:

Größe	Wert
Zahlenwerte:	$\sqrt{2} = 1{,}4$ $\pi = 3{,}14$ $e = 2{,}7$
Fallbeschleunigung (Erdoberfläche)	9,81 m s^{-2}; für Berechnungen: 10 m s^{-2}
Dichte von Wasser Luftdruck unter Normalbedingungen Zusammensetzung der Luft (trocken)	1 g cm^{-3}, 1 kg/L = 1000 kg m^{-3} 101,3 kPa ≈ 10^5 Pa (=10 m WS) ca. 78 %N_2, 21 %O_2, + CO_2, Edelgase
Schallgeschwindigkeit in Luft / in Wasser oder Gewebe	340 m s^{-1} 1500 m s^{-1}
Hörbereich (Frequenz) Hörschwelle (1kHz) / Unbehaglichkeitsschwelle Ultraschalldiagnostik	20 ... 20 000 Hz 0 dB / 120 dB Frequenzen über 1 MHz
AVOGADRO-Konstante molares Gasvolumen (Normalbedingungen) allg. Gaskonstante Absoluter Nullpunkt Schmelz-/Siedetemperatur von Wasser Körpertemperatur	$6{,}0 \cdot 10^{23}$ mol^{-1} 22,4 L mol^{-1} 8,31 J $mol^{-1}K^{-1}$ 0 K = −273 °C 273 K = 0 °C / 373 K = 100 °C 310 K = 37 °C
Lichtgeschwindigkeit im Vakuum Bereich der Wellenlängen sichtbaren Lichts: (violett ... grün ... rot) Brechzahl von Luft / Wasser	$c_o = 3 \cdot 10^8$ m s^{-1} = 300 000 km/s 400 ... 750 nm $n_L = 1$ / $n_W = 1{,}33 = \frac{4}{3}$
Elementarladung PLANCKsches Wirkungsquantum	$e_o = 1{,}6 \cdot 10^{-19}$ C $h = 6{,}6 \cdot 10^{-34}$ J s